动物生物制品技术

王永芬　乔宏兴　主编

中国农业大学出版社
·北京·

图书在版编目(CIP)数据

动物生物制品技术/王永芬,乔宏兴主编.—北京:中国农业大学出版社,2011.8
ISBN 978-7-5655-0401-3

Ⅰ.①动…　Ⅱ.①王…②乔…　Ⅲ.①兽用药-生物制品　Ⅳ.①S859.79

中国版本图书馆 CIP 数据核字(2011)第 170080 号

书　　名　动物生物制品技术
作　　者　王永芬　乔宏兴　主编

策划编辑　赵　中
责任编辑　田树君
封面设计　郑　川
责任校对　王晓凤　陈　莹
出版发行　中国农业大学出版社
社　　址　北京市海淀区圆明园西路 2 号
邮政编码　100193
电　　话　发行部 010-62818525,8625
读者服务部 010-62732336
编辑部 010-62732617,2618
出　版　部 010-62733440
网　　址　http://www.cau.edu.cn/caup
e-mail cbsszs@cau.edu.cn
经　　销　新华书店
印　　刷　涿州市星河印刷有限公司
版　　次　2011 年 8 月第 1 版　2011 年 8 月第 1 次印刷
规　　格　787×980　16 开本　17.25 印张　310 千字
定　　价　26.00 元

编审人员

主　　编　王永芬　乔宏兴

副 主 编　郝付全　宁豫昌　徐　进

编写人员　（按姓氏笔画为序）

马　辉（郑州牧业工程高等专科学校）
王永芬（郑州牧业工程高等专科学校）
王　静（郑州牧业工程高等专科学校）
宁豫昌（郑州牧业工程高等专科学校）
乔宏兴（郑州牧业工程高等专科学校）
李　祥（郑州牧业工程高等专科学校）
郝付全（新乡市动物疫病预防控制中心）
徐　进（郑州后羿制药有限公司）
郭宏伟（郑州牧业工程高等专科学校）
龚　婷（郑州牧业工程高等专科学校）

主　　审　边传周

内容提要

本教材共包括基础篇、生产篇、检验篇、管理篇、使用篇、实践操作篇 6 部分。前 5 篇由 14 个工作项目组成：基础篇——按照学生认知规律，介绍学习动物生物制品技术所必需的基本理论知识、基本技能和常用设备的使用、实验动物饲养管理与实验操作技术；生产篇——依据常用生物制品分类，以产品工艺流程为线，分别介绍细菌性疫苗生产技术、病毒性疫苗生产技术及其他生物制品生产技术；检验篇——根据国家生物制品产品质量标准要求，分别介绍活疫苗质量检验技术、灭活疫苗质量检验技术、治疗用生物制品质量检验技术和诊断用生物制品质量检验技术；管理篇——从动物生物制品的 GMP 管理、动物生物制品生产的申报与审批、动物生物制品监管制度、动物生物制品的生物安全等几方面介绍动物生物制品的质量管理与控制；使用篇——从生产制品的运输、保存、动物免疫以及免疫失败原因及控制等几方面，介绍动物生产制品的使用；实践操作篇——下设 13 个工作任务，每个任务创设与生产实践相结合的学习情境，按照工作流程实施实践操作，旨在激发学生学习兴趣，培养学生的综合职业能力。

本教材适于高职院校生物技术类专业、兽医类、药学类专业或相关专业的教学使用，同时也可作为生物技术类企业员工培训或其他相关技术人员的学习参考。

前 言

动物生物制品技术是依托现代生物技术发展起来的，集动物、微生物与免疫、动物传染病、动物寄生虫病、实验动物学为一体的综合性专业技术。其任务主要是针对多种动物恶性传染病和寄生虫病，生产预防、诊断、治疗和保健用的生物制品，对于实现畜牧业集约化、规模化、健康化、可持续化发展具有重要意义。目前我国各类高等院校中的生命科学类相关专业，都纷纷开设了本课程。按照教高 2006【16 号】文件精神要求，在中国农业大学出版社的大力支持下，我们联合郑州后羿制药有限公司、洛阳普莱柯生物工程有限公司等生物制品类企业，以工学结合为突破口，以生物制品生产的工作过程为导向，以生产岗位职业标准为目标，以学生综合职业能力培养为本位，进行了《动物生物制品技术》教材的开发与建设。

本教材以篇为纲，以项目为领，共分为基础篇、生产篇、检验篇、管理篇、使用篇、实践操作篇 6 篇，每篇由若干工作项目组成。前 5 篇按照学生认知规律，先介绍学习动物生物制品技术所必需的基本理论知识、基本技能、常用设备的使用、实验动物饲养管理与实验操作技术；然后按照企业生产工艺流程和生物制品工职业资格标准要求，从产品生产、产品质量检测、产品生产过程中质量控制与管理、产品使用等环节依次介绍，同时设有知识拓展和复习题栏目。在实践操作篇中，以工作任务为主线，创设与生产实践相结合的学习情境，按照工作流程实施实践操作，旨在激发学生的学习兴趣，培养学生的综合职业能力。

本教材的编写体现"以就业为导向、必需够用"的原则，注重动物生物制品技术从事岗位的职业性、实用性与科学性、前瞻性的有机统一；语言上通俗易懂，言简意赅；形式上图文并茂，可读性强；适于高职院校生物技术类专业、兽医类、药学类专业或相关专业的教学使用，同时也可作为生物技术类企业员工培训或其他相关技术人员的学习参考。

本教材编写过程中得到郑州牧业工程高等专科学校、郑州后羿制药有限公司、洛阳普莱柯生物工程有限公司及新乡市动物疫病预防控制中心等多家单位的领导和专家的指导和帮助；国家级教学名师、国家级教学团队带头人——郑州牧业工程高等专科学校边传周教授对全书进行了审定；中国农业大学出版社的编辑老师对本书的出版付出了艰辛的劳动，在此本书作者特向他们表示衷心感谢！

本教材的编写得到国家级生物技术及应用专业教学团队建设项目和省级生物

技术及应用特色专业建设项目的专项经费支持。

由于生物制品技术行业发展迅速，企业生产工艺更新快，行业标准不断修订，编者深感知识浅薄，水平有限。虽然经过多次讨论修改，但疏漏之处在所难免，敬请专家同仁批评指正，并欢迎广大读者提出宝贵意见。

编　者

2011 年 6 月

目　录

基础篇

项目一 认识动物生物制品

动物生产在国民经济中占有举足轻重的地位，动物传染病的发生对动物生产行业发展有极大威胁，而动物生物制品则是预防动物传染病的有力武器。由于动物生物制品种类繁多，应用和涉及面广，因此学习动物生物制品技术，首先要认识了解动物生物制品。通过本项目的学习，要能够了解生物制品历史与分类，理解生物制品的命名原则，了解新型动物疫苗的研究进展，能运用免疫学原理解释疫苗的作用，能理解活苗、灭活苗、类毒素、抗血清、抗毒素等含义。

一、了解动物生物制品的分类及命名原则

(一)动物生物制品的概念

动物生物制品是根据免疫学原理，利用微生物、寄生虫及其代谢产物或免疫应答产物制备的一类生物制剂，用于动物传染性疾病或其他相关疾病的预防、诊断和治疗。狭义上讲，生物制品主要指疫苗、免疫抗血清及诊断制剂；广义上讲，生物制品还应包括各种血液制剂、肿瘤免疫、移植免疫及自身免疫病等非传染性疾病的免疫诊断、治疗及预防制剂，以及提高动物机体非特异性抵抗力的免疫增强剂等生物制品。由此可见，动物生物制品的含义和内容包含面较广，其也将随着科学技术的发展而成为动物保健制品。

(二)动物生物制品的分类

1.按生物制品的性质和作用分类

(1)疫苗(vaccine)

由病原微生物、寄生虫及其组分或代谢产物所制成的用于人工自动免疫的生物制品称为疫苗。分类如图 1-1 所示。

- 疫苗
  - 常规疫苗
    - 灭活苗
      - 自家灭活苗
      - 脏器灭活苗(组织灭活苗)
    - 活苗
    - 类毒素
    - 寄生虫疫苗
  - 新型疫苗
    - 亚单位苗
    - 生物技术疫苗

图 1-1 疫苗的分类

①常规疫苗:由细菌、病毒、立克次氏体、螺旋体、支原体等完整微生物制成的疫苗。主要包括灭活苗、活苗、类毒素和寄生虫疫苗。

灭活苗:又称死苗。一般灭活苗的毒种应是标准强毒或免疫原性优良的弱毒株,经人工大量培养后,用理化方法将其杀死(灭活)后制成。灭活苗一般要加佐剂以提高其免疫力,可分为自家灭活苗和脏器灭活苗。

自家灭活苗是指从患病动物自身病灶中分离出来的病原体经培养、灭活后制成的疫苗,再用于该动物本身,故称为自家疫苗。此种疫苗可用以治疗慢性的、反复发作而用抗生素治疗无效的细菌性感染或病毒性感染,如顽固性葡萄球菌感染症。脏器灭活苗(组织灭活苗)是利用病、死动物的含病原微生物脏器制成乳剂,加甲醛等灭活脱毒所制成的疫苗。如兔病毒性出血症的肝脏中含毒量较高,因而可以制成肝组织甲醛灭活苗;再如猪圆环病毒病,可取病、死动物的肝、脾、淋巴结等组织制成乳剂,加甲醛溶液灭活,制成组织苗。这些疫苗制法简单,成本低廉,在没有特效疫苗的情况下,用之作为一种应急措施,在疫病流行地区控制疫病的发展起到了很大作用。

活苗:又称弱毒苗。过去活疫苗可分为强毒活苗和弱毒活苗。强毒活苗曾在很早应用并发挥过一定作用,但因存在散播病原的危险性,故已不用。现今活疫苗主要指弱毒活疫苗,是通过人工诱变获得的弱毒株或者是筛选的自然减弱的天然弱毒株或者失去毒力的无毒株所制成的疫苗。又可分为同源疫苗和异源疫苗:用所要预防的病原体本身或其弱毒或无毒变种所制成的疫苗称为同源疫苗或同种疫苗;利用具有类属保护性的非同种微生物所制成的疫苗称为异源疫苗,如火鸡疱疹病毒疫苗用于预防鸡马立克氏病,鸽痘病毒疫苗用于预防鸡痘,麻疹疫苗用于预防犬和野生动物的犬瘟热等均属异源疫苗。异源疫苗仅占活疫苗的极少部分。

类毒素:细菌产生的外毒素用适当浓度(0.3%~0.4%)的甲醛溶液使之脱毒而制成的生物制品,称为类毒素。细菌外毒素为蛋白质,兼有毒性及抗原性,能刺激机体产生特异性的中和其本身的抗体——抗毒素。外毒素经甲醛溶液脱毒后失去毒性，但保留较强的免疫原性称为类毒素，类毒素比毒素更稳定。类毒素经过盐析并加入适量的磷酸铝或氢氧化铝胶等，成为吸附精制毒素，注入机体后吸收较慢，可较久地刺激机体产生高滴度抗体以增强免疫效果。

寄生虫疫苗：由于寄生虫大多有复杂的生活史，同时虫体抗原又极其复杂，且有高度多变性，迄今仍无理想的寄生虫疫苗。多数研究者认为，只有活的虫体才能诱使机体产生保护性免疫，而死虫体则无免疫保护作用。

②新型疫苗：指应用基因工程技术和生物化学合成技术生产的疫苗。

亚单位苗：利用微生物的一种或几种亚单位或亚结构制成的疫苗称为微生物亚单位苗或亚结构苗。由微生物的某些化学成分制成的疫苗又称为化学苗。此类疫苗没有病原微生物的遗传信息，但用后免疫动物能产生对感染微生物的免疫抵抗作用。亚单位苗可免除全微生物苗的一些副作用，保证了疫苗的安全性。

生物技术疫苗：主要有基因工程苗、基因工程亚单位苗、合成肽苗和抗独特型抗体疫苗等。

生物制品中的疫苗，除上述分类方法之外，还可根据组织来源及制造方法分类，如动物培养疫苗（组织苗）、鸡胚培养疫苗（鸡胚苗）和细胞培养疫苗（细胞苗）；根据微生物是否完整分为全微生物苗和亚单位苗；按照投予途径分为注射用疫苗、口服苗、气雾苗和皮肤划痕苗等；按佐剂的有无分为佐剂疫苗和无佐剂疫苗等；按疫苗的物理性状又可分为液体疫苗和冻干疫苗等。

(2)抗血清和抗毒素

动物经反复多次注射同一种病原微生物等抗原物质后，机体的体液中尤其血清中就产生大量抗此种抗原的抗体，采取此种动物的血液分离的血清，称为免疫血清、高免血清、抗血清或抗病血清，用于治疗或紧急预防。此种血清注入动物机体后，可以立即发挥抗病作用，使该动物产生免疫力，此种免疫称为人工被动免疫。但此免疫持续期短，因而在注射免疫血清之后 3～4 周，应再接种相应疫苗，以保证免疫效果。动物生物制品中的抗菌血清目前仅有少数几个品种，如抗炭疽血清、抗气肿疽血清、抗猪丹毒血清和抗巴氏杆菌病血清。抗病毒血清早期应用效果尚好，但制备程序较繁，故应用不多，只有小鹅瘟免疫血清应用较广。目前应用较多的是抗毒素血清。动物经反复多次注射某种细菌产生的毒素（多用类毒素）后，产生大量抗毒素抗体，采血后提取血清，即为抗毒素血清（简称抗毒素），如人、畜用的破伤风抗毒素、人的白喉抗毒素、蛇毒抗毒素及人、畜用的肉毒梭菌抗毒素等。抗毒素用以中和体液中的游离毒素，以阻止毒素继续侵害组织细胞。若毒素一旦与组织细胞结合。则抗毒素无效，故抗毒素应用愈早，效果愈好。

(3)诊断制品

利用微生物、寄生虫及其代谢产物，或者含有特异性抗体的血清制成的，专供诊断动物传染病及寄生虫病或检测动物免疫状态及鉴定病原微生物的生物制品称为诊断液或诊断制剂。诊断液包括两大类：一类为诊断抗原；另一类为诊断抗体(血清)。

(4)血液生物制品

由动物血液分离提取各种组分，包括血浆、白蛋白、球蛋白、纤维蛋白原以及胎盘球蛋白等。此外，还包括非特异性免疫活性因子，如白细胞介素、干扰素、转移因子、胸腺因子及其他免疫增强剂等。

(5)微生态制剂

利用非病原微生物，如乳酸杆菌、蜡样芽孢杆菌、地衣芽孢杆菌、双歧杆菌等活菌制成的生物制剂。口服可用于治疗畜禽因正常菌群失调引起的下痢。微生态制剂已在临床上应用和用作饲料添加剂。

2.按制法与物理性状分类

按制法与物理性状分类见图1-2。

疫苗
- 普通制品
- 精制生物制品
- 液状制品
- 干燥制品
- 佐剂制品

图1-2 疫苗按制法与物理性状分类

(1)普通制品

指一般生产方法制备的、未经浓缩或纯化处理，或者仅按毒(效)价标准稀释的制品，如无毒炭疽芽孢苗、猪瘟兔化弱毒细胞培养冻干疫苗、普通结核菌素等。

(2)精制生物制品

将普通制品(原制品)利用生物化学方法除去无效成分，进行浓缩、提纯处理制成的精品，其毒(效)价均较普通制品为高，从而增高效力、特异性和灵敏性，如精制破伤风类毒素、精制结核菌素等。

(3)液状制品

指与干燥制品相对而言的湿性生物制品。多数灭活疫苗(猪肺疫氢氧化铝菌苗、猪瘟兔化弱毒组织湿苗等)、诊断制品(抗原、血清、溶血素、豚鼠血清补体等)为液状制品。液状制品多数既不耐高温、阳光，又不耐低温冻结或反复冻融，否则均能影响效价，故只能在低温冷暗处保存。

(4)干燥制品

生物制品经冷冻真空干燥后能保护活性、毒价时间很长，无论活疫苗、抗原、血清、补体、酶制剂和激素制剂均如此。将液状制品根据其性质加入适当冻干保护剂或稳定剂，经冷冻真空干燥处理，将96%以上的水分除去后剩留疏松、多孔、呈海绵状的物质即为干燥制品，如猪瘟兔化弱毒冻干苗、鸡马立克氏病火鸡疱疹病毒冻干苗等。有些菌体生物制品是经干燥处理后制成粉状物，成为干粉制剂，有利于运输、保存，且可根据具体情况配制成混合制剂，如羊梭菌干粉疫苗。

(5)佐剂制品

为了增强疫苗制剂注入动物机体后的免疫应答反应，以提高免疫效果，往往在疫苗制备过程中加入适量的佐剂（免疫增强剂或免疫佐剂）制成的生物制剂即为佐剂制品。若加入的佐剂是氢氧化铝胶，即制成氢氧化铝疫苗，如猪丹毒氢氧化铝疫苗等；若于疫苗中加入的是油佐剂，则称为油乳剂苗，如鸡新城疫油乳剂疫苗等。

(三)动物生物制品的命名

目前，动物生物制品命名主要遵循以下 10 项原则：①生物制品的命名以明确、简练、科学为基本原则。②生物制品名称不采用商品名或代号。③生物制品名称一般采用“动物种名＋病名＋制品名称”的形式。诊断制剂则在制品种类前加诊断方法名称。如牛巴氏杆菌病灭活疫苗、马传染性贫血活疫苗、猪支原体肺炎微量间接血凝抗原。特殊的制品命名可参照此方法。病名应为国际公认的、普遍的称呼，译音汉字采用国内公认的习惯定法。④共患病一般可不列动物种名。如气肿疽灭活疫苗、狂犬病灭活疫苗。⑤由特定细菌、病毒、立克次氏体、螺旋体、支原体等微生物以及寄生虫制成的主动免疫制品，一律称为疫苗。例如仔猪副伤寒活疫苗、牛瘟活疫苗。⑥凡将特定细菌、病毒等微生物及寄生虫毒力致弱或采用异源毒制成的疫苗，称“活疫苗”；用物理或化学方法将其灭活后制成的疫苗，称“灭活疫苗”。⑦同一种类而不同毒（菌、虫）株（系）制成的疫苗，可在全称后加括号注明毒（菌、虫）株（系）。例如猪丹毒活疫苗（GC42 株）、猪丹毒活疫苗（G4T10 株）。⑧由两种以上的病原体制成的一种疫苗。命名采用“动物种名＋若干病名＋x 联疫苗”的形式。例如羊黑疫、快疫二联灭活疫苗，猪瘟、猪丹毒、猪肺疫三联活疫苗。⑨由两种以上血清型制备的一种疫苗，命名采用“动物种名＋病名＋若干型名＋x 价疫苗”的形式。例如口蹄疫 O 型、A 型双价活疫苗。⑩制品的制造方法、剂型、灭活剂、佐剂一般不标明。但为区别已有的制品，可以标明。

知识拓展：疫苗的历史

18 世纪早期，中国人以接种“天花”患者的脓液预防疾病的方法传入了欧洲。与此同时，英国乡村医生琴纳也发现接触牛痘病牛的挤牛奶女工不会患“天花”，于是他改进了接种方法并取得了人体试验的成功。由此开始，疫苗学与免疫学诞生。19 世纪初，牛痘接种成为全球性的防疫工作，特别是在欧洲及北美洲，期间没有新的疫苗出现。此后进入第一次世界大战期间，研究的目标主要集中于细菌、医学应用及有关抗体的实验免疫学，代表人物有巴斯德、科赫、冯贝林等。

巴斯德发现在实验室培养的条件下，导致禽类发生瘟疫的细菌毒力减弱了，并且由此可以诱导出耐受性和毒性更强的细菌，进一步的研究使得他研制出有效地抵抗炭疽、霍乱和狂犬病毒的疫苗。作为获得诺贝尔奖的第一位医学家，冯贝林利用白喉及破伤风的可溶性毒素，将其去毒后进行免疫接种，建立了被动免疫治疗法，这个方法在抗传染性疾病治疗方法的发展里程中发挥了重要的作用。

20世纪50年代以后，进入了疫苗发展的现代时期，这个时期是疫苗的多产时期，但到1985年后，新疫苗的开发与取得许可证的急速减少，少数疫苗直到1980—1990年才得到许可证。这个时期的疫苗分为：全细菌疫苗、半细菌疫苗、病毒重组亚单位疫苗、体外培养的活病毒疫苗以及灭活病毒疫苗。细菌疫苗主要集中于次单元荚膜多糖制剂，然而减毒的全细菌疫苗也有极大的进展。

我国用现代科学技术研制动物生物制品，始于1918—1919年，青岛商检局血清制造所和北平中央防疫处相继研制出的鼻疽菌素和狂犬病疫苗、牛瘟血清等，开创了我国动物生物制品的新时代。随后于1930—1931年在上海商检局设立了动物生物制品研制机构，生产出牛瘟、炭疽、猪瘟及禽霍乱等高免血清，以及牛瘟和狂犬病组织乳剂疫苗。随后南京中央农业实验所畜牧兽医系、广西家畜保育科、四川家畜保育所、兰州西北防疫处、江西农学院、中央畜牧实验所以及1946年农林部设立的5个兽医防治处都曾生产一些动物生物制品。为配合我国兽医防制，全国先后建立了若干个以生产抗血清和组织苗为主的血清厂，生产所需各种抗血清和几种疫苗。到了20世纪60年代以后，随着畜牧业的大发展，要求提供数量充足、品种更多、质量更高的动物生物制品。为此，在总结国内外研制生物制品的基础上组织制订出我国第一部《兽医生物药品制造及检验规程》，加强对生产用菌（毒）种的选育与管理，从而促进了各地区畜禽疫病的防制研究，不断研制成功多种新型活疫苗和加不同佐剂的灭活疫苗，并应用现代免疫学原理与生物学新技术，成功培育领先国际水平的猪瘟兔化弱毒和牛瘟兔化弱毒两种疫苗，以及马传染性贫血、牛传染性胸膜肺炎、布鲁氏菌病、仔猪副伤寒、猪喘气病、鸭瘟、猪丹毒、猪肺疫等毒力稳定、免疫原性良好的弱毒株；在诊断制剂方面发展很快，酶标记抗体、荧光素标记抗体、单克隆抗体等试剂盒的研制成功，提高了疫病的诊断和检疫技术。至1993年国家批准的动物生物制品标准达138种，并有36种收入《中华人民共和国兽医药典》，还制定了一些达到国际标准的制品；以兽医免疫学、生物学技术为基础的现代兽医科学技术研制出了我国畜禽疫病防制的新的免疫与诊断制品，形成了良好的生产工艺与质量管理体系。从20世纪50年代开始，疫苗的生产发生了巨大变革，特别是60年代以后，随着基础科学的发展与进步，推动了微生物学与免疫学的研究，促进了动物生物制品生产的大发展，无论数量还是质量上都有很大提高。发酵工业的兴起，带动了疫苗生产向工业化规模发展。同时由于各种抗药菌株的产生，使得已经停产多年或未被重视的疫苗生产又重新受到重视，亦取得了巨大成就。近百年来，虽然疫苗的生产不断改进与创新，但就其性质来说，仍然属于第一代疫苗。自基因工程技术引入疫苗研究领域之后，使疫苗的研究与生产发生了革命性的变化，于是便产生了第二代疫苗基因工程疫苗，在兽医领域已研制了犊牛、仔猪大肠杆菌基因工程疫苗。基因工程疫苗的活载体已由质粒改为痘病毒，并可将几种基因片段重组在一个痘病毒的载体上产生一种基因工程联合疫苗，使制造疫苗的技术又向前迈了一大步。合成肽疫苗为第三代疫苗，将具有抗原性的肽段完全用生物化学的方法进行人工合成后，再与高效的免疫佐剂相配合制成疫苗，其特点是可以大量人工合成，并且抗原性专一，无副反应，这种疫苗是高科技产品，其生产是由基因工程阶段进入了分子工程阶段，它将代表着21世纪生物制品的发展方向。

二、新型动物疫苗

(一)新技术概述

生物制品业随着免疫学理论及其相关技术的发展与突破，不断得到发展和提高。早期利用传统疫苗产品，并结合其他综合防治措施，某些动物传染病已在一些国家消灭，我国也消灭了牛瘟和牛肺疫。由于有些病原微生物所具有的特殊性质，对开发常规的疫苗有更大的困难和更高的技术要求。例如：①抗原性不断演变，同一致病原具有多种不同的血清型，如禽流感和口蹄疫；②病毒的核酸基因组感染后能插入并整合到动物染色体中；③某些病毒不能在体外大量增殖，因而无法制备常规疫苗；④病毒感染免疫器官或细胞而造成免疫缺陷，如猪圆环病毒。这给生物制品的制备带来了新的困难。

随着生物技术在生物制品领域应用的不断深化和发展，产生了一些新的疫苗，开辟出一条更新的疫苗研制途径。

1. 重组亚单位疫苗(recombinant subunit vaccines)

基因工程重组亚单位疫苗是将某种特定蛋白质的基因组，经与适当质粒或病毒载体重组后导入受体(细菌、酵母或动物细胞)，使其在受体中高效表达，提取所表达的特定多肽，加佐剂即制成亚单位苗。这种疫苗只含有产生保护性免疫应答所必需的免疫原成分，不含有免疫所不需要的成分，因此，有很多优点：降低副作用，安全性好，稳定性好，便于保存和运输，产生的免疫应答可以与感染产生的免疫应答相区别，因此，更适合于疫病的控制和消灭计划。

其制备步骤:病原保护性抗原的 DNA→导入质粒中重组→导入细胞→鉴定和筛选细胞→纯繁→制苗抗原多肽。

常用的表达系统:原核生物(大肠杆菌和枯草杆菌)、真菌、昆虫细胞、哺乳类细胞。

2. **重组活载体疫苗**(live vectored vaccines)

基因工程活载体苗是将外源目的基因用重组 DNA 技术克隆到活的载体病毒中制备的一种疫苗,可直接用这种疫苗经多种途径免疫动物,而亚单位苗则用表达产物经提纯后免疫动物。病毒活载体苗其本质是杂交病毒,它既含有一种病毒复制所需的全部基因,又含有另一种病毒编码免疫原性蛋白质的基因片段。用这种杂交病毒免疫动物既能刺激宿主产生体液免疫,又能刺激宿主产生细胞免疫。

目前研究最多的是重组痘病毒,其他作为候选的病毒载体还有乳多空病毒、口疮病毒、禽痘病毒等。虽然疱疹病毒、反转录病毒和腺病毒也可作为载体,但它们的癌基因或/和潜伏感染的可能性妨碍了对它们的应用。

重组痘病毒作为新型活载体苗有如下优点:①价廉、稳定、易于繁殖;②可制备多价疫苗,动物只需免疫一次就能对同一病毒的不同血清型或不同病毒的几种抗原物质产生免疫应答;③接种方便;④宿主范围广,人用、兽用均可;⑤可刺激机体产生体液和细胞免疫应答,而一般的灭活苗和亚单位苗不能有效产生细胞免疫应答;⑥无致癌性和转化现象;⑦痘病毒有近 200 年的使用历史,对其使用禁忌症和不良反应都比较清楚;⑧可能用于目前尚无疫苗的疾病或取代那些价格昂贵、难以广泛使用的疫苗。

缺点:①有人顾虑人接种后可能会发生种痘后脑炎;②种过痘的个体,因机体产生抗痘苗病毒抗体,故免疫效果较差;③天花病毒在全世界范围内已消灭,现已停止种痘,对人体再次启用痘苗病毒作为活疫苗载体尚有争议,对家畜则无此顾虑。

载体病毒有:痘病毒、腺病毒、疱疹病毒等。

3. **基因缺失疫苗**(gene deleted vaccines)

基因缺失苗是利用重组 DNA 技术去掉病毒致病基因组中的某一片段,使缺损病毒株难以自发地恢复成强毒株,但并不影响其增殖或复制,且保持其良好的免疫原性,从而制备成免疫原性好且十分安全的基因缺失苗。

某些病毒难以用传统的方法制备成弱毒活疫苗,因为在非正常宿主培养物上传代致弱的同时也部分地丢失了免疫原性,连续致弱传代的次数越多,其返祖现象的可能性越高,因此,有些病毒至今尚无满意的弱毒活疫苗。用重组 DNA 技术,去除强毒株的致病基因片段,使其毒力明显减弱,而其免疫原性不受影响,这种基因缺失的弱毒株有可能被制成优质疫苗。

4. 基因疫苗(genetic vaccines)

基因疫苗包括 DNA 疫苗和 RNA 疫苗,由编码能引起保护性免疫反应的病原体抗原的基因片段和载体构建而成。其被导入机体的方式主要是直接肌内注射,或用基因枪将带有基因的金粒子注入。

基因疫苗注入机体后,病原体抗原的基因片段在宿主细胞内得到表达并合成抗原,这种细胞内合成的抗原经过加工、处理、修饰提呈给免疫系统,激发免疫应答。其刺激机体产生免疫应答的过程类似于病原微生物感染或减毒活疫苗的接种。但基因疫苗克服了减毒活疫苗可能的返祖并导致人类和动物疾病及病毒发生变异而对新型的变异株不起作用的缺点。从这个意义上讲,基因疫苗有望成为传染性疾病的新型疫苗。

5. 多肽疫苗(peptide vaccines)

利用重组 DNA 技术根据病毒基因组的核苷酸序列,可推导出病毒蛋白质的氨基酸序列从而可用人工合成方法制备病毒主要抗原相应的寡肽,制备合成肽苗。蛋白质抗原的特异性取决于其表面有特殊空间构型的抗原决定簇,而不是整个蛋白质序列。

某些免疫学家认为,合成肽不可能代替完整的病毒蛋白的天然抗原决定簇,并认为保护性决定簇可能是不连续性的,即决定簇中的一组氨基酸残基在一级结构上是相互分开的,必须通过一定的三级折叠才能聚集在一起,因而,即使合成很长的多肽,如果缺乏抗原分子的其余部分,就不能定向折叠成正确的三级结构,也就没有理想的免疫原性。

但许多研究认为,多数病毒的蛋白质抗原决定簇并不是构象决定簇,而是由相连的 5～6 个氨基酸残基组成的顺序决定簇,只要附近有几个氨基酸残基(支架氨基酸)的维持下,形成一定的二级盘曲或折叠,就能保证其特异性。因而,只需人工合成由抗原决定簇与其相连的几个氨基酸残基组成的短肽(一般 20 个氨基酸左右),模拟天然蛋白质抗原决定簇的空间构型,将其连接在载体上就能激发与完整病毒(蛋白质)所相应的反应抗体。

因此,一般通过分离出与保护力有关的抗原后进行序列分析,用电子计算机预测特异性抗原决定簇,然后合成较短多肽。为了使其具有良好的抗原性,还必须与一种较大的蛋白质相连。合成肽苗的优点对于像传染性支气管炎病毒和流感病毒等容易发生抗原漂移的病毒来说,可能更为重要。当出现抗原变异时,可从抗原决定簇氨基酸序列的变化中迅速查明抗原变异原因,针对性合成新疫苗,及时地控制疾病。

优势：①不引发疾病、无毒力；②不会出现遗传变异；③不需低温保存；④可制成多价、多联苗。

缺点：免疫原性差，需要加佐剂，成本高。

（二）动物生物制品发展前景

1. 现有传统疫苗有待改善和提高质量，品种结构进行改进

由于超强毒和变异毒株的出现，目前很多传统疫苗预防接种难以起到很好的免疫保护作用，常常造成免疫失败。因此，根据疾病流行特点，研制新一代更有效的多血清型或亚型的疫苗将是发展的方向。另一方面是一些毒力偏强的疫苗将严格限制使用或禁止使用。需要通过新技术研制出毒力更弱、更为安全稳定的疫苗。

多联高效灭活疫苗将越来越受欢迎，迫切需要研究开发多联多价疫苗，以达到一针防多病的目的。多联高效灭活疫苗生产的关键技术是提高抗原浓度（包括提高培养物中抗原产量或解决抗原浓缩技术）、提高佐剂质量、优化乳化技术等。如何应用现代技术解决灭活疫苗中存在的问题是当前面临的一个重要课题。

新型的细菌疫苗、寄生虫虫苗及调节体内正常菌群及免疫机能的微生态制剂的研制开发将成为新的热点。为了有效解决动物体内药物残留的问题，市场上迫切需要安全有效的疫苗用于预防接种，以此取代不必要的大量滥用药物。另外，为了减少耐药菌株的产生及药物治疗对细菌性活疫苗免疫效力的影响，在加强生物安全控制的同时，应积极研制和大力提倡使用能调整动物肠道正常菌群，提高机体抗病力的微生态制剂。

2. 新品种疫苗的研究与开发是当务之急

近些年来，一些严重危害养殖业的传染病，如鸡传染性贫血、网状内皮组织增生病、鸡淋巴细胞白血病（特别是以侵害肉鸡为主的Ⅰ型白血病）、传染性腺胃炎、猪繁殖与呼吸障碍综合征、传染性脑脊髓炎、猪细小病毒病以及断奶仔猪多系统衰竭综合征等相继传入我国，已给我国养殖业造成了巨大的经济损失。为了预防控制这些疾病和更多的新病，根据各种疾病的流行特点和免疫机理研制出安全有效的疫苗，将成为当前和今后相当一段时间的主要研究任务。

3. 以现代分子生物学和免疫学技术为基础，研究开发兽用新型疫苗是21世纪的主导方向

随着生物技术的不断进步，分子生物学、分子免疫学、分子遗传学与基因工程技术的应用，21世纪我国疫苗研制将会发生革命性的变化。以分子生物学技术为基础的新一代兽用疫苗将会大范围投放市场，这些疫苗以基因工程疫苗为主体，包括亚单位疫苗、合成肽苗、抗独特型抗体疫苗、基因缺失疫苗、活载体疫苗、转基因植物可食疫苗以及核酸疫苗。

4.与疫苗直接相关的新型佐剂、免疫增强剂、活疫苗耐热保护剂的研究开发将成为热门

优良的免疫佐剂和免疫增强剂是提高传统疫苗和基因工程疫苗免疫效力必不可少的，特别是基因工程疫苗，因其免疫原性相对弱些，更需要好佐剂予以辅之。①新型佐剂。包括脂质体、MF59佐剂、免疫刺激复合物佐剂、油佐剂。②免疫增强剂。免疫增强剂根据其来源可分为生物产物和人工合成化合物两大类，进一步可细分为生理产生的物质、微生物来源的物质、植物来源物质及人工合成的化合物。③活疫苗耐热保护剂。最近，中国兽药监察所已成功地研究出猪瘟、鸡新城疫、马立克氏病等病毒活疫苗的耐热保护剂。这一重大突破为我国活疫苗实现在2～10℃下保存运输提供了可靠的保证。

5.随着新技术、新材料、新方法的出现，诊断制品的研制将进入异常活跃的时代

①以杂交瘤技术生产的鼠源单克隆抗体滴度高、特异性强，因此，对某些常规血清学难以检测的致病因素的单克隆抗体要进行系统开发，以区别疫苗接种和野毒感染；以鉴别多联多价疫苗中的各不同毒(菌)株，对动物生物制品的质量检测和流行病学的调查都具有重要的意义。

②以分子生物学为基础的DNA探针，聚合酶链式反应(PCR)等高度灵敏的检测方法简单化、实用化、商品化，也是疾病诊断的发展方向。

③细胞免疫的快速诊断方法将广泛应用于试验检测。

知识拓展：口服活疫苗成为野生动物疫病防控研究发展方向

野生动物是自然界病原体的巨大天然储库。历史上，许多重大的人类疾病和畜禽疫病均与野生动物密切相关，如艾滋病、禽流感、鼠疫、狂犬病、非典型肺炎、西尼罗河热、登革热等。野生动物是人类所在生态系统的重要一环，在维持自然界生态平衡中具有重大作用。野生动物重大疫病不仅威胁着野生动物自身的生存，而且和人类的健康也息息相关。如何控制野生动物疫源疫病对其自身和人类的威胁是全世界研究和探讨的热点，而研制和发展野生动物口服疫苗在控制野生动物疫病方面具有广阔前景。用于野生动物口服的疫苗主要有：弱毒苗、基因工程疫苗等。用于免疫的疫苗(免疫原)首先要保证安全性，即野生动物口服疫苗后在诱导动物产生免疫应答与免疫耐受的同时，不能引起野生动物发病。另外，要保证疫苗有效，通过口服疫苗进行免疫预防接种是实现局部黏膜免疫的主要和重要途径，而胃肠道黏膜免疫系统则是口服疫苗产生免疫力的物质基础。口服疫苗产生免疫应答的主要部位在胃肠道黏膜，此外，口腔、咽喉和食管等也有这种潜力。野生动物口服疫苗适宜的疫苗投放系统主要是指吸引各种野生动物摄取的饵料等。目前国外研究表明，适宜的投放系统要具备以下5个特点：①对有关野生动物具有足够诱惑力；②适合野生动物食入的形式；③对疫苗免疫效力不产生不良影响；④有能够插入供科学监测免疫效果的生物标记；⑤价格低廉便于生产。目前国外已成功用于野生动物狂犬病口服免疫的投放系统的饵料主要有：鸡头、鱼肉、脂肪等。

复习思考题

1. 动物生物制品有什么作用？有哪些种类？

2. 简述动物生物制品的命名原则。

3. 在动物生物制品生产和使用过程中，常遇到多价疫苗和多联疫苗，你是怎样理解的？请举例说明。

4. 结合当前畜禽疾病流行情况，叙述新型动物疫苗的发展前景。

项目二　动物生物制品基础知识

动物生物制品种类繁多，细菌和病毒培养周期长、环节多，并有细菌培养、细胞转瓶培养、冻干和乳化等多种生产形式，还涉及生物制品保藏和使用过程，从而使动物生物制品技术与微生物技术、病毒学技术、免疫学技术、实验动物技术、动物细胞培养技术、基因操作技术、制冷技术等都有紧密联系，成为一门涉及多种学科技术领域的综合性技术。因此，有必要掌握动物生物制品技术的相关基础知识，为后续学习打下基础。通过本项目的学习，要求掌握佐剂的作用机理与配制，掌握动物生物制品中常用的灭活剂、保护剂和免疫佐剂的配方，了解冷冻干燥技术，能进行常用佐剂的制备，能进行甲醛的配制和灭活。

一、动物生物制品的免疫学基础

(一)免疫应答

免疫应答是指动物机体免疫系统受到抗原刺激后，免疫细胞对抗原分子的识别并产生一系列复杂的免疫连锁反应和表现出一定的生物学效应的过程。这一过程包括抗原递呈细胞(巨噬细胞等)对抗原的处理、加工和递呈，抗原特异性淋巴细胞即 T、B 淋巴细胞对抗原的识别、活化、增殖、分化，最后产生免疫效应分子——抗体和细胞因子以及免疫效应细胞，并最终将抗原物质和再次进入机体的抗原物产生清除效应。

参与机体免疫应答的核心细胞即 T、B 淋巴细胞，巨噬细胞等是免疫应答的辅佐细胞。表现形式为体液免疫和细胞免疫，分别由 B、T 淋巴细胞介导，免疫应答的主要场所是外周免疫器官及淋巴组织。

1. 免疫应答的基本过程

免疫应答的全过程是有机的系统的过程，为了描述方便，人为地将其划分为相应的 3 个阶段，即致敏阶段、反应阶段和效应阶段。

(1) 致敏阶段

致敏阶段是抗原物质进入体内，抗原递呈细胞对其识别、捕获、加工处理和递呈，以及 T、B 细胞对抗原的识别阶段。

(2)反应阶段

反应阶段是T细胞或B细胞受抗原刺激后活化、增殖、分化的阶段。诱导产生细胞免疫时,活化的T细胞分化、增殖为淋巴母细胞,而后再转化为致敏T淋巴细胞。诱导产生体液免疫时,抗原则刺激B细胞分化,增殖为浆母细胞,而后成为产生抗体的浆细胞。T、B细胞在分化过程中均有少数细胞中途停止分化而转变为长寿的记忆细胞(T记忆细胞及B记忆细胞)。记忆细胞贮存着抗原的信息,在体内可生活数月、数年或更长的时间,以后再次接触同样抗原时,便能迅速大量增殖成致敏淋巴细胞或浆细胞。

(3)效应阶段

效应阶段是致敏T淋巴细胞或浆细胞分泌的抗体发挥免疫效应的阶段。这些效应细胞和效应分子共同作用,清除抗原物质。

2.体液免疫

抗原进入机体后,经过加工处理,刺激B细胞,B细胞转化为浆母细胞、前浆细胞,再增殖发育成浆细胞。浆细胞针对抗原的特性,合成及分泌特异的免疫球蛋白,不断排出细胞外,分布于体液中,发挥特异性的体液免疫作用。

抗体产生的一般规律

动物机体初次和再次接触抗原后,引起体内抗体产生的种类、抗体水平等均有差异(图2-1)。从未接种过抗原的动物,第一次注射抗原以后,在数日之内检查不出反应,这叫做潜伏期。在第一次注射后1周左右,开始从血清中检查到抗体,并在第10～14天上升到最高水平,以后又迅速下降。一般来说,初次应答期间,所产生的抗体数量以及提供的保护作用,都是较小(少)的。但如果是在第一次接种后经一定时间,对同一动物实施第二次抗原注射,并再次研究其所产生的抗体数量时,其延缓期不超过2～3 d,然后其抗体数量就迅速上升到很高水平,持续一定时间后开始缓慢下降。如果给同一动物实施第三次抗原注射,那么就会形成一个更短的潜伏期和更高、更持久的抗体免疫应答。这种通过多次注射抗原刺激来提高抵抗力的方法,构成了通用的预防传染病的疫苗接种技术的基础。

实践证明,动物对第二次抗原的应答与第一次应答是大不相同的,其效果比第一次快而强烈。这种再次的应答是有特异性的,它只能由与第一次相同的抗原所引起。而再次免疫应答常发生在第一次注射抗原数月或数年之后,其反应的强烈程度随时间的流逝而逐渐减弱。而且即使动物对第一次抗原注射的应答微弱到不能测出的程度,也仍然可激发起再次的应答。这说明抗体形成的细胞对已接触过

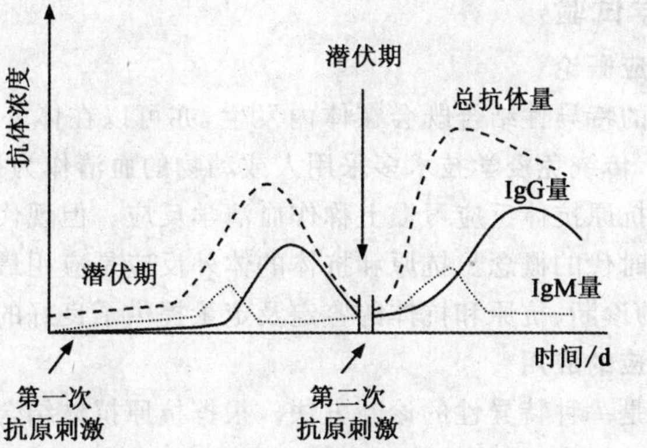

图 2-1 初次及再次免疫应答抗体产生的一般规律

的抗原具有“记忆能力”。

3.细胞免疫

(1)细胞免疫的概念

细胞免疫又称为细胞介导免疫。T淋巴细胞接受抗原的刺激后,分泌、增殖形成致敏的淋巴细胞或者效应细胞;当再次与相同的抗原接触时,合成和释放多种具有免疫效应的物质,直接杀伤或激活其他细胞杀伤破坏抗原或靶细胞,发挥其免疫作用,称为细胞免疫。

(2)细胞免疫的效应

①抗感染作用。致敏淋巴细胞释放出一系列发挥细胞毒作用的淋巴因子,与细胞一起参与细胞免疫,能够杀灭抗原和携带抗原的靶细胞,使机体得到抗感染的能力。

②抗肿瘤免疫。肿瘤细胞抗原被机体T淋巴细胞识别,产生可直接破坏肿瘤细胞的细胞毒性T细胞。同时释放淋巴因子,也可杀伤破坏肿瘤细胞,同时动员机体免疫器官,监视异常的突变细胞的出现。

③发生迟发型变态反应。某些淋巴因子作用于机体局部产生炎症应答。反应部位血管通透性增高,巨噬细胞聚集于感染处,机体在消灭病原体的同时,引起局部组织损伤、坏死、溃疡等变态反应。

④同种异体组织移植排斥反应。由于供体与受体的组织相容性抗原不同而发生反应,供体抗原刺激受体T淋巴细胞产生毒性T细胞,同时释放淋巴毒素等因子,引起移植组织细胞损伤及排斥。

(二)血清学试验

1.血清学反应概论

抗原与抗体的特异性结合既会在体内发生,亦可以在体外进行。由于抗体主要存在于血清中,传统免疫学技术多采用人或动物的血清作为抗体的标本来源,所以在体外进行的抗原抗体反应习惯上称作血清学反应。但现代的抗原抗体反应早已突破了血清学时代的概念。抗原和抗体的体外反应是应用最为广泛的一种免疫学技术,为疾病的诊断、抗原和抗体的鉴定及定量提供了良好的方法。

2.血清学反应的应用

血清学检查是一种特异性的诊断方法。根据抗原抗体结合形成免疫复合物的性状与活性特点,对样品中的抗原或抗体进行定性、定位或定量的检测,广泛用于临床检查,以进行疾病诊断和流行病学调查。

3.常用的血清学反应类型

(1)凝集试验

某些微生物颗粒性抗原的悬液与含有相应的特异性抗体的血清混合,在一定条件下,抗原与抗体结合,凝集在一起,形成肉眼可见的凝集物,这种现象称为凝集(图 2-2)或直接凝集。凝集中的抗原称为凝集原,抗体称为凝集素。凝集反应是早期建立起来的 4 个古典的血清学方法(凝集反应、沉淀反应、补体结合反应和中和反应)之一,在微生物学和传染病诊断中有广泛的应用。按操作方法,分为试管法、玻板法、玻片法和微量法等。

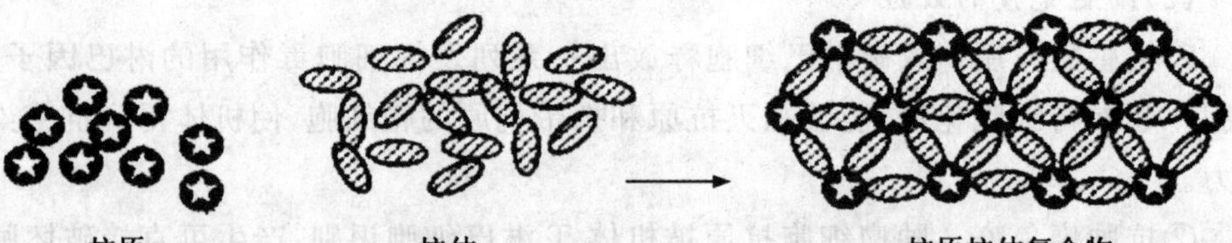

图 2-2 凝集试验示意图

①直接凝集试验。是指颗粒性抗原与相应抗体直接结合,在电解质的参与下凝聚成团块的现象。按操作方法可分为平板凝集试验和试管凝集试验。

平板凝集试验(图 2-3)是一种定性试验,可在玻板或载玻片上进行。将含有已知抗体的诊断血清与待检菌悬液各一滴在玻片上混合均匀,数分钟后,如出现颗粒状或絮状凝集,即为阳性反应。反之,也可用已知的诊断抗原悬液检测待检血清

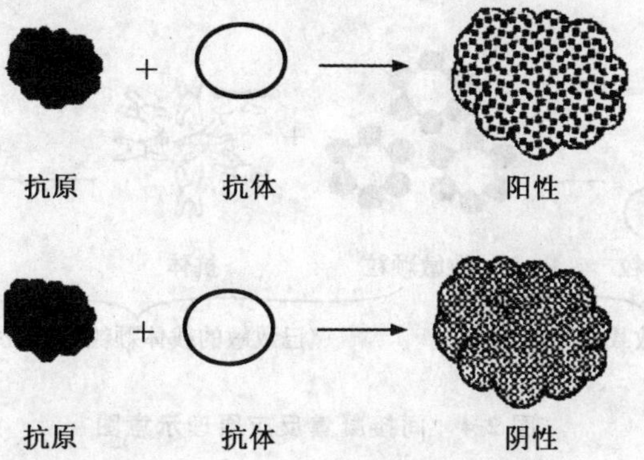

图 2-3 平板凝集试验示意图

中有无相应的抗体。

此法简便快速，适用于新分离细菌的鉴定、分型和抗体的定性检测。如大肠杆菌和沙门氏菌等的鉴定，布氏杆菌病、鸡白痢、禽伤寒和败血霉形体病的检疫，亦可用于血型的鉴定等。

试管凝集试验是一种定性和定量试验，可在小试管中进行。操作时将待检血清用生理盐水或其他稀释液作倍比稀释，然后每管加入等量抗原，混匀，37℃水浴或放入恒温箱中数小时，观察液体澄清度及沉淀物，根据不同凝集程度记录结果。以出现50％以上凝集的血清最高稀释倍数为该血清的凝集价，也称效价或滴度。本试验主要用于检测待检血清中是否存在相应的抗体及其效价，如布氏杆菌病的诊断与检疫。

②间接凝集试验。将可溶性抗原（或抗体）先吸附于与免疫无关的小颗粒的表面，再与相应的抗体（或抗原）结合，在有电解质存在的适宜条件下，可出现肉眼可见的凝集现象（图 2-4）用于吸附抗原（或抗体）的颗粒称为载体。常用的载体有动物红细胞、聚苯乙烯乳胶、硅酸铝、活性炭和葡萄球菌 A 蛋白等。抗原多为可溶性蛋白质，如细菌、立克次氏体和病毒的可溶性抗原、寄生虫的浸出液、动物的可溶性物质、各种组织器官的浸出液、激素等，亦可为某些细菌的可溶性多糖。吸附抗原（或抗体）后的颗粒称为致敏颗粒。

间接凝集试验根据载体的不同，可分为间接血凝试验、乳胶凝集试验、协同凝集试验和炭粉凝集试验等。

间接血凝试验：以红细胞为载体的间接凝集试验，称为间接血凝试验。吸附抗原的红细胞称为致敏红细胞。致敏红细胞与相应抗体结合后，能出现红细胞凝集

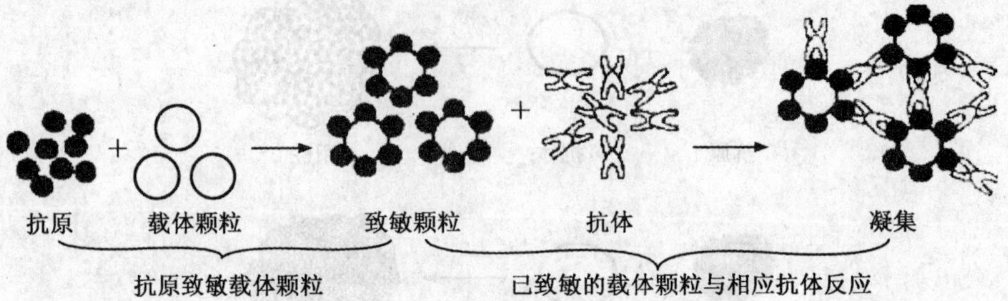

图 2-4 间接凝集反应原理示意图

现象。用已知抗原吸附于红细胞上检测未知抗体称为正向间接血凝试验，用已知抗体吸附于红细胞上鉴定未知抗原称为反向间接血凝试验。常用的红细胞有绵羊、家兔、鸡及人的O型红细胞。由于红细胞几乎能吸附任何抗原，而且红细胞是否凝集容易观察，因此，利用红细胞作载体进行的间接凝集试验已广泛应用于血清学诊断的各个方面，如多种病毒性传染病、霉形体病、衣原体病、弓形体病等的诊断和检疫。

间接血凝抑制试验：抗体与游离抗原结合后就不能凝集抗原致敏的红细胞，从而使红细胞凝集现象受到抑制，这一试验称为间接血凝抑制试验(图 2-5)。通常是用抗原致敏的红细胞和已知抗血清检测未知抗原或测定抗原的血凝抑制价。血凝抑制价即抑制血凝的抗原最高稀释倍数。

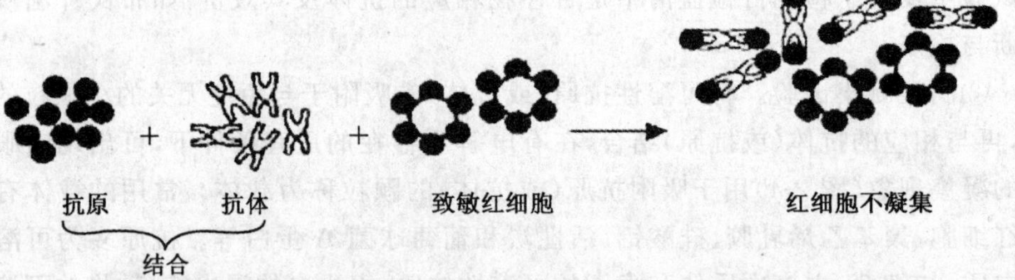

图 2-5 间接血凝抑制反应原理示意图

乳胶凝集试验：以乳胶颗粒作为载体的间接凝集试验，称为乳胶凝集试验。该试验既可检测相应的抗体也可鉴定未知的抗原，而且方法简便、快速，在临床诊断中广泛应用于伪狂犬病、流行性乙型脑炎、钩端螺旋体病、猪细小病毒病、猪传染性萎缩性鼻炎、禽衣原体病、山羊传染性胸膜肺炎、囊虫病等的诊断。

协同凝集试验：葡萄球菌A蛋白是大多数金黄色葡萄球菌的特异性表面抗原，能与多种哺乳动物IgG分子的Fc片段相结合，结合后的IgG仍保持其抗体活性。当这种覆盖着特异性抗体的葡萄球菌与相应抗原结合时，可以相互连接引起协同凝集反应，在玻板上数分钟内即可判定结果。目前已广泛应用于快速鉴定细菌、霉形体和病毒等。

炭粉凝集试验：以极细的活性炭粉作为载体的间接凝集试验，称为炭粉凝集试验。反应在玻板上或塑料反应盘进行，数分钟后即可判定结果。通常是用抗体致敏炭粉颗粒制成炭素血清，用以检测抗原，如马流产沙门氏菌；也可用抗原致敏炭粉，用以检测抗体，如腺病毒感染、沙门氏菌病、大肠杆菌病、囊虫病等的诊断。

(2)琼脂扩散试验

琼脂扩散试验简称琼扩。抗原抗体在含有电解质的琼脂凝胶中扩散，当两者在比例适当处相遇时，即发生沉淀反应，出现肉眼可见的沉淀带，称为琼脂扩散试验。

琼脂扩散试验有单向单扩散、单向双扩散、双向单扩散和双向双扩散4种类型。最常用的是双向双扩散。

单向单扩散：即在冷至45℃左右质量分数为0.5%～1.0%的琼脂中加入一定量的已知抗体，混匀后加入小试管中，凝固后将待检抗原加于其上，置密闭湿盒内，于37℃温箱或室温扩散数小时，抗原在含抗体的琼脂凝胶中扩散，在比例最适处出现沉淀带。此沉淀带的位置随着抗原的扩散而向下移动，直至稳定。抗原浓度越大，则沉淀带的距离也越大，因此可用于抗原定量。

单向双扩散：单向双扩散在小试管内进行。先将含有抗体的琼脂加于管底，中间加一层不含抗体的同样浓度的琼脂，凝固后加待检抗原，置密闭湿盒内，于37℃温箱或室温扩散数日。抗原抗体在中间层相向扩散，在比例最适处形成沉淀带。此法主要用于复杂抗原的分析，目前较少应用。

双向单扩散：即在冷至45℃左右质量分数为2%的琼脂中加入一定量的已知抗体，制成厚2～3 mm的琼脂凝胶板，在板上打孔，孔径3 mm，孔距10～15 mm，于孔内滴加抗原后，置密闭湿盒内，37℃温箱或室温进行扩散。抗原在孔内向四周辐射扩散，与琼脂凝胶中的抗体接触形成白色沉淀环，环的大小与抗原浓度成正比。本法可用于抗原的定量和传染病的诊断，如马立克氏病的诊断。

双向双扩散：即用质量分数为1%的琼脂制成厚2～3 mm的凝胶板，在板上按规定图形、孔径和孔距打圆孔，于相应孔内滴加抗原、阳性血清和待检血清，放于密闭湿盒内，置37℃温箱或室温扩散数日，观察结果。

当用于检测抗原时，将抗体加入中心孔，待检抗原分别加入周围相邻孔，若均出现沉淀带且完全融合，说明是同种抗原；若两相邻孔沉淀带有部分相连并有交角时，表明二者有共同抗原决定簇；若两相邻孔沉淀带互相交叉，说明二者抗原完全不同(图 2-6)。

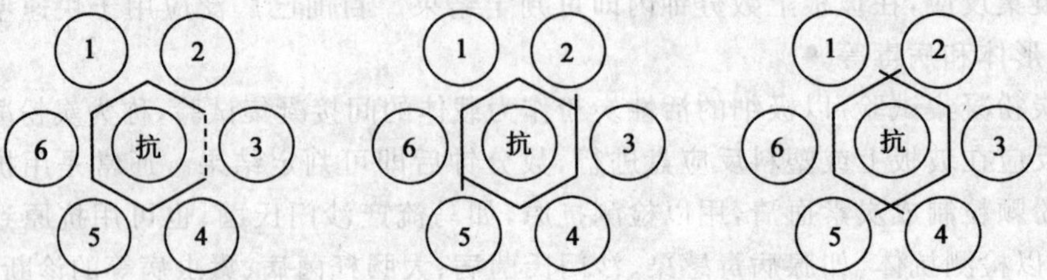

图 2-6　双向双扩散试验用于检测抗原结果判定

抗为抗体；1，2，3，4，5，6 为被检抗原。

当用于检测抗体时，将已知抗原置于中心孔，周围 1，2，3，4 孔分别加入待检血清，其余两对应孔加入标准阳性血清，若待检血清孔与相邻阳性血清孔出现的沉淀带完全融合，则判为阳性；若待检血清孔无沉淀带或出现的沉淀带与相邻阳性血清孔出现的沉淀带相互交叉，判为阴性；若待检血清孔无沉淀带，但两侧阳性血清孔的沉淀带在接近待检血清孔时向内弯曲，判为弱阳性，而向外弯曲，则判为阴性(图 2-7)。

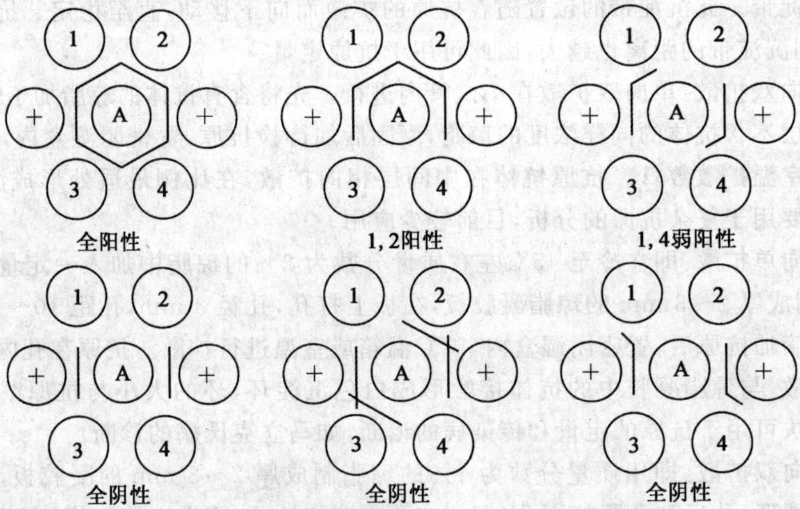

图 2-7　双向双扩散用于检测抗体结果判定

A 为抗原＋阳性血清；1，2，3，4 为被检血清。

本法应用广泛，已普遍用于传染病的诊断和抗体的检测，如鸡马立克氏病、鸡传染性法氏囊炎、禽流感、霉形体病、鸡传染性喉气管炎、伪狂犬病、牛地方性白血病、马传染性贫血和蓝舌病等。

(3)补体结合试验

补体结合试验是应用可溶性抗原如蛋白质、多糖类、脂质、病毒等，与相应抗体结合后，其抗原抗体复合物可以结合补体。但这一反应肉眼看不到，只有在加入一个指示系统即溶血系统的情况下，才能判定。参与反应的抗体主要是 IgG 和 IgM。

①补体结合试验的原理。补体结合试验有溶菌和溶血两大系统，含抗原、抗体、补体、溶血素和红细胞 5 种成分。补体没有特异性，能与任何一组抗原抗体复合物结合，如果与细菌及相应抗体形成的复合物结合，就会出现溶菌反应；而与红细胞及溶血素形成的致敏红细胞结合，就会出现溶血反应(图 2-8)。试验时，首先将抗原、待检血清和补体按一定比例混匀后，保温一定时间，然后再加入红细胞和溶血素，作用一定时间后，观察结果。不溶血为补体结合试验阳性，表示待检血清中有相应的抗体，抗原抗体复合物结合了补体加入溶血系统后，由于无补体参加，所以不溶血。溶血则为补体结合试验阴性，说明待检血清中无相应的抗体，补体未被抗原抗体复合物结合，当加入溶血系统后，补体与溶血系统复合物结合而出现溶血反应。

②补体结合试验的应用。补体结合试验可用于检测未知抗原或抗体，生产上用于多种传染病如口蹄疫、水疱病、副结核病、山羊传染性胸膜肺炎、禽衣原体病等的诊断及抗原的定型。但由于操作较烦琐，影响因素较多，已逐渐被其他简易敏感的试验所替代。

(4)中和试验

病毒或毒素与相应抗体结合后，丧失了对易感动物、鸡胚和易感细胞的致病力，称为中和试验。

中和试验可用于病毒种型鉴定、病毒抗原分析、中和抗体效价测定等。

中和试验是以病毒对宿主细胞的毒

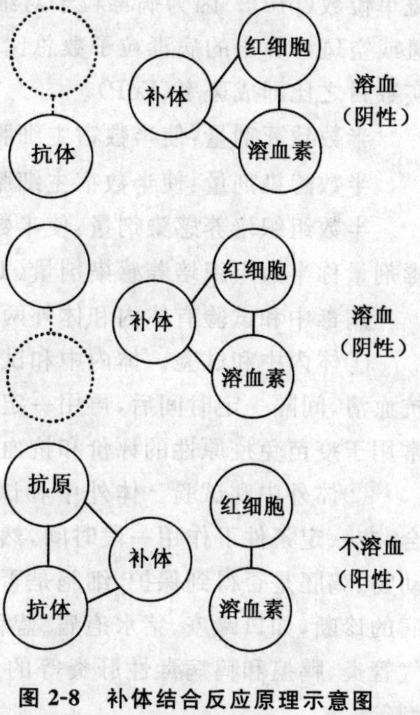

图 2-8 补体结合反应原理示意图

力为基础的，首先需根据病毒特性选择适合的细胞、鸡胚或实验动物，然后测定其毒价，再比较用免疫血清和正常血清中和后的毒价，进而判定该免疫血清中和病毒的能力，即中和价。毒素和抗毒素亦可进行中和试验，其方法与病毒中和试验基本相同。

毒价单位：根据试验材料、试验对象、观察指标不同，毒价单位不同。病毒毒力较强，能引起多数动物致死的，以半数动物致死量（LD_{50}）作为毒价单位；病毒只引起动物感染发病的，以半数动物感染量（ID_{50}）作为毒价单位；有的仅以体温反应作为指标，则以半数动物反应量（RD_{50}）作为毒价单位。另外，以鸡胚作为试验对象时，可以半数鸡胚致死量（ELD_{50}）或半数鸡胚感染量（EID_{50}）作为毒价单位；以单层细胞作为试验对象时，可以半数细胞感染量（$TCID_{50}$）作为毒价单位。

病毒感染单位：能够引起宿主或宿主细胞发生一定特异性反应的病毒最小剂量称病毒感染单位（IU）。

病毒的效价或毒力：病毒的效价是指单位体积（mL）病毒悬液的感染单位数目（IU/mL）或称毒力。

噬菌体的效价：是指能使感染细菌裂解，产生噬菌斑的噬菌体数，或形成噬菌斑单位数（pfu）。因为病毒粒子对细菌细胞感染率不会超过100％，所以根据噬菌斑或空斑计算出的病毒粒子数总比噬菌体电镜下直接计数低。pfu与噬菌体的真实数目之比即成斑率（EoP）。

半数致死剂量：使半数宿主细胞死亡的病毒剂量称半致死剂量（LD_{50}）。

半数感染剂量：使半数宿主细胞发生感染的病毒剂量称半数感染剂量（ID_{50}）。

半数组织培养感染剂量：使半数组织培养物发生感染，产生细胞病变效应的病毒剂量称半数组织培养感染剂量（$TCID_{50}$）。

病毒中和试验有体内和体外两种方法。

①体内中和试验。体内中和试验也称保护试验，即先给实验动物接种疫苗或抗血清，间隔一定时间后，再用一定量病毒攻击，视动物是否得到保护来判定结果。常用于疫苗免疫原性的评价和抗血清的质量评价。

②体外中和试验。体外中和试验是将病毒悬液与抗病毒血清按一定比例混合，在一定条件下作用一段时间，然后接种易感动物、鸡胚或易感细胞，根据接种后动物、鸡胚是否得到保护，细胞是否有病变来判定结果。此试验常用于病毒性传染病的诊断，如口蹄疫、猪水疱病、蓝舌病、牛黏膜病、牛传染性鼻气管炎、鸡传染性喉气管炎、鸭瘟和鸭病毒性肝炎等的诊断。此外，还可用于新分离病毒的鉴定和定型等。

终点法中和试验(endpoint neutralization test)

本法是以滴定被血清中和后的残余毒力,通过对中和后病毒50%终点的滴定,以判定血清的中和效价。滴定方法有以下两种:

固定病毒稀释血清法:本法需先滴定病毒毒价,然后将其稀释成每一单位剂量含200 LD_{50}(或EID_{50}、$TCID_{50}$),与等量的递进稀释的待检血清混合,置37℃ 1 h。每一稀释度接种3~6只试验动物(或鸡胚、细胞),记录每组动物的存活数和死亡数,按内插法或Karber法计算其半数保护量(PD_{50}),即该血清的中和价。

固定血清稀释病毒法:将病毒原液做10倍递进稀释,分装两列无菌试管,第一列加等量正常血清(对照组);第二列加待检血清(中和组),混合后置37℃ 1 h,分别接种实验动物(或鸡胚、细胞),记录每组死亡数,分别计算LD_{50}和中和指数。

中和指数=中和组LD_{50}/对照组LD_{50}

本试验具有高度的特异性和敏感性,并有严格量的要求。

二、免疫佐剂

(一)佐剂的概念

佐剂(adjuvant)一词来源于拉丁语,原为辅佐之意。当一种物质先于抗原或与抗原混合或同时注射于动物体内,能非特异性地改变或增强抗原物质的免疫原性,增强机体的免疫应答,或者改变机体免疫应答类型,这种物质称为佐剂,也称免疫佐剂或抗原佐剂。最新的概念为,凡是可以增强抗原特异性免疫应答的物质均称为佐剂。广义上的佐剂指免疫调节剂,能非特异性地改变或增强机体对该抗原的特异性免疫应答,能增强该抗原的免疫原性或改变免疫反应类型,而本身并无抗原性的物质。

疫苗,如灭活苗、类毒素、微生物亚单位苗、基因工程苗及合成肽苗等,免疫原性均较差,必须含有佐剂,以增强其免疫原性。有些佐剂在治疗肿瘤时发挥重要作用,如应用卡介苗或短小棒状杆菌等,以提高机体免疫功能,增强特异性及非特异性杀瘤细胞作用,因此近年来免疫佐剂的研究进展更为迅速。

佐剂的研究历史很长,20世纪初某些生物制剂已经开始加入佐剂进行试验。1925年,法国兽医免疫学家拉蒙(Gaston Ramon),首先观察到一些物质的佐剂作用。他发现制备白喉抗毒素的高免马匹,接种部位化脓者抗体效价高,继而又发现了木薯淀粉等的佐剂效应。1926年Glenny证明明矾具有佐剂作用。1951年弗氏研制成弗氏佐剂,使佐剂研究不断发展。

自20世纪50年代以后,为了提高动物生物制品的免疫效果,在兽医领域对佐剂进行了广泛的研究,特别是对油佐剂的研究进展更快。在我国,佐剂的研究和佐剂苗的生产使用，始于 20 世纪 50 年代，最初是使用明矾或氢氧化铝胶制备气肿疽菌苗、猪丹毒菌苗、猪肺疫菌苗，均取得较好的效果。1958 年曾研制了用羊毛脂和液体石蜡制造猪丹毒油乳剂苗，但效果不理想，由于油乳剂性状十分黏稠，以及所用油的质量问题，注射部位往往因肿胀反应严重，甚至发生溃烂等组织损伤，未能用于生产。20 世纪 80 年代以来，对矿物油白油佐剂的研究和应用发展极快，尤以禽病白油佐剂疫苗的种类更多，使用效果也比较满意，例如新城疫苗油乳剂苗、EDS-76 油乳剂苗、禽霍乱油乳剂苗等。实验证明，不纯的矿物油含重芳烃较高，能致死小鼠，尤其是多环芳烃含有致癌原，必须选用特定标准的矿物油，方能保证疫苗的安全性。一般选用药用级标准的白油。

20 世纪 90 年代以来，随着应用生物合成技术以其他现代技术制备大量免疫原性较弱的纯化亚单位疫苗或合成疫苗的过程中，据需加入佐剂提高免疫效果，因而再次推动了佐剂的研究。包括控制释放的投递系统一次免疫、免疫刺激复合体(ISCOM)、人工合成佐剂、细胞因子、蜂胶等，其中部分成果已从实验室研究走向开发应用。

(二)佐剂标准

WHO 与世界各国均认为，理想的佐剂除了有效辅助引发免疫反应外，尚应具备下列标准，否则不得用作佐剂。

①佐剂物质应安全、无毒、无致癌性，也不应是辅助致癌物，不能诱导、促进肿瘤形成。通过肌内、皮下、静脉、腹腔、滴鼻、口服等各种途径进入动物体后无任何副作用。

②佐剂物质应有较高的纯度，有一定的吸附力，最好吸附力强。

③佐剂物质应具有在动物体内降解吸收的性质，不易长时期留存而诱发组织损伤。

④佐剂物质不应诱发自身超敏性，不含有与动物有交叉反应的抗原物质。

⑤佐剂物质应稳定，佐剂抗原混合物储存 1 年以上不分解、不变质和不产生不良反应。

(三)佐剂的作用机理

佐剂加强免疫反应是个非常复杂的过程，虽然有些佐剂的作用机制已很清楚，但仍有许多佐剂的作用机制至今尚不甚明确。佐剂的机理可能主要是改变正常免疫机能：既可吸引大量巨噬细胞以吞噬抗原，改变抗原的构型，使抗原物质降解并加强其免疫原性；又可将过多的抗原暂时贮存，延缓释放，并发挥免疫系统的细胞间协同作用(巨噬细胞与 T 细胞，T 细胞与 B 细胞)等。佐剂的作用主要包括以下两个方面。

1.对抗原的作用

(1)增加抗原分子的表面积

佐剂吸附抗原后增加抗原分子的表面积,并且改变活性基因的构型,因而增强抗原的免疫原性。某些佐剂颗粒表面可以吸附许多抗原,使抗原表面积明显增加,特别是对小分子质量可溶性抗原或半抗原,经胶体颗粒吸附后,所产生的抗体滴度明显提高。

(2)增强T细胞和B细胞的协同作用

佐剂和抗原被巨噬细胞吞噬,对抗原加工处理,赋予较强的免疫原性,促进T细胞免疫力,并加强T细胞与B细胞的协同作用。甲状腺球蛋白与弗氏完全佐剂(FCA)结合后,可以中断T细胞的耐受性,从而恢复T细胞与B细胞相互作用而产生抗甲状腺球蛋白抗体。电镜观察证明,有弗氏佐剂的巨噬细胞与淋巴细胞和正在产生抗体的浆细胞之间有密切的接触。

(3)延长抗原在组织内的贮存时间,使抗原缓慢降解和缓释

抗原与某些佐剂混合后形成凝胶状,延长抗原在体内的贮存时间,增加抗原与机体免疫系统接触的广泛程度,减缓抗原的降解速度,使其徐徐释放,因而明显提高抗原物质的免疫原性。

此外,佐剂还可保护抗原物质不受酶系统的降解。

2.对抗体的作用

(1)引起细胞浸润

佐剂能引起细胞浸润,出现巨噬细胞、淋巴细胞及浆细胞聚集,促进这些细胞增殖,发挥产生抗体的作用。例如注射FCA后,从组织切片可见,注射局部有巨噬细胞、上皮样细胞以及淋巴细胞和浆细胞聚集成团。又如加佐剂吸附与不加佐剂破伤风类毒素免疫豚鼠后的血清抗体滴度差异非常明显。

(2)加速淋巴细胞的转化

佐剂能加速淋巴细胞转化成为效应细胞,生成更多的致敏淋巴细胞并转变为浆细胞。

(3)膜和胞浆的变化

淋巴细胞膜上的磷脂被酶激活,使膜上或邻近的部位发生膜运动及合成新的膜。巨噬细胞经佐剂作用后,也出现类似的改变,主要表现为膜活性增加和分泌辅助性因子。

(4)细胞功能的改变

巨噬细胞被佐剂刺激和激活后出现的主要变化包括:数量增多、膜表面积增

大、产生大量辅助因子和前列腺素等调节因子。T 细胞和 B 细胞受佐剂作用后，最大的改变是：细胞数目增多，进入细胞增殖周期，膜表面成分发生改变，产生大量辅助因子（LK）。B 细胞则分化为浆细胞，并分泌大量的抗体。

免疫佐剂的生物作用包括：

①抗原物质混合佐剂注入机体后，改变了抗原的物理性状，可使抗原物质缓慢地释放，延长了抗原的作用时间；

②佐剂吸附了抗原后，增加了抗原的表面积，使抗原易于被巨噬细胞吞噬；

③佐剂能刺激吞噬细胞对抗原的处理；

④佐剂可促进淋巴细胞之间的接触，增强辅助 T 细胞的作用；

⑤可刺激致敏淋巴细胞的分裂和浆细胞产生抗体。故免疫佐剂的作用可使无免疫原性物质变成有效的免疫原；

⑥可提高机体初次和再次免疫应答的抗体滴度；

⑦改变抗体的产生类型以及产生迟发型变态反应，并使其增强。

作为一种良好的佐剂，必须具备下列条件：

①增加抗原的表面积，并改变抗原的活性基团构型，从而增强抗原的免疫原性；

②佐剂与抗原混合能延长抗原在局部组织的存留时间，减低抗原的分解速度，使抗原缓慢释放至淋巴系统中，持续刺激机体产生高滴度的抗体；

③佐剂可以直接或间接激活免疫活性细胞并使之增生，从而增强了体液免疫、细胞免疫和非特异性免疫功能；

④良好的佐剂应具有无毒性或副作用低的特点。

佐剂能改变抗体类型，使用佐剂诱导优先合成一种或多种抗体。取决于刺激初次效应的佐剂类型。使用不同佐剂苗免疫接种不同动物，产生的抗体种类和量有所不同。这是使用佐剂应该注意和研究的问题。

近年来的研究还证明，有些具有佐剂作用的物质，对正常状态的免疫功能并无影响，只增强已经低下的免疫功能，增强免疫功能的物质称为免疫增强剂，不同制剂的增强作用也不一样，但多数是增强巨噬细胞活性，促进 T 细胞或 B 细胞的反应。这些对于肿瘤的免疫治疗具有重要意义。

（四）佐剂的类型

佐剂种类很多，目前尚无一致的公认合理的分类方法。从不同角度可作如下分类。

1. 根据佐剂的生物学性质分类

这种分类最早由 Ballanti 提出，故又称 Ballanti 佐剂分类。

(1)微生物及其组分佐剂

某些死菌的菌体成分与抗原在一起注射,具有明显的佐剂效应,如将结核杆菌加入到弗氏佐剂中。证明有佐剂活性的微生物有厌氧短小棒状杆菌、葡萄球菌、链球菌、酵母菌、结核杆菌、卡介苗(BCG)、布氏杆菌、百日咳杆菌、绿脓杆菌、沙门氏菌、李氏杆菌、乳杆菌、双歧杆菌、肺炎克雷伯氏菌、诺卡氏放线菌、副黏病毒及细小病毒等。

具有佐剂活性的微生物组分有革兰氏阴性菌外膜脂多糖(LPS)、革兰氏阳性细菌的细胞壁和细胞膜中的脂磷壁酸(LTA)、分枝杆菌提取的高分子多肽糖脂(脂溶性蜡质 D)、分枝杆菌细胞壁中提取的胞壁酰二肽(MDP)、乳酸菌及粪链球菌提取的细胞壁肽聚糖(PG)、短小棒状杆菌等提取的细胞壁骨架成分(CWS)、耻垢分枝杆菌等提取的水溶性佐剂(WSA)、肺炎杆菌的糖蛋白、酵母菌提取的酵母多糖及香菇提取的香菇多糖等。此外,一些蛋白毒素,如霍乱毒素(CT)、百日咳毒素(PT)、破伤风类毒素(TT)等,具有较强的佐剂效应。

(2)非微生物物质佐剂

①核酸及其类似物佐剂。从微生物提取出来的核酸成分(DNA、RNA 以及它们的多核苷酸)或合成核苷酸聚合体与抗原一起接种动物,能显示出佐剂作用,而单独给予则无佐剂效应。例如 DNA、RNA、多核苷酸以及合成核苷酸聚合体、聚丙烯酸、聚 4-乙烯吡啶、丙烯酸及聚乙烯吡咯烷酮(PVP)等。

②不溶性铝盐类胶体佐剂。例如硫酸铝、磷酸铝、氢氧化铝、磷酸钙、钾明矾、铬明矾、铵明矾等。

③油佐剂。包括矿物油(如白油)、植物油(如花生油)等。

④药物佐剂。例如吡喃、梯洛龙、丙胺肌苷、2-氮丙啶类、*D*-青霉素胺类及左旋咪唑等。中草药类,如冬虫夏草、天麻、黄芪、苦参等也有佐剂作用。

⑤表面活性剂佐剂。

阴离子表面活性剂:包括硬脂酸铝、单硬脂酸甘油酯等;

阳离子表面活性剂:如十二烷基三甲基溴化铵、十六烷基三甲基溴化铵和十八烷基三甲基溴化铵、十八烷基酪氨酸盐酸盐等;

非离子性表面活性剂:如 Arlacel A、Span-80、Span-85、Tween-80 等。

2. 根据佐剂在体内存留时间分类

(1)贮存型佐剂

能将抗原物质吸附或黏着而成为一种凝胶状态物,注入动物体后可较久地存留在体内,持续地释放出抗原物质起刺激作用,从而能显著地增高抗体滴度,提高免疫效果。如不溶性胶体佐剂(氢氧化铝胶、明矾、磷酸铝、EDTA、藻胶酸钠等)、油乳佐剂(弗氏完全佐剂、弗氏不完全佐剂、司本白油佐剂等)。

(2)非贮存型佐剂

又称为细胞毒型佐剂。这类佐剂不同抗原混合,两者在相互隔开的部位分别注射也可出现效果,非贮存型佐剂又可分为生物佐剂(微生物及其产物)和非生物佐剂(表面活性剂、胺及其类似物、核酸及其类似物、药物等)两类。

3.根据佐剂的物理性质分类

(1)颗粒性佐剂

①盐类佐剂。包括氢氧化铝胶、各种明矾、磷酸铝等。

②油水乳剂佐剂。如弗氏完全佐剂(FCA)、弗氏不完全佐剂(FIA)和矿物油白油佐剂。

③免疫刺激复合物(ISCOM)佐剂。

④蜂胶佐剂。

⑤脂质体佐剂。

⑥其他。MF59 佐剂、微囊化佐剂、硬脂酰酪氨酸佐剂和 γ-菊粉等。

(2)非颗粒性佐剂

①肽类佐剂。如胞壁酰二肽(MDP)及其衍生物、去胞壁酰多肽、脂肽和免疫调节多肽等。

②表面活性分子类佐剂。如非离子阻断共聚物表面活性剂和海藻糖合成衍生物(TDM)等。

③核酸及其衍生物类佐剂。如合成核苷酸聚合体、次黄嘌呤衍生物和免疫刺激序列 DNA(CpG DNA)或 CpG 寡聚脱氧核苷酸(CpG-ODN)等。

④含硫复合物类佐剂。如左旋咪唑。

⑤碳水化合物高分子类佐剂。如香菇多糖、硫酸多糖等其他一些多糖和 DEAE-葡聚糖等。

⑥细胞因子类佐剂。如白介素-1(IL-1)、白介素-2(IL-2)、白介素-4(IL-4)和 γ-干扰素(γ-IFN)等。

⑦脂质分子类佐剂。如脂多糖及其衍生物,一些脂溶性维生素如维生素 A 和维生素 E 等。

⑧其他。包括一些蛋白毒素如霍乱毒素(CT)、百日咳毒素(PT)、破伤风类毒素(TT)等;脂磷壁酸(LTA);维生素 B 等。

(五)常用的免疫佐剂

1.氢氧化铝胶佐剂

氢氧化铝胶又称铝胶,其佐剂活性与质量密切相关。质优的铝胶分子细腻,胶体状态良好、稳定，吸附力强，含 $Al(OH)_3$ 约 2%（Al_2O_3 为 1.3%），保存 2 年以上吸附力不变。铝胶制造法甚多，如铝粉加烧碱合成法，明矾加碳酸钠合成法，明矾加氨水合成法，三氯化铝与氢氧化钠合成法等。取 5% 硫酸铝溶液 250 mL，在强烈搅拌下加入 5% 氢氧化钠溶液 100 mL，用生理盐水离心洗涤沉淀 2 次，再悬入生理盐水中使达 250 mL。免疫接种时，取适量氢氧化铝佐剂加等体积抗原即可免疫。

2. 明矾佐剂

明矾有钾明矾和铵明矾之分，是一种无色结晶状物，溶于水，不溶于酒精。动物生物制品常用钾明矾作佐剂，如破伤风明矾沉降类毒素、气肿疽明矾菌苗等。制造时取精制钾明矾配成 10% 溶液，高压灭菌后冷却至 25℃以下，按 1%～2% 加入 pH (8.0±0.1) 的灭活菌液中，充分振摇即为明矾佐剂苗。钾铝矾（硫酸铝钾）在一定 pH 条件下产生氢氧化铝胶体吸附抗原而产生佐剂效应。制备方法是用生理盐水溶解蛋白质抗原，在搅拌下缓慢滴入一定量 10% 硫酸铝钾溶液，用 NaOH 调 pH 到 6.5，此时溶液变成乳状悬液，离心后去掉上清液，沉淀用生理盐水洗涤两次，加入硫柳汞防腐，4℃保存备用。明矾佐剂一般用于肌内注射，皮下注射容易引起肉芽肿和脓肿。

3. 弗氏佐剂

弗氏佐剂分不完全弗氏佐剂（FIA）与完全弗氏佐剂（FCA）两种，迄今仍是动物实验中广泛应用的佐剂，但在生物制品上使用不广。弗氏不完全佐剂的成分主要为：3 份液体石蜡、1 份无水羊毛脂、4 份磷酸缓冲盐水（pH 7.2）。制造时，先将各成分混合均匀，116℃高压灭菌 30 min，然后加入 1% Tween-80 混匀，使用时与抗原物质等量混合。

不完全弗氏佐剂中加卡介苗（最终浓度为 2～20 mg/mL）或死的结核分枝杆菌，即为完全弗氏佐剂（FCA）。一般首次注射时用 1/2 体积 FCA 加上 1/2 体积的抗原进行乳化，第二次或第三次注射时用不完全佐剂或不用佐剂。如不加佐剂，则抗原量增大 10～20 倍。

配制方法：按比例将羊毛脂与石蜡油置容器内，用超声波使之混匀，高压灭菌，置 4℃下保存备用。

在免疫动物前，先将弗氏佐剂与抗原按一定比例混合，佐剂和抗原体积比一般为 1∶1，制备成“油包水”乳状液。因为含 SDS 很易促使其乳化成油包水抗原乳化复合物，注射入动物体内时一定要保持乳化状态。抗原用量视抗原分子质量不同及免疫原性及免疫动物不同而有一定差异，无统一标准和固定模式。一般是每兔（约 2 kg 重）或每羊（约 20 kg 重）第一次注射抗原 1 mg，以后逐次增加抗原量，最多每次不超过 3 mg。

佐剂与抗原乳化可按如下方法进行：

(1)研磨法

先将佐剂加热并取适量放入无菌的玻璃研钵内，待冷却后再缓缓滴入等体积的抗原溶液，边滴边按同一方向研磨，滴加抗原的速度要慢。待抗原全部加入后，继续研磨一段时间，使之成为乳白色黏稠的油包水乳剂。本法适于制备大量的佐剂抗原，缺点是研钵壁上黏附大量乳剂，抗原损失较大。

(2)注射器混合法

将等量的弗氏佐剂和抗原溶液分别吸入两个注射器内，两注射器之间以一细胶管相连，注意排净空气，然后交替推动针管，直至形成黏稠的乳剂为止。本法优点是容易做到无菌操作，抗原损失少，适用于制备少量的抗原乳剂。但同时难以乳化完全，个别抗原，用塑料注射器根本推不动，而用玻璃注射器又有渗漏。制备好的乳化剂经鉴定才能适用。鉴定方法是将乳化剂滴入冷水中，若保持完整不分散，成滴状浮于水面，即乳化完全，为合格的油包水剂。

(3)超声

实验室条件好点的，可采用超声方法，比如有超声破碎仪的，一定要控制超声频率和时间，超声容易激发一些自由基，对抗原有未知损害。

4.油乳佐剂

油乳佐剂是以矿物油、水溶液加乳化剂制成的一种贮存型免疫佐剂。分单相乳化佐剂和双相乳化佐剂两种。前者为水包油(O/W)或油包水(W/O)型乳化佐剂，通常 W/O 型佐剂较黏稠，在机体内不易分散，佐剂活性优良，是动物生物制品所采用的主要剂型；O/W 型乳化佐剂较稀薄，在机体内易于分散，但佐剂活性很低，动物生物制品中很少采用。后者是水包油包水(W/O/W)或油包水包油(O/W/O)型乳化佐剂。油乳佐剂的佐剂活性、安全性与油、乳化剂质量及乳化方法和技术密切相关。免疫学上广泛应用的弗氏佐剂是著名的油乳佐剂。

(1)乳剂

乳剂是将一种溶液或干粉分散成细小微粒，混悬于另一不相溶的液体中所形成的分散体系。被分散的物质称为分散相(内相)，承受分散相的液体称为连续相(外相)。

(2)乳化剂

指乳剂中分散相与连续相两相间的界面活性物质，能够促进和稳定两种互不相溶物形成乳剂。如弗氏佐剂中的羊毛脂，油乳佐剂中的 Span-80、Arlacel-80A、Tween-80 等。乳化剂又称表面活性剂，具有降低分散物的表面张力，在微滴(粒)

表面上形成薄膜或双片层，以阻止微滴（粒）的相互凝结。

（3）乳化剂的种类

乳化剂可分为天然乳化剂和合成乳化剂两类。天然乳化剂，多来源于植物、动物，如阿拉伯胶、海藻酸钠、卵黄、炼乳等。合成乳化剂又可分为阴离子型（如碱肥皂、月桂酸钠、十二烷基磺酸钠、硬脂酸等）、阳离子型（如氯化苯甲烃铵、溴化十六烷基三甲基铵、氯化十六烷基铵代吡啶等）、非离子型（多元醇或聚合多元醇的脂肪酸酯类、醚类物质，如月桂酸聚甘油酯、山梨醇酯、单油酸酯等）三类。

（4）乳化剂的选择

商品乳化剂种类很多，通常可根据用途和乳化剂的 HLB 值（亲水亲油平衡值）进行选择。乳化剂在水中的溶解度与它的 HLB 值有密切关系。亲水强的乳化剂，在水中溶解度大，HLB 值高，容易形成水包油（O/W）型乳剂。亲油性强的乳化剂，在水中溶解度小，HLB 值也相应较低，容易形成油包水（W/O）型的乳剂。当 HLB 值为 4～6 时适于制备 W/O 型乳剂，HLB 值为 8～18 的乳化剂宜于制备 O/W 型乳剂。因而为调整 HLB 值以达到制取稳定乳剂目的，以用混合乳化剂为好。

（5）白油佐剂

白油是种矿物油，国外用于制苗的商品为 Drakocel-6VR、Marcol-52 及 LiPolul-4，国产白油的型号分 5、7、10、15 号等，其标准与性状为：无色无味；50℃运动黏度 7 m^2/s 左右；紫外吸收值（250～350 nm）＜0.1%，紫外消光系数＜1.2×10^9；单环芳烃与双环芳烃含量低于 0.5%；无多环芳烃；小鼠腹腔注射 0.5 mL 观察 160 d 或家兔皮下注射 2.0 mL 观察 60 d 正常。

（6）白油佐剂疫苗的配制

依据抗原性质、乳化方法而有所不同。通常大量生产疫苗时，可将 94%白油与 6% Span-80 混合后再加入 1%～2%硬脂酸铝溶化混匀，116℃高压灭菌 30 min，即为油相。取抗原液（通常先经灭活），加入 2%～4%Tween-80 混匀，即为水相。乳化时，按油相与水相 3∶1～2∶1（体积比）混合乳化。即将油相置组织捣碎容器内，慢速搅动油相同时缓慢加入水相进行乳化，最后高速乳化制成W/O 型油乳佐剂疫苗。在乳化过程中亦可根据乳剂黏稠度适当调整油、水相比，或将黏稠的 W/O 型乳剂抗原制剂再加入 2%Tween-80 生理盐水后继续乳化成双相油乳佐剂疫苗制剂。双相油乳佐剂疫苗制剂黏度小、注射局部反应轻微，易吸收和佐剂效应高。

（7）油乳剂检验

检验项目为乳剂类型检查、黏度测定、稳定性测定、黏度大小及分布检测等，生产实际中以黏度测定与稳定性测定为主。

①黏度测定。最简易的方法是取内径为 1.2 mm 的吸管，在室温下吸乳剂 1 mL，以垂直放出 0.4 mL 所需的时间作为黏度单位，以 2～6 s 为合格，不得大于 10～15 s。

②稳定性测定。离心分层法，于半径 10 cm 离心管装油乳剂，3 000 r/min 离心 10～15 min 不分层，相当于保存 1 年以上不破乳。或将疫苗 37℃贮存，加速老化，10～30 d 不破乳。

5. 蜂胶佐剂

蜂胶是蜜蜂采自柳树、杨树、栗树和其他植物幼芽分泌的树脂，并混入蜜蜂上颚分泌物，以及蜂蜡、花粉及其他一些有机与无机物的一种天然物质。蜂胶是固体状黏性物，呈褐色或深褐色或灰褐带青绿色，具有芳香气味，味苦，在低于 15℃条件下变硬，0℃以下变脆，35～45℃时质软带黏度可塑性。60℃以上熔化，相对密度 1.112～1.136。蜂胶的颜色及品质与蜜蜂所采集的植物种类有关，新收集的蜂胶，约含 55%的树脂和香脂、30%蜂蜡以及芳香挥发油、10%以上花粉和其他杂质，是一种质量不均的混合物。将蜂胶溶于 95%乙醇中，应呈透明的栗色溶液。

目前已知蜂胶含树脂、蜂蜡、芳香油、花粉、20 余种黄酮类化合物，多种酸类、醇类、酚类、酮类、脂类、烯烃和萜类等化合物，还有多种氨基酸、酶和多糖、脂肪酸及维生素以及 30 余种化学元素。

蜂胶是一种广谱生物活性物质，具有良好的免疫增强作用，它能增强巨噬细胞的吞噬能力，促进抗体的产生，提高机体的特异性和非特异性免疫力。但由于蜂种不同、产地不同，天然蜂胶的质量和成分有较大的差异，用于免疫佐剂需进行纯化。用市售蜂胶，放 4℃以下低温贮存，用前在 4～8℃下粉碎，过筛，按质量体积比 1∶4 加 95%的乙醇，18～25℃浸 24～48 h，冷却离心取上清液即为纯化蜂胶，以干物质计算配成 30 mg/mL 溶液，4℃保存备用。

6. 左旋咪唑、葡聚糖佐剂

左旋咪唑驱虫药物是噻唑苯咪唑的派生物，白色，无定形或结晶形粉末，易溶于水。本剂具有恢复 T 细胞和吞噬细胞功能以及胸腺细胞有丝分裂功能的作用，还能调节免疫系统的细胞免疫机能。葡聚糖可作为载体，两相结合后有明显的免疫佐剂效能。于 5%左旋咪唑液中加入葡聚糖微粒混匀，4℃浸泡 24 h 后低温干燥制成佐剂载体。在鸡新城疫Ⅱ系毒液中加入 0.8%左旋咪唑、葡聚糖佐剂混匀，4℃下放置 2 h，即为鸡新城疫Ⅱ系佐剂疫苗。或在液体苗液中加入保护剂后分装、冻干，制成冻干疫苗。

(六)新型佐剂

1.细胞因子类佐剂

多种细胞因子都证明是有效的免疫增强剂,亦称之为免疫佐剂,能够增强疫苗的保护作用,在肿瘤免疫模型试验中,亦能提高其免疫性参数。随着合成和重组抗原的日渐增多,应进一步强调合适的佐剂的作用以确保疫苗的最大活性以及对所有接种者的保护作用。目前,制备安全、有效的佐剂有几种途径,其中直接利用细胞因子作佐剂已成为科学家的研究热点。这类细胞因子主要为白细胞介素-1、白细胞介素-2、白细胞介素-4、白细胞介素-12 及 γ-干扰素。

(1)白细胞介素-1(IL-1)

IL-1 又称淋巴细胞活化因子,是第 1 个细胞因子佐剂。IL-1 用作佐剂可增强对抗原的初次和二次抗体应答。

IL-1 可引起许多与炎症有关的严重副作用,这是其用作疫苗佐剂的不足。因此科学家对 IL-1β 序列中 163～171 位的短肽很感兴趣。该肽不存在上述问题,但仍可保持 IL-1 的免疫刺激作用。因此,肽 163～171 已被成功地用于动物,以增强对如下抗原的特异性免疫应答。其中有 T 辅助细胞依赖的细胞抗原,不依赖 T 辅助细胞的多糖抗原,重组以及来自人病原体的合成抗原,并已成功地用于实验性肿瘤疫苗。

(2)白细胞介素-2(IL-2)

白细胞介素-2 是 T 细胞在抗原或促有丝分裂原刺激下所分泌的一种淋巴因子,可引起 T 细胞增殖和维持 T 细胞在体外持续生长,故曾称为 T 细胞生长因子(TCGF)。具有促进 T 细胞生长、诱导或增强细胞毒性细胞的杀伤活性、协同刺激 B 细胞增殖及分泌免疫球蛋白、增强活化的 T 细胞产生 IFN 和集落刺激因子(CSF)、诱导淋巴细胞表达 IL-2R、促进少突胶质细胞的成熟和增殖及增强吞噬细胞的吞噬杀伤能力等免疫生物学效应。

当 IL-2 用于灭活疫苗和正常接种对象时,其免疫原性的增强,取决于给予抗原后的连续注射。IL-2 与疫苗合用,然后注射 5 d 或 17 d 可增强对胸膜肺炎嗜血杆菌、狂犬病和单纯疱疹病毒的防御作用。虽然对上述感染的防御作用得到增强,但抗体应答并不增强。

在抗体应答增高并无重要意义的情况下,细胞因子显然具有佐剂潜能,但其实际用途将取决于是否可通过一些缓慢释放机理来避免每天注射。这方面的研究已取得一些进展,如应用聚乙二醇-IL-2,将 IL-2 掺入脂质体。

IL-2 多次注射,可通过增强抗原特异性 T 细胞的增殖而起作用,但用油乳化 IL-2 克服遗传性无应答性时,未见这种活性。

(3)白细胞介素-4(IL-4)

IL-4又称为B细胞刺激因子(BSF-1),是由辅助性T细胞(Th细胞)经抗原或丝裂原刺激后产生的一类重要的淋巴因子,为蛋白性质的肽类。IL-4对T、B淋巴细胞分化和成熟具有潜在的佐剂活性。它能激活T细胞、B细胞、NK细胞和自身受体IL-4R,增强或抑制免疫球蛋白的合成,可能成为一种强有力的佐剂候选因子。

(4)白细胞介素-12(IL-12)

IL-12是发现的唯一由B细胞产生的细胞因子,与IL-2有协同作用,曾被称为细胞毒性淋巴细胞成熟因子(CLMF)和天然杀伤细胞刺激因子(NKSF)。IL-12与亚剂量的IL-2能协同诱导抗体产生细胞毒T淋巴细胞(CTL)。IL-12还能诱导NK细胞和T细胞产生7-干扰素(IFN-7)。IL-12活性高于IL-2和IFN,在极低浓度时就有显著活性,对灭活疫苗、肿瘤和寄生虫抗原具有有效的佐剂活性。

IL-12的产生是一些细菌性佐剂发挥作用的机理。这些细菌成分激发巨噬细胞产生IL-12。许多研究者建议,IL-12可替代这些细菌佐剂,并更为安全。而且IL-12应用于主要诱导细胞免疫应答的疫苗(如HIV疫苗)。

2.免疫刺激复合物(ISCOM)佐剂

ISCOM是由抗原与皂树皮提取的一种糖苷Quilt A和胆固醇按1∶1∶1的分子混合共价结合而成的一种较高免疫活性的脂质小泡,ISCOM直径40 nm,每个ISCOM含10～12分子的蛋白质,是一种具有较高免疫学价值的新的抗原递呈系统,最初由瑞典Moreino(1984)报道。ISCOM现已广泛应用于多种细菌、病毒和寄生虫病的疫苗。ISCOM可以长期增强特异性抗体应答,甚至存在被动转移抗体时也如此。又由于ISCOM能有效地通过黏膜给药,从而提高了用于抗呼吸道感染疫苗的可能性,具有产生“全面”免疫应答的效力。

已由20多种病毒的亲水脂蛋白如外壳蛋白,以及若干种细菌和原生动物的膜蛋白被用来制备ISCOM。以ISCOM制备的病毒亚单位疫苗,在使用中既可增强体液免疫,也可增强细胞免疫,从而延长了免疫保护期。特别是ISCOM可导致细胞毒记忆T细胞的增加,这在灭活苗或组分苗中是独一无二的。同时又可使半抗原、化学合成小分子肽和基因工程产品成为理想的免疫原。兽用ISCOM疫苗已在国外投放市场,这种技术的应用亦将更为广泛。

3.脂质体(Liposome,LIP)佐剂

脂质体是人工合成的具有单层或多层单位膜样结构的脂质小囊,由1个或多个类似细胞单位膜的类脂双分子层包裹水相介质所组成。LIP可分为复层脂质体(MLV)、大单层脂质体(LUV)和小单层脂质体(SUV)三类,LUV直径较大(≥

200 μm)，适合包裹抗原，应用较多。

脂质体具有佐剂兼载体效应，诸如能明显地提高抗体滴度，增高记忆免疫能力，增加细胞免疫应答，可作为半抗原载体以诱发特异性免疫应答，对多肽等亚单位抗原的佐剂作用更明显，可提高抗原的稳定性从而延长保存期。

4. CpG DNA

CpG DNA 是含有非甲基化 CpG(胞嘧啶鸟嘌呤二核苷酸)基序的脱氧核糖核酸 DNA。

最早提出细菌基因体 DNA 具有免疫效用的是一些日本学者。1992 年，这些学者又提出细菌 DNA 可激活 NK 细胞、诱导分泌干扰素，并可抑制肿瘤细胞的生长，但脊椎动物的 DNA 却无上述效用。而后，也有其他学者提出，细菌 DNA 基因体不但可活化 B 细胞的增生，而且可促进免疫球蛋白分泌的效用。直到 1995 年，Krieg 等人正式提出 CpG 双核苷才是 DNA 组成中具有刺激免疫反应的关键。在所有具有佐剂效用的生物或化学成分中，CpG 基序是近年来被学者广泛研究的重要课题。

CpG DNA 可同时诱导非特异性免疫及特异性免疫的反应，因此若结合抗原同时使用，便可诱导其佐剂的效用。值得注意的是 CpG DNA 在 Th1 细胞方面会诱发比弗氏完全佐剂更强烈的免疫反应。和其他的佐剂相比，CpG 可诱导更快速的抗体分泌，并诱出比毒杀性 T 细胞更强烈的活性。CpG DNA 目前可应用于疫苗佐剂、过敏疾病的免疫治疗剂、抗肿瘤效用剂和基因治疗等方面。

5. 毒素佐剂

毒素中最具代表性的佐剂是霍乱毒素(CT)和大肠菌不耐热毒素(LT)，这两个毒素如用于黏膜免疫，不但本身具有高免疫性，也同时具有佐剂效用。CT、LT 毒素在核酸序列上有 80% 的相似性，而且二者结构相似，都是由 A、B 两个区所组成，其中 B 区具有主要免疫学作用，由 5 个相同分子(相对分子质量为 1.16×10^4)以非共价键方式结合成环状结构 B 亚单位，和肠道表皮细胞受体有极高的亲和力。而 A 区(相对分子质量为 2.7×10^4)是毒素的生物学活性部分，具有酶活性，由 A1 及 A2 两个亚区以二硫键结合一起。

由于佐剂的目的是除了增进免疫效果外，最好还能减少抗原量以及稳定抗原性以维持较长的有效期。因此，近年来学者的研发方向，大都是注重以造成局部慢性发炎、增加淋巴细胞和吞噬细胞数目为主。较特别的是 CT 不会引起发炎反应。过去也有人想直接使用 CT 当做佐剂，而应用于其他疫苗之上，可惜的是 CT 毒性过高，只要 5 μg 就可使人产生腹泻症状，25 μg 就可使人产生和霍乱菌感染相似的严重症状。于是基因重组的 CT 和 LT 便成为科学家的希望。

除了 CT 和 LT 之外。将毒素应用在黏膜佐剂的还有百日咳毒素(PT)。PT 和 CT、LT 均具有的结构。PT 有许多生物功能,除了本身被灭活后是百日咳疫苗的主要成分之外,PT 会诱导迟发型过敏反应和 IgE 的分泌。以遗传工程技术去除毒性的 PT 以呼吸道投入,可成为黏膜免疫的优质佐剂。此外,破伤风类毒素(TT)现已表明也具有强的佐剂效应,特别适应于多糖或小分子肽半抗原。这些抗原经偶联结合到 TT 后,可诱发高水平的 IgG 抗体应答,表现出明显的辅佐效应。莱姆病病源的外表面蛋白 A(Outer Surface Protein A,OSPA),OSPA 不但具有高免疫性,也具有佐剂的功用,当 OSPA 和大豆尿素酶共同经鼻腔注射后,OSPA 会强力促进血清 IgG 和唾液 IgA 的形成。与 CT 不同的是 OSPA 对人类具有较高的安全性。

知识拓展:为何要停止生产含氢氧化铝佐剂的狂犬病疫苗?

研究发现,含氢氧化铝佐剂的狂犬病疫苗较无佐剂狂犬病疫苗免疫人体后中和抗体的产生晚 7 d 左右。狂犬病疫苗的暴露后免疫是一种应急使用,抗体的产生越早越好。因此,氢氧化铝佐剂对狂犬病的暴露后治疗十分不利。另外,狂犬病疫苗中的的氢氧化铝佐剂同样可以导致不良反应增多。因此,2004 年 12 月的人用狂犬病疫苗质量工作会议上,国家食品药品管理局已要求各生产企业在 2005 年 6 月 30 日前停止氢氧化铝佐剂人用狂犬病疫苗的生产。

三、动物生物制品常用灭活剂与灭活技术

为提高动物生物制品的安全性、防止散毒,许多疫苗通常通过灭活制成无毒力和无感染性的制品,灭活是动物生物制品中的一项基本技术。

(一)灭活及灭活剂的概念

灭活(inanimation),是指破坏微生物的生物学特性、繁殖能力及致病性,但尽可能不影响其免疫原性,用以制备灭活疫苗。广义的灭活还包括灭能(inactivation),使一些活性物质(微生物及其代谢产物、激素、酶、血清因子和抗体)丧失活力的过程。各种灭活疫苗诊断抗原等的制造过程均需要灭活;血清经 56℃ 30 min 处理,使补体丧失活性、破坏一些抑制因子的过程,以及破伤风毒素经甲醛处理后即失去致病性称为类毒素的过程均为灭能。

用来灭活的药物称为灭活剂(inactivator),又称化学灭活剂。化学灭活是制备疫苗最重要的手段。研究灭活生物制品,重要条件是选择适当的灭活剂和灭活方法。

(二)灭活的类型

按照灭活作用的性质可将灭活分为物理灭活和化学灭活两类,尤其以化学灭活法效果确实、方法简便而最为常用。对不同的微生物、活性物质所采用的灭活方法、灭活剂也不尽相同。在特定条件下,物理灭活与化学灭活也可以联合用于某些生物制品的灭活。

1.物理灭活方法

一般常用热灭活、超声波灭活、紫外线灭活和γ射线灭活等杀死微生物或消除其毒性。

(1)热灭活

最早由 Smith 等研制猪霍乱灭活苗时提出,该法简单易行。后来发现加热的方法杀死微生物比较粗糙,容易造成菌体蛋白质变性,因而使免疫原性受到明显影响。

(2)超声波灭活

微生物应放在冰浴中间断进行。例如超声波破碎大肠杆菌,将大肠杆菌原液放置在 3 个玻璃瓶中,用超声波仪破碎,工作时间分别为 40 min 和 60 min,破碎时间分别为工作时间的一半:20 min 和 30 min。结果证明 60 min 高稀释度对灭活效果最好,灭活率可达 99.25%。并且证明超声波灭活的方法对抗原的损失很小。

(3)紫外线灭活

效果不好,也发生过紫外线灭活疫苗后强毒重新活化的事例。细菌中的脱氧核糖核酸(DNA)、核糖核酸(RNA)和核蛋白的吸收紫外线的最强峰在 254～257 nm。细菌吸收紫外线后,引起 DNA 链断裂,造成核酸和蛋白的交联破裂,杀灭核酸的生物活性,致细菌死亡。紫外消毒对大肠杆菌具有良好的灭活作用,当紫外剂量为 10 MJ/cm^2,可以达到 4.66 个对数级的灭活效果;在相同的紫外剂量下,紫外强度对灭活效果也有一定的影响,在紫外强度较高时会取得较好的灭活效果。紫外线灭活自来水中隐孢子虫研究的进展情况表明紫外线对隐孢子虫的灭活率到 99%和 99.99%时,紫外线剂量分别为 110 J/cm^2 和 190 J/cm^2。

(4)γ 射线灭活

γ 射线由放射性同位素如 ^{60}Co 或 ^{137}Cs 产生。是一种高能电磁波,波长很短(0.001～0.000 1 nm),穿透力强,射程远,一次可照射很多材料,而且剂量比较均匀,危险性大,必须屏蔽(几个厘米的铅板或几米厚的混凝土墙)。^{60}Co 射线处理,应根据被照射物的容量大小选择被照射物与钴源的距离和剂量。据试验，用 10 000 mL 大玻璃瓶装 6 000 mL 的血清或血液，当吸收射线量达 2 000 万 mGy/h 能完全杀死芽孢杆菌，照射后的血清质量不受影响。

2. 化学灭活

利用化学药品或酶使微生物、活性物质的一些结构发生改变，从而丧失生命力、感染性、毒性或活性。化学方法是目前采用最多的灭活法。化学试剂灭活的效能常受灭活剂种类、剂量、作用温度、pH、时间等因素的影响，因此必须筛选最佳的灭活条件。

数十年来，除主要用甲醛灭活剂外，在生产口蹄疫灭活苗过程中，不断筛选出新的灭活剂，如 β-丙酰内酯、羟胺、缩水甘油醛等。但是无论选用何种灭活剂，都应注意以较低温度和最低剂量为原则，同时应注意溶液 pH，以近于中性为宜。此外被灭活液体的浓度高时应适当增加灭活剂剂量或适当稀释灭活剂，否则容易造成灭活不完全。有些灭活剂(如 AEI)还需要在灭活一定时间后，加灭活阻断剂，以免继续灭活而损害抗原性。总之，灭活剂的灭活作用，一般是随剂量增大，温度升高，灭活效率递增。灭活剂量大小与灭活时间成反比，并且在选用灭活剂时，应以能保证疫苗安全与效力，以低剂量和较低温度短时间处理为好。

(三)常用灭活剂

1. 甲醛溶液

甲醛是一种无色、有强烈刺激性气味的气体。易溶于水、醇和醚。甲醛在常温下是气态，通常以水溶液形式出现。易溶于水和乙醇，能与水、醇、丙酮任意混合，35%～40%的甲醛水溶液叫做福尔马林，pH 2.8～4.0。甲醛为强还原性物质，在微碱性时还原性高，在空气中能缓慢氧化生成甲酸。长期或低温保存易浑浊，形成三聚甲醛，加热后可变澄清，但灭活性能降低。一般商品甲醛溶液中常加入10%～15%的甲醛，防止聚合。

甲醛是原浆毒物，能与蛋白质结合，吸入高浓度甲醛后，会出现呼吸道的严重刺激和水肿、眼刺痛、头痛，也可发生支气管哮喘。皮肤直接接触甲醛，可引起皮炎、色斑、坏死。经常吸入少量甲醛，能引起慢性中毒，出现黏膜充血、皮肤刺激症、过敏性皮炎、指甲角脆弱、甲床指端疼痛，孕妇长期吸入可能导致新生婴儿畸形，甚至死亡，男子长期吸入可导致男子精子畸形、死亡，性功能下降，严重的可导致生殖能力缺失，全身症状有头痛、乏力、胃纳差、心悸、失眠、体重减轻以及植物神经紊乱等。

甲醛对健康危害主要有以下几个方面：

(1)刺激作用

甲醛的主要危害表现为对皮肤黏膜的刺激作用，甲醛是原浆毒物质，能与蛋白质结合，高浓度吸入时出现呼吸道严重的刺激和水肿、眼刺激、头痛。

(2)致敏作用

皮肤直接接触甲醛可引起过敏性皮炎、色斑、坏死，吸入高浓度甲醛时可诱发支气管哮喘。

(3)致突变作用

高浓度甲醛还是一种基因毒性物质。实验动物在实验室高浓度吸入的情况下，可引起鼻咽肿瘤。

甲醛是最传统的也是应用最广泛的灭活剂，至今仍是生物制品研究与制造中最主要的灭活剂。农业部2000年发布的《动物生物制品制造及检验规程》中的26种灭活疫苗，均以甲醛作为灭活剂。

甲醛的灭活机制是强还原作用，低浓度时能破坏微生物的生命链，从而丧失活力或毒性而保存抗原性；高浓度时与微生物蛋白质的氨基结合形成另外一种化合物，从而破坏、杀死微生物。

甲醛用于疫苗灭活的浓度为0.1%～0.8%。一般需氧菌用0.1%～0.2%的浓度，厌氧菌则多用0.4%～0.5%的甲醛杀菌或脱毒。37～39℃处理24 h，有的需要更长时间。如猪肺疫灭活疫苗，用0.1%的甲醛溶液，37～38℃灭活7～12 h；气肿疽灭活疫苗，用0.5%的甲醛液，37～38℃灭活72～96 h，而破伤风类毒素用0.4%甲醛液，37～38℃灭活21～23 d。甲醛用于病毒灭活其浓度可在0.05%～0.4%，大部分使用0.1%～0.3%(表2-1)。不论是杀菌或脱毒，使用甲醛或其他灭活剂，灭活剂的浓度及处理时间都要根据试验的结果来确定。通常以用量小、浓度低、杀菌时间短而又能达到彻底灭活目的为原则。为了终止灭活后的作用，需要焦硫酸钠阻断。

焦亚硫酸钠又称重硫氧，分子式 $Na_2S_2O_5$，相对分子质量109.10，白色或微黄色结晶，相对密度1.4。受潮易分解，露置于空气中易氧化为硫酸钠，与强酸接触放出二氧化硫而生成相应的盐类，加热到150℃分解。溶于水，水溶液呈酸性。溶于甘油，微溶于乙醇。无毒。用作乳液防冻剂，也可用作防腐剂、漂白剂。贮存于阴凉、干燥的库房内，密闭。不宜久贮。

表 2-1 常用灭活疫苗的灭活方法

疫苗名称	灭活剂与浓度	灭活、脱毒方法	
气肿疽明矾灭活疫苗	0.5%甲醛	37～38℃	72～96 h
气肿疽甲醛灭活疫苗	0.5%甲醛	37～38℃	72～96 h
肉毒梭菌(C型)灭活疫苗	0.8%甲醛	37℃	10 d
羊快疫-猝疽-肠毒血症三联灭活疫苗	0.5%～0.8%甲醛	37～38℃	3～7 d
家兔魏氏梭菌氢氧化铝灭活疫苗	0.8%甲醛	36～37℃	5 d
羊大肠杆菌病灭活疫苗	0.3%甲醛	37℃	24～48 h
猪丹毒、猪肺疫氢氧化铝二联灭活疫苗	0.25%甲醛	37℃	18～24 h
猪丹毒氢氧化铝灭活疫苗	0.2%～0.25%甲醛	37℃	18～24 h
牛出血性败血病氢氧化铝灭活疫苗	0.2%～0.25%甲醛	37℃	7～18 h
猪肺疫氢氧化铝灭活疫苗	0.1%甲醛	37℃	7～12 h
禽霍乱氢氧化铝灭活疫苗	0.1%甲醛	37℃	7～12 h
禽霍乱油乳剂灭活疫苗	0.1%甲醛	37℃	12 h
山羊传染性胸膜肺炎氢氧化铝灭活疫苗	0.1%甲醛	16～18℃	48 h
兔出血热组织灭活疫苗	0.4%甲醛	37℃	12～24 h
牛、羊伪狂犬病灭活疫苗	0.15%甲醛	4～10℃	7 d
破伤风明矾沉降类毒素	0.4%甲醛	38℃	21～31 d
口蹄疫灭活疫苗	0.05%AEI或0.02%BEI	20～37℃	7～20 h

2.苯酚

苯酚别名石炭酸，低熔点(40.91℃)，白色晶体，加热能溶于水，有毒，有臭味，沸点181.84℃，具有腐蚀性，在空气中变粉红色。对人有毒，要注意防止触及皮肤。用于制染料合成树脂、塑料、合成纤维和农药、水杨酸等。

苯酚的灭活机制是使微生物蛋白质变性和抑制特异酶系统的活性(如脱氢酶、脱氨酶、氧化酶等)，使其失去活性。生物制品的常用量为0.3%～0.5%。

3.β-丙酰内酯(BPL)

又称羟基丙酸-β-内酯，无色有刺激气味的液体。熔点－33.4℃，沸点162℃(分解)，闪点70℃。相对密度1.146 0。遇潮气慢慢分解为羟基丙酸，在水溶液中则迅速分解，密封于玻璃瓶中5℃保存较为稳定，37℃ 2 h后能自行水解为无毒物质。与丙酮、乙醚、氯仿任意混溶。对皮肤、黏膜有较强的刺激，为可疑的致癌物质。由乙烯酮与甲醛反应制取。β-丙内酯用于熏蒸杀菌，血浆、疫苗良好的病毒灭活剂。

灭活机制是破坏病毒的核酸芯子，但不损害衣壳蛋白，因此能保持良好的免疫原性，主要用于狂犬病灭活疫苗的制备。然而，目前研究表明，β-丙酰内酯是一种潜在的致癌因子。

甲醛是一种有强烈刺激性的致癌物质。其既可作用于病毒含氨基的核苷酸碱基(如 A,G,U)，又可作用于病毒壳蛋白。作用于病毒衣壳蛋白时，易使蛋白质发生交联或病毒颗粒聚集，不能再作用于壳蛋白内的核酸。这样，病原体蛋白的抗原性会遭到严重破坏，并可能有病原体存活；用甲醛灭活时间长，一般需要在 37～39℃处理 24 h 以上或更长时间。并且灭活的效果易受温度、pH、浓度、是否存在有机物、病原体的种类和含氮量等因素影响，在研究中应引起注意；残留的游离甲醛，若随疫苗注入机体后，会产生刺激性反应。

β-丙酰内酯(BPL)现已广泛应用于多种人和动物疫苗的生产，做灭活剂使用。其作用机理可能是作用于病原体 DNA 和 RNA，而不直接作用于蛋白。它能在机体内完全分解为无毒性的 β-羟丙酸，这是一种人体内脂肪代谢后的产物，对人体和动物无毒性。BPL 是一种无毒性的液体，于 37℃经 2 h 后能自行水解为一种无毒的物质，也可加入亚硫酸钠停止其反应。BPL 对病毒的灭活能力很强，同时可以保持病毒良好的免疫原性，加上其水解产物丙酮酸对人体无害，故 1984 年被选作狂犬灭活疫苗的灭活剂正式使用，现已被广泛应用于各种疫苗。总之，β-丙酰内酯(BPL)的优点主要有以下几方面。

①直接作用于病毒核酸，保持免疫原性，强灭活效果。β-丙酰内酯(BPL)直接与病毒核酸作用，而不作用于衣壳蛋白，不破坏病原体的免疫原性。

②极易水解，无残留，并且水解产物无毒无害。大剂量 β-丙酰内酯(BPL)虽是一种致癌物，但极易水解，在 37℃水浴水解 2 h 后消失，其水解为无毒性的人体脂肪代谢产物 β-羟基丙酸。另外，由于其能在疫苗液体中完全水解，不必考虑在成品疫苗中的残留。

③灭活时间短，缩短了疫苗的生产周期。37℃仅需 2 h β-丙酰内酯即可完全水解，灭活时间短，从而显著地缩短了疫苗生产周期，提高了经济效益。

BPL 可能具有致癌性，操作时需要特殊防护，也可改变人血清白蛋白的性质，所以灭活的病毒培养液中不能含有人血清白蛋白。不同疫苗其作用浓度、灭活作用时间、作用温度、pH 等条件不同，需要使用者经过试验确定最佳条件。

4. 结晶紫

结晶紫又称甲基青莲或甲紫，是一种碱性染料，能溶于水(溶解度 9%)和酒精(溶解度 8.75%)，易溶于醇，能溶于氯仿。结晶紫在细胞学、组织学和细菌学等方面应用极广，是一种优良的染色剂。凡是用番红和苏木精或其他染料染细胞核不能成功时，用它能得到良好的结果。用番红和结晶紫作染色体的二重染色，染色体染成红色，纺锤丝染成紫色，所以也是一种显示细胞分裂的优良染色剂。用结晶紫染纤毛，效果也很好。用结晶紫染色的切片，缺点是不易长久保存。

有较好的杀菌作用，且无刺激性及毒性。溶液用于浅表创面、糜烂、溃疡及皮肤感染，糊剂用于足癣继发感染及脓皮病等。

结晶紫的灭活机制主要是它的阳离子与微生物蛋白质带负电荷的羧基形成弱电离化合物，妨碍微生物的正常代谢，扰乱微生物的氧化还原作用，使电势太高而不适于微生物的增殖。对革兰氏阳性菌主要是干扰胞壁肽聚糖的合成。如猪瘟结晶紫疫苗，鸡白痢染色抗原等。

5.硫柳汞及硫柳汞钠盐

又称乙基汞硫代水杨酸钠，为乳白至微黄色结晶性粉末；稍有特殊臭，微有引湿性。遇光易变质，故应密闭避光保存。1%水溶液 pH 6～8。易溶于水、乙醇，不溶于乙醚和苯。为消毒防腐剂。有抑菌与抑霉菌作用，其效力比红汞强。而比升汞弱，毒性和刺激性小。外用作皮肤黏膜消毒剂(用于皮肤伤口消毒、眼鼻黏膜炎症、尿道灌洗、皮肤真菌感染)。

硫柳汞用于生物制品的防霉剂和消毒剂，对霉菌、细菌和病毒都有一定的灭活作用。常用量为 0.01%～0.02%。

硫柳汞是一种含汞的有机化合物，长期以来一直被广泛用做生物制品及药物制剂包括许多疫苗的防腐剂，以预防有害微生物污染所致的潜在危害。在生物制品的历史中，硫柳汞的应用已具有 60 多年的历史。

6.烷化剂

烷化剂是含有烷基的分子中去掉一个氢原子集团的化合物，它能与另一种化合物作用，将烷基引入，形成烷基取代物。这类化合物的化学性质活泼，其灭活机制是烷化微生物 DNA 分子中的鸟嘌呤和腺嘌呤，引发单键断裂、双螺旋结构交联及干扰酶系统和核蛋白作用，从而破坏核酸代谢、合成，导致病毒核酸芯子破坏而达到灭活的目的。

烷化剂灭活，可使病毒丧失感染力而不损害蛋白壳，得以保留其抗原性。因此，这类灭活剂能破坏病毒核酸心髓，使病毒完全丧失感染力，而又不损害其蛋白衣壳，得以保留其保护性抗原。常用的烷化剂有 N-乙酰乙烯亚胺、二乙烯亚胺、缩水甘油醛。

(1)AEI(N-乙酰基乙烯亚胺)

AEI 为淡黄色澄明液体，有轻微臭味，能与水或醇任意混合。pH 7.0～8.5，最适宜保存温度－79℃，在0～4℃可保存1年，在－20℃可保存2年；在常温下由于分子聚合，外观颜色及流动性均发生改变，从而导致灭活作用的改变。AEI起作用的功能集团是乙烯亚氨基，用于灭活口蹄疫病毒生产口蹄疫灭活疫苗。在口蹄疫病毒培养液中加入最终浓度为0.05%，30℃ 8 h后，达到灭活目的。加入最终浓度2%的硫代硫酸钠，即可中断灭活剂的灭活作用。

(2)BEI(二乙烯亚胺)

BEI相对分子质量或原子质量67.09，密度0.969 1，熔点－8.5℃，沸点130～131℃，闪点38.9℃(闭式)，无色液体，在空气中颜色迅速变黑，有显著的刺激性气味。几乎不溶于水和稀碱溶液，溶于乙醇、乙醚、苯和无机酸溶液。市售商品经环化制成0.2%的溶液，在0～4℃可保存1个月，在口蹄疫病毒悬液中加入最终浓度为0.02%的BEI，37℃，24 h以上，可对病毒进行较好的灭活。加入最终浓度2%的硫代硫酸钠，即可中断灭活剂的灭活作用。

(3)GDA(缩水甘油醛)

GDA易挥发，水溶液含量为15～30 mg/mL。0～4℃保存3个月后含量逐渐下降，约半年失效，20℃时只能保存10 d。1959年国外第一次合成，1964年将其用于生物制品灭活剂。

GDA的作用机理是环氧烷基与病毒蛋白或核酸发生反应。对大肠杆菌、噬菌体、新城疫病毒、口蹄疫病毒等有灭活作用。

(四)影响灭活的因素

灭活效果要验证两方面的因素：①灭活的完全性，即被灭活的活性物质的毒性是否完全丧失或被破坏；②灭活后是否保留良好的抗原性，即灭活物是否仍有抗原效价和坚强的免疫力。灭活效应，尤其是化学灭活的效应，常受温度、灭活剂剂量、时间、pH灭活物种类和浓度等因素制约。因此，在生物制造中，除应筛选出良好的灭活剂外，还要选定最佳的灭活剂量、温度、时间和pH等条件。

1.灭活剂种类

不同的灭活剂对同一种微生物的灭活效果是有差异的。有些灭活剂只对一部分微生物有明显的灭活作用，而对另一些微生物则灭活效力很差。如酚类能抑制和杀灭大部分细菌的繁殖体，5%石炭酸溶液于数小时内能杀死细菌的芽孢。真菌和病毒对酚类不太敏感。阳离子表面活性剂抗菌谱广，效力快，对组织无刺激性，能杀死多种革兰氏阳性菌和阴性菌，但对绿脓杆菌和细菌芽孢作用弱，其水溶液不能杀死结核杆菌。因此，在选择灭活剂时，应考虑微生物的特性和灭活剂的作用。

2.微生物种类及特性

不同种类的微生物如细菌、病毒、真菌以及革兰氏阳性菌与革兰氏阴性菌对各种灭活剂的敏感性是不完全相同的;细菌的繁殖体及其芽孢对化学药物的抵抗力不同;生长期和静止期的细菌对灭活剂的敏感程度也有差别。另外细菌的浓度也会影响灭活效果。

3. 灭活温度

通常同一浓度的灭活剂在不同温度下的灭活速度与温度成正比。在低温时,温度每升高10℃,细菌死亡率可成倍增加。每升高10℃,金属盐类的杀菌作用增加2～5倍,石炭酸的杀菌作用增加5～8倍。但是,如果温度超过40℃或更高,对微生物的抗原性将有不利影响。

4. 灭活剂浓度

以甲醛为例,甲醛浓度越高,灭活脱毒越快,但抗原损失量也越大。有人证明,加0.5%甲醛溶液脱毒的类毒素,其结合力仅相当于0.2%甲醛溶液脱毒的类毒素结合力的2/3。也可以采用分次加入甲醛溶液进行灭活这种脱毒比较缓和的方法。将拟加入的甲醛溶液分数次加入,加量由小至大,pH由低到高,温度起初为室温,继而转为允许的最高温度,这样对于保护抗原的免疫原性有一定好处。

5. 灭活时间

灭活时间与灭活剂浓度和灭活温度密切相关。一般随着灭活剂浓度及作用温度升高,灭活所需时间缩短。但为了保证制品质量,一般采用低浓度、低温和短时间处理为最佳。

6. pH

在微生物酸性时灭活速度慢,抗原性保持较好,在碱性时灭活速度快,但抗原性易受破坏。对细菌的灭活作用,pH有重大影响,pH改变时,细菌的电荷也发生改变。在碱性溶液中,细菌带负电荷较多,所以阳离子表面活性剂的杀菌作用较大。在酸性溶液中,则阴离子的杀菌作用较强。灭活初期损失较快,以后逐渐减慢,尤其甲醛溶液浓度高时,在碱性溶液中抗原性损失更大。同时,pH也影响灭活剂的电离度,一般来说,未电离的分子较易通过细菌细胞膜,灭活效果较好。

7. 微生物含氮量

一般微生物或毒素的总氮量和氨基氮含量对灭活有一定影响。一般含氮量越高,甲醛等灭活剂的消耗量就越大,灭活脱毒越慢。

8. 有机物存在

生物制品中含有较多的有机物质,这些蛋白质等有机物吸附于灭活剂的表面或者和灭活剂的化学基团相结合,会影响灭活剂的灭活能力。受这种因素影响最大的为苯胺类染料、汞制剂及阳离子去污剂。一旦汞制剂与含硫氢基化合物相遇或季铵盐类与脂类结合,明显降低这些灭活剂的作用。

知识拓展：灭活、灭能与灭菌的区别

灭活是指用物理或化学手段杀死病毒、细菌等，但是不损害它们体内有用抗原的方法。灭活病毒，会使病毒蛋白的高级结构受到破坏，蛋白不再有生理活性，所以失去感染，致病和繁殖能力，但是常规的灭活不影响病毒蛋白的一级结构，意思就是病毒蛋白的序列没有变化。免疫系统对抗原的识别分成两种，一种是构象表位，一种是线性表位。构象表位意思就是蛋白的三维结构，而线性表位就是蛋白的序列一级结构。T细胞只需要识别线性表位就能接受免疫呈递细胞给出的信号，引发免疫反应。所以灭活的病毒具有抗原性，但失去感染力。这个其实是很多疫苗的制造原理。

灭能主要是针对血清的，例如常用的小牛血清，也是一种蛋白质成分，灭能只是使它失去蛋白质的活性可以恢复，而灭活是使蛋白质的结构破坏不能恢复。

灭菌是用理化方法杀死一定物质中的微生物的微生物学基本技术。灭菌的彻底程度受灭菌时间与灭菌剂强度的制约。微生物对灭菌剂的抵抗力取决于原始存在的群体密度、菌种或环境赋予菌种的抵抗力。灭菌是获得纯培养的必要条件，也是食品工业和医药领域中必需的技术。

四、动物生物制品常用保护剂

保护剂又称稳定剂。冻干保护剂是指在冻干过程中及其后使制品的活性物质免受破坏的一类物质。冻干保护剂广泛用于微生物等一些生物制品中。冷冻干燥技术常用于干燥敏感制品，而不破坏制品原有特性，从而使之能在常规条件下长期保存，而在加水后恢复原状。

(一)保护剂的组成、作用机理与效应

保护剂就其组成来讲是一种混合物，因此保护剂的作用机制比较复杂，不同保护剂作用也不同。保护剂的作用主要是防止活性物质失去结构水及阻止结构水形成结晶，而导致生物活性物质的损伤；降低细胞内外的渗透压差、防止细胞内结构水结晶，以保持细胞的活力；防止水升华后带走抗原成分；保护或提供细胞复苏所需的营养物质，有利于细胞活力的复苏和迅速修复自身；冻干后产品具有良好的团块，保证贮藏的稳定性(表2-2)。

如生产马立克病814活疫苗，可将含10％二甲基亚砜和50％犊牛血清的冻存液加入到原培养的病毒液中(1∶9)，再放入液氮中保存，以保护细胞不被破坏，保存活性良好的病毒。为适应较高温度贮存(4～8℃)的贮藏稳定性，某些产品的稳

定剂中加聚乙烯吡咯烷酮(PVP)和抗氧化剂(如维生素 C 和维生素 E、氨基酸与尿素等)。

表 2-2　一些常用的冷冻干燥保护剂

分类	保护剂
复合物	脱脂乳、明胶、蛋白质、蛋白胨、糊精、血清、甲基纤维素等
糖类	蔗糖、乳糖、麦芽糖、葡萄糖、果糖等
盐类	乳酸钙、谷氨酸钠、氯化钠、氯化钾、醋酸铵、硫代硫酸钠等
醇类	山梨醇、甘油、甘露醇、肌醇、木糖醇等
酸类	柠檬酸、酒石酸、氨基酸等
聚合物	葡聚糖、聚乙二醇、聚乙烯吡咯烷酮(PVP)等

1. 冻干保护剂的组成

(1)低分子物质

又称为营养液,低分子物质可产生均匀的混悬液,使微生物保持稳定的活存状态及对水分子起缓解作用;并能使冻干生物制品仍含有一定量水分;还可促进高分子物质形成骨架,使冻干制品呈多孔的海绵状,从而增加溶解度,包括糖类(如葡萄糖、乳糖、蔗糖、棉子糖等)和氨基酸类(如谷氨酸、天门冬氨酸、精氨酸、赖氨酸等)。

(2)高分子物质

高分子物质在冻干生物制品中主要起骨架作用,防止低分子物质的碳化和氧化;保护活性物质不受加热的影响;使冻干制品形成多孔性、疏松的海绵状物,从而使溶解度增加,如蔗糖、山梨醇、乳糖、聚乙烯吡咯烷酮(PVP)、葡聚糖、明胶等。

(3)抗氧化剂

抗氧化剂具有抑制冻干制品中的酶作用,从而促进、保持微生物等活性物质的稳定性,包括一些有机和无机物质,如维生素 C、维生素 E、硫脲、碘化钾、钼酸铵和硫代硫酸钠等。

2. 冻干保护剂的作用机理与效应

冻干保护剂在冻干制品中的作用机理尚未完全清楚。其功能与效应也是多方面的,既有生物学方面的,也有物理学方面的。

①保护微生物和活性物质在冻干过程中不受物理、化学元素的影响或损伤,以维持较高的存活率和活性,例如菌苗的活菌数、疫苗的病毒滴度、酶的活性等。

②使微生物的活动、活性物质处于半静止或静止状态,以延长生命、活性期。

③高分子物质在冻干过程中保持原有的构架,使制品形成海绵状结构且具有

一定的含水量。

④抗氧化剂能抑制制品中的酶作用,从而使微生物、活性物质维持稳定和静止状态。

(二)保护剂种类

1.按化学成分分类

(1)复合物类

如脱脂乳、明胶、蛋白质及水解物、多肽、酵母浸液、肉汤、淀粉、糊精甲基纤维素、血清、蛋白胨液等。

(2)糖类

如蔗糖、乳精、果糖、麦芽糖、棉子糖、己糖、葡萄糖等。

(3)盐类

如氯化钠、氯化钾、氯化铵、乳酸钙、谷氨酸钠等。

(4)醇类

如山梨醇,甘油、甘露醇、肌醇等。

(5)酸类

如氨基酸、柠檬酸、酒石酸、EDTA、磷酸等。

EDTA,乙二胺四乙酸(ethylene diamine tetraacetic acid),俗名依地酸(特别是它的钙盐络合物,医学上称为依地酸钠钙),白色、无臭无味、结晶性粉末,熔点240℃(分解)。不溶于冷水、醇及一般有机溶剂,微溶于热水,溶于氢氧化钠、碳酸钠及氨的溶液中,能溶于100℃沸水。其碱金属盐能溶于水。一般用乙二胺四乙酸的钠盐代替 EDTA。是一种重要的络合剂。EDTA 用途很广,可用作彩色感光材料冲洗加工的漂白定影液,染色助剂,纤维处理助剂,化妆品添加剂,血液抗凝剂,洗涤剂,稳定剂,合成橡胶聚合引发剂,EDTA 是螯合剂的代表性物质。能和碱金属、稀土元素和过渡金属等形成稳定的水溶性络合物。除钠盐外,还有铵盐及铁、镁、钙、铜、锰、锌、钴、铝等各种盐,这些盐各有不同的用途。此外 EDTA 也可用来使有害放射性金属从人体中迅速排泄起到解毒作用,也是水的处理剂。

(6)聚合物类

如葡聚糖、聚己二醇、聚乙烯吡咯烷酮等。聚乙烯吡咯烷酮白色或乳白色粉末或颗粒具有吸湿性易流动的粉末,无臭或微臭,溶于水、碱、酸及极性有机溶剂,具有很强的膨胀性能和与多类物质的络合能力。属高分子聚合物,通常以固体粉末或水溶液的形式存在。PVP 在日用化妆品摩丝、喷发剂和定发液,颜料、印刷墨水、纺织、印染、彩色显像管中可用作表面包覆剂、分散剂、增稠剂、黏合剂。在医药上应用最广的是片剂、颗粒剂的黏合剂。粉末或水溶液,易溶于水及多种有机溶剂，具有良好溶解性，生物相溶性，生理惰性，成膜性，胶体保护能力和与多种有机、无机化合物复合的能力，对酸、盐及热较稳定。

(7)抗氧化剂类

如维生素 C 和维生素 E、硫脲等。

2. 按分子质量及作用分类

(1)高分子化合物

如脱脂乳、明胶、血清、脱纤血液、羊水、蜂蜜、酵母浸汁、肉汤、蛋白胨、淀粉、糊精、果胶、阿拉伯胶、右旋糖苷、聚乙烯吡咯烷酮、葡聚糖、羧甲基纤维素等。

(2)低分子化合物

如谷氨酸、天门冬氨酸、精氨酸、赖氨酸、苹果酸、乳糖酸、葡萄糖、乳糖、蔗糖、棉子糖、山梨醇等。

(3)抗氧化剂

如维生素 C 和维生素 E、硫脲、碘化钾、钼酸铵等。

(三)影响冻干保护剂效能的因素

冻干保护剂的效能主要表现在生物活性物质在冻干过程中的存活率和冻干制品在保存过程的存活率和保存期。一般来说，每种微生物或生物制品均有其最佳冻干保护剂的组合，从而在冻干过程中失活率最低、制品的保存期长。冻干保护剂的种类、组合、配制以及组分的浓度对其效能的影响十分明显，影响保护剂效能的因素有下列几方面。

1. 保护剂种类

利用不同保护剂冻干的同一种微生物的保存期的存活率不同。如分别用 7.5% 葡萄糖肉汤和 7.5%乳糖肉汤作保护剂冻干的沙门菌，在室温保存 7 个月后的细菌存活率分别为 35%与 21%。

2. 保护剂组分浓度

保护剂组分浓度可直接影响冻干制品的生物活性物质的存活率。Fry(1951 年)曾以副大肠杆菌“D201H”加不同浓度葡萄糖作保护剂进行冻干，并测定冻干品的细菌存活率，证明以 5%～10%葡萄糖存活率最高。

3. 保护剂配制方法

配制方法的不同往往能影响保护剂的效果，例如含糖保护剂灭菌温度不宜过高，否则由于糖的炭化会影响冻干制品的物理性状和保存效果，所以均以 114℃ 30 min 灭菌或间歇灭菌；又如血清保护剂不能用热灭菌法，必须以滤过法除菌。

4.保护剂 pH

保护剂 pH 应与微生物生存时的 pH 相同或相近,过高或过低都能导致微生物的死亡。例如明胶蔗糖保护剂的 pH 以 6.8～7.0 为最佳,否则会造成微生物大量死亡。又如含葡萄糖、乳糖保护剂经高压灭菌后能或多或少改变保护剂 pH,从而影响保护效果,为此最好采取滤过除菌。

因此,每种新的冻干制品在批量生产前应进行系统的最佳保护剂选择试验,包括保护剂冻干前后的活菌数、病毒滴度和效价测定的比较试验;不同保存条件和不同保存期的比较试验。即使在冻干制品投产后,仍需根据条件的改变不断作选择试验,以改进冻干制品的质量。

(四)常用的冻干保护剂

各类微生物适用的保护剂甚多,各国的配制方法也各异。即使同一种制品所使用的保护剂组成也不一样,例如鸡新城疫弱毒疫苗,我国选用 5%蔗糖脱脂乳做冻干保护剂,而日本则用 5%乳糖、0.15%聚乙烯吡咯烷酮、1%马血清或 0.4%蔗糖脱脂乳、0.2%聚乙烯吡咯烷酮做保护剂;猪丹毒弱毒菌苗,我国以 5%蔗糖、15%明胶做冻干保护剂,而日本用 5%脱脂乳、2.5%酵母浸膏做保护剂。总之,能作为保护剂的材料很多,不同的制品性质有所不同,不可能制定一个通用的保护剂配方。

1.不同微生物的保护剂

由于细菌、病毒、支原体、立克氏体、酵母菌等生物学特性不同,其适用的冻干保护剂也不相同。各类微生物常用的保护剂如下。

(1)一般病原性细菌

适用的冻干保护剂有 10%蔗糖、5%蔗糖脱脂乳、5%蔗糖、1.5%明胶;10%～20%脱脂乳、含 1%谷氨酸钠的 10%脱脂乳;5%牛血清白蛋白的蔗糖;灭活马血清等。

(2)厌氧细菌

含 0.1%谷氨酸钠的 10%乳糖、10%脱脂乳、7.5%葡萄糖血清等。

(3)病毒

常以下列物质的不同浓度或按不同的比例混合组成冻干保护剂:明胶,血清,谷氨酸钠,羊水,蛋白胨,蔗糖,乳糖,梨醇,葡萄糖,聚乙烯吡咯烷酮等,各种成分单独适量加入脱脂奶,或者混合某些成分配成保护剂。

(4)支原体

50%马血清,1%牛血浆清蛋白,5%脱脂乳,7.5%葡萄糖加马血清等。

(5)立克次氏体

常用10%脱脂乳作为冻干保护剂。

(6)酵母菌

可用马血清或含7.5%葡萄糖的马血清，含1%谷氨酸钠的10%脱脂乳、蔗糖溶液等作为冻干保护剂。

2.动物生物制品常用的保护剂

(1)我国动物生物制品常用保护剂

①5%蔗糖(乳糖)脱脂乳。蔗糖(乳糖)5 g，加脱脂乳至100 mL，充分溶解，100℃蒸汽间歇灭菌5次，每次30 min；或110～116℃高压灭菌30～40 min，无菌检验阴性，4℃保存备用。用于羊痘鸡胚化弱毒羊体反应冻干苗，鸡新城疫Ⅰ系冻干苗和Ⅱ系冻干苗，鸡痘鹌鹑化弱毒冻干苗，鸭瘟鸡胚化弱毒冻干苗等。

②明胶蔗糖。明胶2%～3%(g/mL)、蔗糖5%(g/mL)、硫脲1%～2%(g/mL)，先分别配成12%～18%明胶、30%蔗糖、6%～12%硫脲原液，按比例配成明胶(2%～3%)、蔗糖(5%)、硫脲(1%～2%)应用液，116℃高压灭菌30～40 min；无菌检验后4℃保存备用。用于猪肺疫和猪丹毒弱毒冻干苗等。

③40%蔗糖明胶。蔗糖40 g、明胶12 g，加蒸馏水至100 mL，混合溶解，调pH，116℃高压灭菌30～40 min，灭菌后pH为6.8～7.0，无菌检验阴性，4℃保存备用。用于猪肺疫Eo630弱毒冻干菌。

④聚乙烯吡咯烷酮乳糖。聚乙烯吡咯烷酮30～35 g，乳糖10 g。加蒸馏水至100 mL，混合溶解，120℃高压灭菌20 min，无菌检验阴性，4℃保存备用。用于水貂犬瘟热细胞冻干苗等。

⑤SPGA。蔗糖76.62 g，磷酸二氢钾0.52 g、磷酸氢二钾(含3个结晶水)1.64 g、谷氨酸0.83 g、牛血清白蛋白10 g，加无离子水至1 000 mL，混合溶解，除菌滤过，无菌检验阴性，4℃保存备用。用于鸡马立克氏病火鸡疱疹病毒苗等。

(2)国外动物生物制品常用保护剂

①脱脂牛奶(TACC配方)。含质量浓度为20%的脱脂奶粉，纯蒸馏水溶解均匀，116℃灭菌20 min。

②脱脂奶-谷氨酸钠(日本配方)。脱脂牛奶3%，蔗糖5%，谷氨酸钠1%。

③75%葡萄糖-血清(NCYC配方)。葡萄糖30 g，健马血清400 mL，将葡萄糖溶于血清中，再过滤除菌。

④喷雾干燥用保护剂(NCTC和NCIB的配方)。健马血清300 mL，营养肉汤干粉1.3 g，葡萄糖30 g，纯蒸馏水100 mL。营养肉汤粉和葡萄糖充分溶于蒸馏水中，灭菌后待冷却加入血清或混合后过滤除菌。

五、冷冻真空干燥技术

(一)冷冻真空干燥原理与特点

冷冻真空干燥又称冷冻干燥(freeze drying),简称冻干。它是物质干燥的一种方法。冷冻干燥的过程包括:将含有少量水分的生物活性物质先行降温冻结成固体,再在真空和适度加温(一般不超过40℃)条件下使固体水分子直接升华成水汽抽出,最后使生物活性物质形成疏松,多孔样固状物。

冷冻干燥全过程都在低温真空条件下进行,所以,在生物医学上具有其他干燥法无法比拟的优点。如①能有效地保护热敏性物质的生物活性,如微生物、抗原物质、血清制品、酶和激素等经冷冻干燥后生物活性影响甚微;②能有效地降低氧分子对微生物和酶等活性物质的作用,从而保护这些物质的性状;③由于物质是在冻结状态下升华干燥,干燥物呈海绵状结构,体积几乎不变,加水后能迅速溶解并恢复原有状态;④可除去冻干物质中96%以上的水分,对冻干物的长期保藏十分有利。

目前,冷冻干燥技术已广泛应用于生物制品,疫苗、诊断制剂和血清等制品。冻干后,可以有效延长制品贮藏期,保持制品的活性。当然,经冷冻干燥的物质,只有符合一定的物理形态和色泽、残余水分含量及生物活性等标准,才能确保制品的质量。此外,该技术也已广泛用于医药、食品和化学工业等领域,如抗生素、维生素、酶制剂、血液制品、速溶咖啡、果汁、催化剂等冻干制品。

(二)共熔点与测定方法

1.共熔点的概念与意义

溶液或悬浊液的冰点与水的冰点不同。水在0℃时结冰,溶液或悬浊液的冰点低于0℃。溶液的结冰过程与水也不一样。水有一个固定的结冰点,水在0℃时结冰,水的温度并不下降,直到全部水结冰之后温度才下降。但溶液不是在某一固定温度完全凝结成固体,而是在某一温度时晶体开始析出。随着温度的下降,晶体的数量不断增加。直到最后,溶液才全部凝结。所以,溶液在某一温度范围内凝结,当冷却时开始析出晶体的温度称为溶液的冰点。而溶液全部凝结的温度称为溶液的凝固点。因为凝固点就是熔化的开始点(即熔点),对于溶液来说也就是溶质和溶媒共同熔化的点,所以又叫共熔点。可见溶液的冰点与共熔点是不同的。共熔点才是溶液真正全部凝成固体的温度。

需要冻干的制品一般含有盐、糖、明胶、蛋白质和病毒或细菌等多种组分。因此,它的冻结过程比较复杂,也有一个真正全部凝结成固体的温度。由于冷冻干燥是在真空状态下进行，只有制品全部冻结后才能在真空下进行升华，否则有部分液体存在时在真空下不仅会迅速蒸发，造成液体的浓缩使冻干制品的体积缩小；而且溶解在水中的气体在真空下会迅速冒出来，造成像液体沸腾的样子，使冻干制品鼓泡，甚至冒出瓶外。因此，冻干制品在升华开始时必须要冷到共熔点以下的温度，使冻干制品真正全部冻结。生物制品的共熔点依其组成成分不同而不同，因此必须准确测定每种生物制品的共熔点后，才有可能获得最佳的冻干效果。共熔点的数值从 0～40℃不等，与制品的品种、保护剂的种类和浓度有关。浓度高，共熔点低(表 2-3)。

表 2-3　一些物质的共熔点

物　质	共熔点/℃
0.85％氯化钠溶液	－22
10％蔗糖溶液	－26
40％蔗糖溶液	－33
10％葡萄糖溶液	－27
2％明胶、10％葡萄糖溶液	－32
2％明胶、10％蔗糖溶液	－19
10％明胶、10％葡萄糖、0.85％氯化钠溶液	－36
脱脂牛乳	－26
马血清	－35

2.共熔点的测定方法

冻结过程中，不可能从外表观察来确定制品是否完全冻结成固体，也无法用测量温度来确定制品内部的结构状态。但随着制品结构变化，制品电阻率会发生很大变化。因为溶液是离子导电，冻结时离子被固定不能运动，因此全部冻结后电阻率明显增大。如果有少量液体存在时，电阻率将显著下降。因此，测量制品的电阻率，即可确定制品的共熔点。

测量共熔点时，将一对白金电极和一只温度计浸入待测样品液体中，并将电极、温度计仪表与记录仪连接，然后将溶液物质冷冻到－40℃以下，直至电阻达无穷大，随后缓慢升温至电阻突然降低时的温度即为该溶液物质的共熔点温度，也可用两根适当粗细而又互相绝缘的铜丝和一支温度计插入盛放制品的容器中，再放入冻干箱内观察窗孔附近固定，然后与其他制品一起预冻。此时，可用万能电表(万用表)不断测量在降温过程中的电阻数值。开始时电阻值很小，然后逐步增高。

到某一温度时电阻突然增大，几乎是无穷大，这时的温度值便是共熔点数值。

（三）冻干机组与冻干程序

1.冻干机组

制品的冷冻干燥需要在一定的装置中进行。这个装置叫做冷冻真空干燥机，简称冻干机。冷冻真空干燥系统由制冷系统、真空系统、加热系统和控制系统4部分组成。

（1）制冷系统

由冷冻机、冻干箱和冷凝器内部的管道等组成。冷冻机的功能是使冻干箱和冷凝器进行制冷，以维持冻干过程中的低温环境。

（2）真空系统

构成冻干机组的真空系统由冻干箱、冷凝器、真空泵、真空管道和真空阀门所组成。冻干时采用的真空范围为0.13～66.66 Pa，并要求在0.5 h左右内达到要求的真空度。

（3）加热系统

不同冻干机组有不同的加热方式，有利用电直接加热法，也有利用循环泵将中间介质（传热流体）循环加热方式。加热系统可使冻干箱加热至50℃，使物质中的水分不断升华而干燥。

（4）控制系统

由各种控制开关、指示和记录仪表及自动化元件等组成。控制系统的功能是对冻干机组进行手动或自动控制，使其正常运行，保证冻干制品的质量。

（5）冻干箱

为一个能制冷到－40℃、加热到50℃并能控制温度高低的温箱，同时也是个被抽成高真空的密闭容器。物质在箱内进行冷冻并在真空下使水分子升华凝结在冷凝器内，从而达到干燥。

（6）冷凝器

冷凝器是一个致冷和真空的密闭器，内有一个能降低－40℃以下的大面积金属表面，通过大口径真空阀门与冻干箱连接，冻干箱内升华出的水汽以冰霜形式凝结在冷凝器表面，待冻干结束，冰霜融化后排出。

2.冻干程序

生物制品冷冻干燥的程序包括：液状制品分装⟶冻干箱进行空箱降温⟶装箱⟶预冻⟶抽真空（冷凝器应达到－40℃）⟶第一步加热（温度低于共熔点）⟶第二步加温（最高温度保持数小时）⟶结束冻干，放气进入干燥箱⟶加塞封口。

整个升华干燥的时间与制品在瓶内的装置、总容量、玻璃容器的形状、规格、制品的种类、冻干曲线及机器的性能等有关，通常为12～24 h。

(1)预冻

冷冻干燥之前，先将溶液物质在低温(－40℃以下)下冻结，称为预冻。预冻分冻干箱内预冻和冻干箱外预冻两种方法。

①箱内预冻法。即直接把液体制品放置在冻干机冻干箱内的多层搁板上，由冻干机的冷冻机来进行冷冻。为了进箱和出箱方便，一般把需冻干的小瓶或安瓿分放在若干金属盘内再装进箱子。为了改进热传递，有些金属盘是可抽活底式的，进箱时可把底抽走，让小瓶直接与冻干箱的金属板接触。

②箱外预冻法。有些小型冻干机没有进行预冻的装置，所以只能利用低温冰箱或酒精加干冰在冻干机冻干箱箱外进行预冻，再移入冻干箱内进行冻干。或者用专用的旋动器，把大瓶的液体制品边旋转边冷冻成壳状结构，然后再进入冻干箱内。

预冻对冻干制品的质量至关重要，影响预冻效果因素很多，主要包括：溶液物质的组分与浓度：生物制品通常由水、生物活性物质(微生物、酶、蛋白质等)和保护剂(高分子物质、低分子物质等)组成，其中除水以外的物质应含有一定的比例，才能保持冻干后的干物质具有一定的理化性状，通常在4%～25%。

装量：物质在冻干时，容器的表面积与物质厚度比是一定的，亦即冻干与装量有关。表面积大、厚度小有利于水分子升华，冻干容易而质量理想。通常装量为容器容量的1/4～1/5，一般分装厚度不宜大于15 mm。

预冻速度：溶液物质在冻结过程中由于机械效应和溶质效应而对细胞的活性有一定破坏作用。一般冰晶越大，细胞膜越易破裂，细胞越易死亡；电解质浓度越大，细胞越易脱水而死亡。因此，预冻之前应确定3个数据。其一是预冻的速率，应根据制品不同而试验出一个最优冷冻速率。其二是预冻的最低温度，应根据该制品的共熔点来决定，预冻最低温度应低于共熔点。其三是预冻的时间。根据机器的情况来决定，保证抽真空之前所有的液体制品均已冻实，不致因抽真空而冒出瓶外。只有这样，才能得到最高的生命存活率、最好的制品物理性状和溶解速度。生物制品一般预冻时间为3～4 h，即可开始升华。

(2)真空干燥

液体制品的冷冻干燥要求在冻结和真空状况下进行，在液体制品真正全部冻结之后，就要迅速建立必要的真空度，以促进制品中水分的迅速升华。制品的干燥可分为两个阶段，在制品内的冻结冰消失之前称第一阶段干燥，又称升华干燥阶段；在制品内的冻结冰消失之后称第二阶段干燥，又称解析干燥阶段。

①升华干燥阶段。在共熔点温度将冻结物质中的水分除去的过程成为升华。

根据实验测量,1 g 冰升华成汽约需 2 805 J 的热量。因此,升华阶段必须对制品进行加热,但加热量不能使制品的温度超过其自身共熔点温度。温度低于共熔点温度过多,则升华速率降低,升华时间会延长;如果高于共熔点温度,则制品会发生熔化,干燥后的制品会出现体积缩小、出现气泡、颜色加深和溶解困难等现象。因此,升华阶段制品的温度要求接近共熔点的温度,但又不能超过共熔点温度。冷冻干燥时冻干箱内的压强也要控制在一定的范围之内。压强低有利于制品内冰的升华,但压强太低对传热不利,制品不易获得热量,升华速率反而降低。压强太高,升华速率减慢,制品吸收热量减少,制品自身的温度上升,当高于共熔点温度时,制品将发生熔化,造成冻干失败。因此,冻干箱内的压强(真空度)一般为 10～30 Pa。

影响升华阶段时间长短的因素有:制品的品种,有的液体制品容易干燥,有的则否。共熔点温度较高的制品一般容易干燥,升华的时间短些。制品的分装厚度,正常的升华速率为每小时使制品下降 1 mm 的厚度。所以分装厚度大,升华时间长。升华时提供的热量,升华时若提供的热量不足,则升华速率减慢,升华阶段的时间延长。当然,热量也不能过多地提供。冻干机的性能,包括冻干机的真空性能,冷凝器的温度和效能等,性能良好的冻干机,制品内冰升华阶段的时间较短。

②解析干燥阶段。使与物质结合的水分子通过加热方式除去的过程称为解析干燥。制品内冰升华完毕,虽然制品内已不存在冻结冰,但制品内还仍存在 10%左右的水分。为使制品达到合格的残余水分含量,必须对制品进一步干燥。该阶段,可以使制品的温度迅速上升到该制品的最高允许温度,并在该温度一直维持到冻干结束为止。迅速提高制品温度,有利于降低制品残余水分含量和缩短解析干燥的时间。制品的最高许可温度视制品的品种而定,一般为 25～40℃。病毒性制品为 25℃,细菌性制品为 40℃,甚至更高的温度。冻干箱内的压强一般控制在 15～30 Pa 以下。

解析干燥的时间与物质种类有关,耐热物质的解析干燥时间要短些,另外,与干燥制品的残余水分含量标准也有关,标准低和含水量高的制品解析干燥时间就短;无疑,与冻干机组的性能也有密切关系,高性能机组的解析干燥时间短,制品质量也优良。解析干燥的时间不少于 2 h,时间越长,制品内残余水分的含量越低。

总之,为了提高冷冻干燥速率,应尽可能做到:①减小制品的分装厚度;②合理设计瓶塞,减小瓶口阻力;③合理设计冻干机,减少机器的管道阻力;④选择合适浓度的保护剂,使干燥制品的结构疏松多孔,较少干燥层的阻力;⑤试验最优的预冻方法,造成有利于升华的冰晶结构等。

(3)冻干曲线与时序

冷冻干燥生物制品,需要有一定的物理形态、均匀的颜色、合格的残余水分含量、良好的溶解性、高的存活率或效价以及较长的保存期。为了能得到优质的制品，除需控制制品配制过程和冻干后的密封保存外，更要全面控制冷冻干燥每一阶段的各个参数。无论是手工操作冻干机，还是自动控制冻干机，相关的各种操作都要依据冻干曲线和时序来进行。冻干曲线是冻干箱板层温度与时间之间的关系曲线，一般以温度为纵坐标，时间为横坐标（图 2-9）。它反映了冻干过程中，不同时间板层温度的变化情况。冻干时序是指在冻干过程中的不同时间各种设备的启闭运行情况。

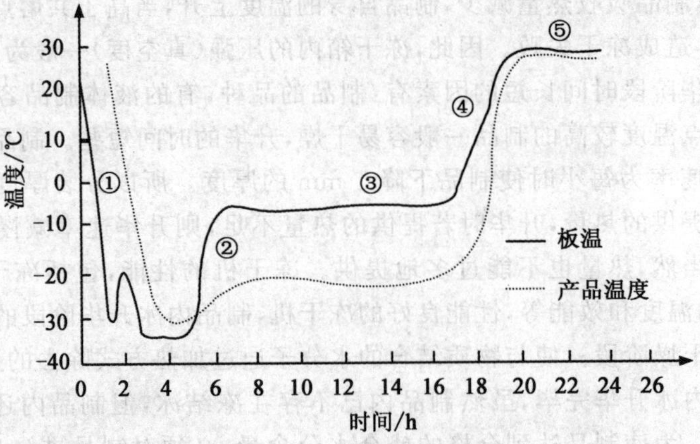

图 2-9　冻干曲线示意图

①降温阶段　②第一阶段　③维持阶段　④第二阶段升温　⑤最后维持阶段

（4）冻干曲线影响因素

制品的品种：制品不同，则共熔点不同，共熔点低的制品预冻温度低；一般病毒性制品受冷冻的影响小，细菌性制品受冷冻的影响较大。故对某一制品而言，应根据试验找出其最优冷冻速率，经过较短的冷冻干燥时间，获得高质量的制品。不同制品对残余水分的要求不同，如需长期保存，则其残余水分含量应低一些，冻干时间需长一些；残余水分含量要求高的制品，冻干时间短一些。

装量：包括总装量和每一容器内制品装量。装量多的冻干时间也长。

容器：底部平整和较薄的瓶子传热较好，冻干时间短，反之，冻干时间长。

冻干机性能：冻干机性能的优劣直接关系到冻干曲线的制定。冻干机型号不同，性能各异。因此，尽管是同一制品，当用不同型号的冻干机进行冻干时，曲线也是不一样的。故不能照搬其他型号机器的冻干曲线。制定冻干曲线和时序的依据及参数。

预冻速率:以预冻温度和装箱时间来决定预冻的速率。要求预冻的速率快,则冻干箱预先降至较低的温度,然后再让制品进箱;要求预冻速率慢,则制品进箱之后再让冻干箱降温。

预冻的最低温度:这个温度取决于制品的共融温度,预冻最低温度应低于该制品的共熔温度。

预冻的时间:制品装量多,冻干机性能功能差,则要求预冻时间长。为了使箱内每一瓶制品全部冻实,一般要求在样品的温度到达预定的最低温度之后再保持1～2 h。

冷凝器降温的时间:一般要求冷凝器在预冻末期、预冻尚未结束、抽真空之前开始降温。改时间由冷凝器的降温性能来决定的。抽真空前半小时开始降温,冷凝器的温度达－40℃左右,开始抽真空,维持到冻干结束为止。温度应始终在－40℃ 以下。

开始加热的时间:一般认为开始加热的时间就是升华开始的时间(实际上抽真空开始,升华即已开始)。真空度到达 10 Pa,即开始加热。

真空报警工作时间:真空度对于升华时极其重要的。预冻结束之时即是抽真空之始,按要求在 30 min 左右真空度必须达到 10 Pa。一旦在升华过程中真空度开始下降而发生真空报警时,一方面发出报警信号,一方面自动切断冻干箱的加热,同时还启动冻干箱的冷冻机,使制品降温,以保护制品不致发生熔化。

真空控制的工作时间:真空控制的目的是为了改进冻干箱内的热量传递,通常在第二阶段干燥开始时使用,待制品内温度达到最高许可温度之后即可停止使用,继续恢复高真空状态。使用时间的长短由制品的品种、装量和真空度的数值所决定。

制品加热的最高许可温度:板层加热的最高许可温度根据制品来决定,在升华板层的加热温度可以超过制品的最高许可温度。但在冻干后期板层温度需下降到与制品的最高许可温度相一致。

冻干的总时间:冻干的总时间是指预冻时间、升华时间和第二阶段干燥时间之和。该时间决定于制品的品种、瓶子品种、装箱方式、装量、机器性能等,一般冷冻干燥的时间较长,为 18～24 h,有些特殊的制品需要几天时间。

3.加塞与压盖

冻干程序结束,冻干箱仍处于真空状态,放入无菌干燥空气或氮气后才能打开箱门,取出制品。干燥制品一旦暴露在空气中,即迅速吸收空气中的水分而潮解,并增高制品的含水量,因此,必须十分注意迅速加塞和压盖。

根据冻干机组的结构及性能的不同,干燥制品加塞可采用箱内加塞法和箱外加塞法两种方式。

(1)箱内加塞法

采用具有特殊装置的冻干箱和特制的瓶与塞来完成。冻干箱配有液压或气压的动力装置,具有四脚的丁醛胶塞安置在冻干瓶口上,在真空下或在放入惰性气体下进行自动压塞。该方法可以从根本上防止干燥制品受空气中水分和氧气的影响。

箱内加塞应注意:①由于冻干瓶口上有四脚胶塞,从而增加了水汽溢出的阻力,因此冻干曲线需要做相应调整,加热要适当减慢,时间要适当延长。②冻干箱内各板层的冻干瓶要均匀安排,缺少部分要同样的带瓶塞空瓶垫足,以保证压力均等。③压塞力不宜过大。由于箱内板层为串联,即一层的压力即为全箱的压塞总力,而一层的力就是每一瓶所需的力乘以该层上放置的瓶数。例如,每瓶压塞所需的力为 5 kg,每一板层放置 1 000 瓶,则压塞的力为:5 kg×1 000=5 000 kg =5 t。

(2)箱外加压法

在冻干结束后即放入无菌干燥空气或氮气,开启冻干箱门,迅速加塞、抽真空、蜂蜡、或加塞、压盖铝帽、再抽真空。如制品数量多而封口时间过长时,则可分批出箱或转移到另一干燥柜内分批进行封口。

知识拓展:我国耐热保护剂疫苗研发状况

禽用疫苗大体上分为活疫苗和灭活疫苗,其中以禽用病毒活疫苗份额最大,目前年产量和年销售量分别约为 1 119.2 亿羽和 962.3 亿羽,分别约占禽用疫苗年产量和年销售量的 89.7%和 89.1%。根据生产工艺和保存条件不同,禽用病毒活疫苗可分为常规保护剂活疫苗和耐热保护剂活疫苗。目前国内大多数产品为常规保护剂活疫苗,其保护剂主要成分为脱脂牛奶、蔗糖、明胶等,保护剂组方简单、配制简便,抗原对温度敏感,如果在 2~8℃条件下,保存期只有 4~6 个月,多数疫苗需要在-15℃以下保存。在疫苗生产、运输以及使用过程中,如果冷链系统控制不当,疫苗保存环境温度升高,常常导致疫苗效力下降或失效,造成免疫失败。

在 20 世纪 80 年代,发达国家就已开始进行活疫苗耐热冻干保护剂的研究和产业化,目前国外进口活疫苗多采用耐热保护剂。耐热保护剂组方复杂,在充分考虑病毒特征和原料成分的基础上,科学组方、配套合理的冻干曲线,通过填充、防冻、抗氧化、酸碱调整、羟基中和等一系列机制,确保病毒在 2~8℃条件下,保存期可达 24 个月,疫苗效价无明显下降。耐热保护剂的应用极大方便了活疫苗运输、存储和使用。

复习思考题

1. 甲醛作为灭活剂时的用量和使用方法是什么？
2. 灭活和灭菌的区别是什么？
3. 影响灭活的因素有哪些？
4. 动物生物制品中常用的灭活剂有哪些？
5. 佐剂的作用机理是什么？常用的免疫佐剂有哪些？
6. 动物生物制品中常用的冷冻保护剂有哪几种？

项目三　生产用主要设备及污物处理

掌握动物生物制品生产的常用设备的使用是十分重要的。随着科学技术的发展，生物制品生产所涉及的设备种类也不断增加，许多设备价格昂贵，如果不按规定操作，机器损坏，会造成很大的损失，直接影响产品的生产，甚至造成人员伤亡。因此，有必要对动物生物制品生产中常用设备的使用方法和注意事项予以介绍。通过本项目的学习，要求了解生物制品生产中常用的设备，掌握生物制品生产中废弃物的处理方法，能正确使用相关生产设备，能在生物制品生产中严格进行无菌操作。

一、灭菌与净化设备

（一）高压蒸汽灭菌器

高压蒸汽灭菌器有立式和卧式两种，按 GMP 标准要求，大型高压汽灭菌器应为双扉箱式嵌墙结构，两端开门，使操作区与净化区完全隔开。先进的高压蒸汽灭菌器，为保证运行的绝对安全，主体内层与夹层由不锈钢制成。大量物品灭菌消毒多用卧式压力蒸汽灭菌器（图 3-1），灭菌小量物品多有用手提式压力蒸汽灭菌器。

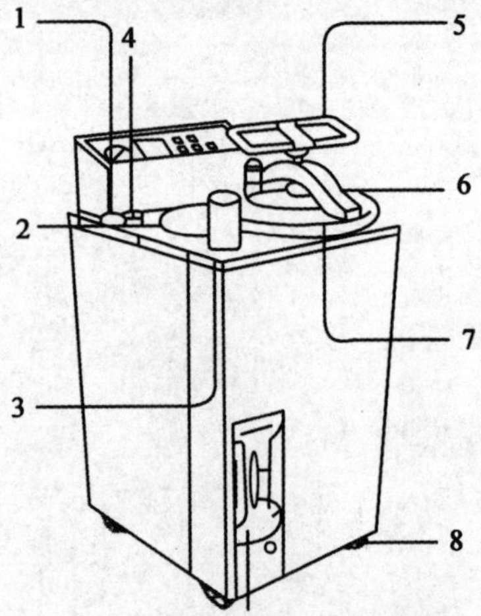

图 3-1　自动高压蒸汽灭菌器

1. 安全阀　2. 灭菌室　3. 挡住　4. 安全阀　5. 把手　6. 支架　7. 灭菌盖　8. 底轮　9. 调节水箱

自动高压蒸汽灭菌器使用方法：①预先检查调节水箱中的水位线，该水位线应该位于水箱的 Low 和 High 标记之间，以正确调节蒸汽灭菌器内的压力。②检查灭菌器底部的水位，该水位应该刚刚没过底部；接通电源，将灭菌器上方 MAIN 键调至 ON 位置，此时，显示屏开始闪烁表示电源接通。③将待灭菌的物品置于金属框中，放入灭菌器内，向左推动支架，使灭菌器的门紧靠在 3 上，轻缓顺时针转动把手，直至容器上方的显示屏左上方出现一红点，表示门已密封关闭。④通过显示器上的

TEMP和TIMER配合UP和DOWN按钮调节灭菌的温度和时间。⑤按下START键开始工作，此时，显示屏将会不断闪烁，当灭菌器内的温度达到80℃以上时，显示屏开始显示灭菌器内的实际温度，当温度超过100℃后，显示屏左侧的压力表指针开始指示灭菌器内的实际压力。当达到预定温度后，系统就会自动调节容器内的压力和温度并持续至预定的时间。⑥灭菌结束后，系统会发出蜂鸣音，然后开始降温，当灭菌器内温度降至80℃以下时并且压力表指针位于“0”处时，可以逆时针转动把手开门取出灭菌物品，送入灭菌物品存放室。

(二)干热灭菌器

主要分为箱式和层流隧道箱式，按GMP标准要求，必须使用双扉型箱式嵌墙结构，在操作区将消毒物品装箱，干热灭菌后从净化区取出。干热灭菌均电加热，自动控温，温度调节范围在室温至400℃，温差±1℃。

目前，普通电热干燥箱都带有电热鼓风数显控温、超温报警及漏电保护装置，外壳喷塑，内胆采用耐腐蚀、易清洗的不锈钢板制造。一般干热灭菌多按160～170℃ 2 h的规定进行。

SRC-7500系列干燥灭菌层流隧道烘箱具有灭菌可靠、处理数量大、节省劳力的优点，适用于分装作业线中管子瓶、安瓿瓶等玻璃容器的干燥灭菌过程，是现代化生物药厂大规模干燥灭菌玻璃容器所必需的设备。

干燥灭菌法是用热空气进行灭菌，故仅适用于160～170℃高温中灭菌不变质的物品，如玻璃瓶、注射器、试管、吸管、培养皿和离心管等。常用的温度和时间规定为160～170℃ 1～2 h。洁净的器械在160℃高温中1 h干热可以灭菌，但若器械上有油脂，则需160℃ 4 h才能灭菌。高于180℃包扎器皿的棉花和纸张容易焦化。灭菌前，玻璃瓶和各种玻璃器皿灭菌前必须洗涤干净、完全干燥，以免破裂。各种灭菌物品必须做好包扎，瓶口与试管口塞好棉花塞，再用纸包扎。

装灭菌器皿时要留有空隙，不宜过紧过挤。玻璃器皿包扎用的棉花纸张不能与干燥箱壁接触，以免烤焦。灭菌开始应把排气孔敞开，以排除冷气和潮气。灭菌器升温要保持被灭菌物品均匀升温。干温灭菌器一般无防爆装置，必须掌握好加热的进程，严防爆炸和火灾。灭菌结束，必须待灭菌器内温度下降到60℃以下，才能缓慢开门。取出的灭菌物品，应放入灭菌物品存放室，并做好记录。灭菌后的物品一般要求5 d内用完。

(三)电离辐射灭菌

利用γ射线、伦琴射线或电子辐射穿透物品、杀死其中微生物的灭菌方法称为电离辐射灭菌。该方法在常温下进行，不发生热交换、压力差别和扩散层的干扰，特别适用于各种怕热灭菌，最适合大规模灭菌。目前国内外大量一次性使用的医用制品都已经采用辐射灭菌，各种 SPF 动物的饲料使用辐射灭菌后，不但其营养成分不被破坏，而且使用安全、保存期长。

辐射灭菌的机理是：由于微生物水的含量占 90%以上，当射线照射后，水瞬间被激发和电离而分解成氢离子、氢氧离子和 OH·、H·自由基，过氧化物和自由基具有破坏微生物核酸、酶或蛋白质的能力，因而能致死微生物。另外微生物被射线辐射时使 DNA 变性而杀灭微生物。

辐射灭菌的优点是：①消毒均匀彻底。②价格便宜，节约能源。辐射灭菌 1 m^3 的物品比用蒸汽灭菌的费用低 3～4 倍。③可在常温下灭菌，特别适用于热敏性材料。④不破坏包装，消毒后用品可长期保存。⑤消毒的速度快，操作简便。⑥穿透力强。本法唯一的缺点是一次性投资大，并要培训专门的技术人员管理。

^{60}Co 辐射源装置是以高强度混凝土屏蔽，既要防护 γ 射线的直接照射，也要防护照射室迷宫走道的 γ 射线散射。当放射源不使用时浸入深水井中，当照射灭菌物品时，机械装置把^{60}Co 辐射源提升出水面，此时输送机系统规律而间隔地将一批批消毒物品运送到辐射区，保证所有物品的所有部分都能接受强而均匀的照射剂量。

(四)无菌室

无菌室是生物制品企业车间的最重要组成部分之一。无菌室的大小可根据生产量、操作人员和器材的多少而定。用于菌种移植、种毒磨研和制品检验的可较小一些，制苗用的可较大一些。有连续工序的可以两个无菌室相邻接，合用一个缓冲间。20 世纪 50 年代起，对微生物操作室要求更为严格，开始应用净化空气进入无菌室。即用净化空气的洁净技术将经过调温、调湿和过滤的无菌空气送入无菌室，通过排气孔循环，使室内保持正压，外界的有菌空气不能进入，室内的细菌数越来越少，同时室内可保持恒温恒湿和空气新鲜。不但能防止因操作带来的污染，而且大大改善了工作条件。洁净无菌室空调过滤系统的设备有空调机、循环风机、过滤机、送回风管道等(图 3-2)。

初效空气过滤器内的滤料一般采用易清洗和更换的粗、中孔泡沫塑料或合成纤维滤料，空气阻力小。中效空气过滤器一般采用可清洗的中、细孔泡沫塑料、玻璃纤维及可以扫尘，但不能水洗的无纺布等滤料，阻力中等。高效空气过滤器采用商品化的聚氨酯制品(有多种型号规格，不能再生)，阻力较高。为了提高过滤效率，在降低滤速的同时降低阻力，其内部造型呈蜂窝状，大大增加了过滤器的表面积，增加容尘量。

除菌空气进入室内首先形成射入气流，流向回风口的是回流气流，在室内局部

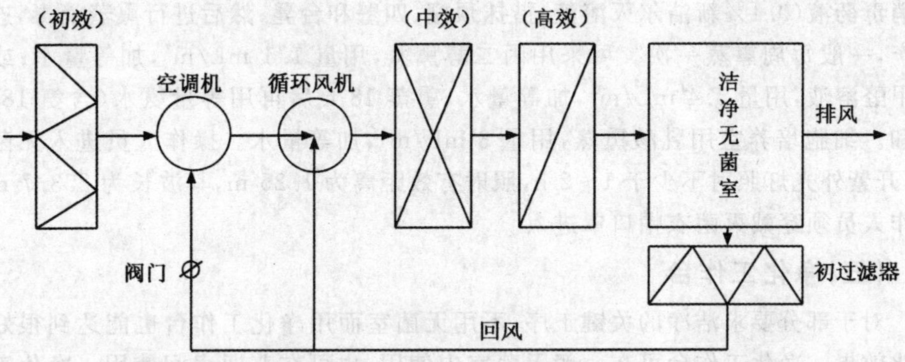

图 3-2 洁净无菌室空调过滤系统

空间回旋的是涡流气流。为使室内获得低而均匀的含尘(细菌附着其上)浓度,洁净无菌室内组织气流的原则是,尽量减少涡流,使射入气流尽快覆盖工作区,气流方向要与尘埃沉降方向一致,并使回流气流有效地将尘埃排出室外。

洁净无菌室的气流组织大体上可以分为乱流和层流两种类型。乱流气流系空气中质点以不均匀的速度呈不平行的流线流动,层流气流系空气中质点以均匀的断面速度沿平行流线流动。

乱流气流的形成系从无菌室顶棚射入气流,从侧墙底部回风。一般不可能按房间的整个水平断面送入洁净空气射流,也不可能由混合后的射流区覆盖整个工作断面,故工作面上的气流分布很不均匀。射入气流与室内原有空气混合后,使原有空气中附着细菌的尘埃得到稀释,其稀释程度有一定限度。但这种洁净无菌室的投资与转运费用都较低,比较容易实现。

层流气流的形成系空气从房间的整个一面(顶棚或侧壁送风)强制流经满布于该面上的高效过滤器,在其阻力下形成了室内送风口均匀分布的气流。数量大而均匀的气流被低速送入四面受限的空间向前流动,最后通过在送风口对面,并于该空间断面尺寸的穿孔面(地面或侧墙回风口)排出,于是室内形成了平行匀速流动的层流。由于气流的流线为单一方面且在各个面上保持层流线间的交叉污染(与气流方向垂直的横向污染扩散)达到最低限度。大部分污染物随着气流以最短的路程沿着各自所在的气流流线从无菌室的回风口排出,因而能形成很高的洁净度。目前,国内外都在向建立层流洁净无菌室方向发展。层流气流工作的房间以垂直层流为优,可以避免尘粒的水平横向流动而影响其下游的部位。

一般无菌室在使用前必须进行除菌消毒。洁净无菌室不必专门进行,只需运转通风一定时间即可达到无菌要求。无菌室使用前应先清扫干净,习惯方法常是以消毒药液(0.1%新洁尔灭溶液)揩抹顶棚、四壁和台凳;然后进行熏蒸消毒,连续生产,一般每周熏蒸一次。可采用丙二醇熏蒸,用量 1.1 mL/m^3,加等量水;或采用甲醛溶液,用量 5.4 mL/m^3,加等量水,熏蒸 18 h 后再用等量氨水(含氨 18%)中和。细胞培养室用乳酸熏蒸,用量 3 mL/m^3,加等量水。操作人员进入无菌室前,开紫外光灯照射不少于 1～2 h,照射有效距离为 1.25 m,其波长为 253.7 nm。操作人员须穿戴灭菌衣帽口罩进入。

(五)净化工作台

对于部分要求洁净的关键工序,不用无菌室而用净化工作台也能达到很好的净化效果。净化工作台可在一般无菌室内使用,也可在普通房间使用。净化工作台的型号很多,工作原理基本相似,如 SW-CJ-2F(2FD)净化工作台。该净化工作台采用垂直层流的气流形式,由上部送风体、下部支承柜组成。变速离心风机将负压箱内经滤器过滤后的空气压入静压箱,再经高效过滤器进行二级过滤。从高效过滤器出风面吹出的洁净气流,以一定的和均匀的断面风速通过工作区时,将尘埃颗粒和生物颗粒带走,从而形成无尘无菌的工作环境。送风体内装有超细玻璃纤维滤料制造的高效过滤器和多翼向前式低噪声变速离心风机,侧面安装镀铬金属柜装饰的初滤器,见风面散流板上安装照明日光灯及紫外线杀菌灯,操作面有透明有机玻璃挡板(图 3-3)。

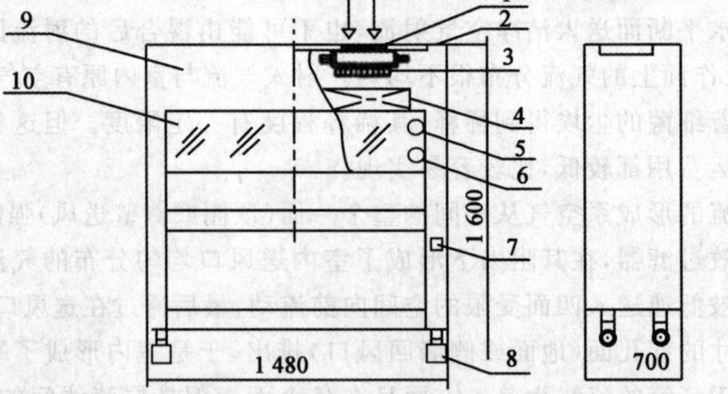

图 3-3 SW-CJ-2F(2FD)医用净化工作台结构示意图

1. 初效空气过滤器 2. 活络板 3. 风机组 4. 高效空气过滤器 5. 日光灯 6. 紫外灯 7. 面板 8. 调节脚轮 9. 箱体 10. 挡板

净化工作台应放置在清洁环境中。使用过程中,应定期(一般 3～6 个月)进行检测,不符合技术参数要求时应及时采取相应措施,如①风速风量不理想,可调节调压器输入电压以提供满意的风速；②净化效率不符时应检查有无泄漏，如有泄漏可用 703 硅橡胶堵漏；③高效过滤器使用年限为 18 个月左右，更换时须拆下顶部活络板，安装时应确认密封框密封是否良好，并注意高效过滤器型号规格是否相符以及过滤器上的箭头标志是否指向气流方向。

二、微生物培养装置

(一)温室

温室是指用保温建筑材料做墙壁、地坪和天花板的一种恒温暖房，是生物制品制造的必备设备。细菌或病毒繁育一般为 37～38℃，其温度调节采用电子控温仪和导电表等仪表自动调温装置。温室的热源采用电热丝，为了安全起见将 220 V 电压降至 110 V 使用，这样的电热丝只发热、不显红光，不易起火燃烧。为使温室内空气能自然交换，在温室门上装有风扇和可以开放的通风小孔。电扇往往是偶联在温度调节仪表上，因此风扇是随温度的调节而间歇性开闭。温室的进门处应有缓冲间，缓冲间是没有热源的，只是对外界冷空气进行预热。为了便于清洁卫生和温室内的消毒，四墙和地板必须光洁。温室的湿度应随各种制品的要求而设置。各种小型的温箱则是温室的缩小，但比温室具有更高的精密度。

(二)细胞培养转瓶机

细胞培养转瓶机是专用于大量生产细胞的一种设备(图 3-4)。该设备能自动调温、调速和报警，依一台电动机驱动，架子分上下几层，每层可放一排转瓶，转瓶搁置在滚轴上，以 8～14 r/h 的转速转动。温室内偶联一台微型风扇来混匀全室热空气，达到上下层温度均衡的目的。生物制品企业多用大型转瓶机，可在 4～6 层的架子上安放 18～72 个 10 L 的转瓶同时生产。这种大型转瓶机都安装在自动控温的温室中，并设有高温及低温的报警装置。转瓶机的动力由电动机提供，通过变速箱使转瓶的转速控制在 9～15 r/h，大量培养的鸡胚成纤维细胞多控制在 9～11 r/h 之间。实验室及小规模生产用的转瓶机可安放在温箱中。近年来国际上基本已淘汰了玻璃制的转瓶，普遍使用无毒塑料转瓶，多为一次应用。这种瓶子的直径为 15～20 cm，长度为 30～80 cm，由于细胞培养的面积大，病毒产量明显提高。我国生产的 HTD-Ⅱ

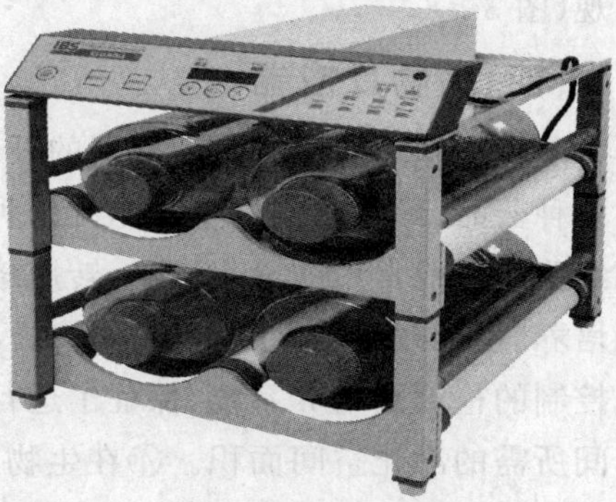

图 3-4　细胞培养转瓶机

型模块式生物细胞转瓶机转瓶数量共为 45 瓶(9 层,5 支/层),符合国际 GMP 标准的各项要求,主要特点是:①采用同步轮、同步带和高精度轴承转动,无振动、低噪声、可靠性高并可长时间平稳运转。②电子无级调速电机,方便、可靠。③铝合金支架、铝合金轴承座及多层模块式结构分层连接,整机轻便,体积小,拆装方便,叠加容易,全部用不锈钢螺钉连接。④胶辊为多层真空胶层卷制而成,表面平整、耐酸、耐油、耐腐蚀。⑤整机 4 只万向脚轮支撑(两只可制动),移动轻便、省力、制动容易。

(三)发酵培养罐

大型发酵培养罐进行细菌和细胞的培养,可以自动调温、调 pH,用无级调速电动机、磁搅拌、消泡、控制氧压、自动补液、换液、自动高压灭菌及自动计算呼吸商等精密仪表来大量繁殖细胞,而罐体结构均为不锈钢质。这种深层悬浮培养法的优点是可使细胞培养有比较一致的环境,抽样时有高度的一致性,特别便于生物化学分析及细胞动力学研究。这种培养方法,特别便于对单位体积内细胞数目增长情况的研究,也是一个大量生产优质疫苗的方法。目前悬浮培养罐有 1 000 L 不锈钢培养罐,全自动装置可由电脑来控制,一个主机可控制 12 个培养罐,操作起来既方便又准确,更可控制污染。目前各生物制品厂均用培养罐培养细胞,生产规模客观(图 3-5)。

(四)生物反应器

随着细胞培养用生物反应器的开发和应用,通过动物细胞的体外培养而生产的各种药品、诊断试剂和生物制品的种类越来越多。用生物反应器大规模培养动物细胞比目前常用的静止培养、转瓶培养有更多优越性。具体表现为:①可连续进行培养,生产效率提高 200%~300%,从而降低了产品成本。②有完善的由计算机控制的检测及培养系统,保证了运行的安全。③生物反应器体积小,减少了生产车间所需的净化空间面积。④在生物反应器工作的任何时间里都可以随时采样观察,自动化程度高,污染率很低。

生物反应器的规格、型号很多,近年来规模大的反应器增长迅速(图 3-6)。玻璃罐体反应器多为 1~5 L,5 L 以上的反应器罐体由不锈钢制造。适合于贴壁细胞的生物反应器有搅拌槽式、中空纤维管式及陶质通道蜂窝状生物反应器。由于微载体的广泛应用,搅拌槽式生物反应器应用得最广。动物细胞培养用反应器可用于培养悬浮生长或贴壁生长的动物细胞,可生产疫苗、单克隆抗体、干扰素和激素等。

生物反应器控制系统由高性能、智能化的微机控制仪及附属功能电路和器件

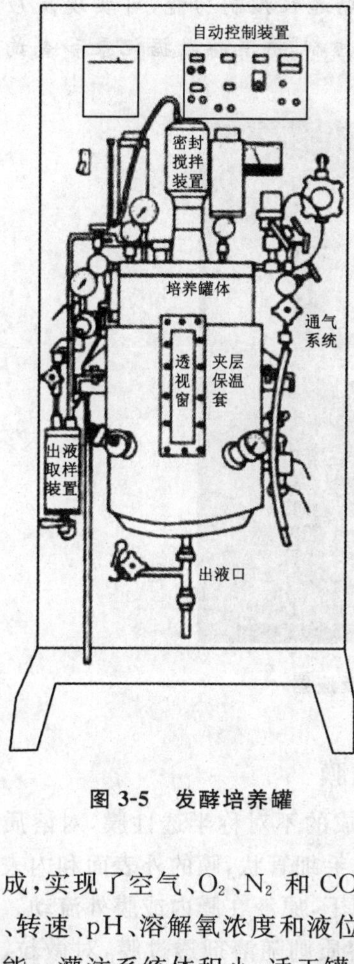

图 3-5 发酵培养罐

图 3-6 生物反应器

组成，实现了空气、O_2、N_2 和 CO_2 4 种气体与 pH、溶氧的关联控制，能准确控制温度、转速、pH、溶解氧浓度和液位，全封闭轴向磁力驱动装置保证了抗污染的密封性能。灌注系统体积小，适于罐内安装，具有效率高的特点。应用微载体培养系统灌注速率为 15 L/d，也适用于分批、间歇换液或连续培养工艺。反应器与国产的“连续电热式蒸汽发生器”配套后可就地消毒灭菌。

知识拓展：CLAVORUS™ 生物反应器

CLAVORUS™ A/B 型动物细胞培养用生物反应器，是工业化规模生物反应器，适用于动物细胞微载体悬浮培养，以及动物细胞悬浮培养，是进行各种细胞培养的理想工具。CLAVORUS™ A/B 型动物细胞培养用生物反应器，设计充分体现了动物细胞大规模培养技术的特点，管道布局简洁、选材优质、制造精良。CLAVORUS™ A/B 型动物细胞培养用生物反应器系统，包括罐体、支架管路、控制柜三部分,采用触摸屏软件控制,并可配备计算机终端远程控制功能,可实现反应器搅拌、温度、pH、溶氧、称重、罐体压力、蒸汽灭菌等控制,并具备数据记录和查询功能(图 3-7)。

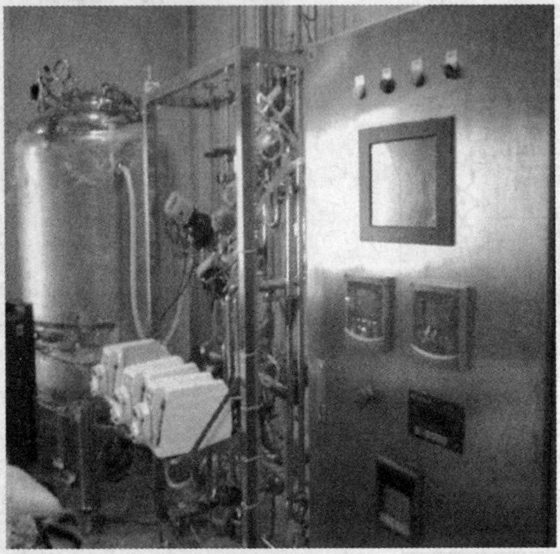

图 3-7 CLAVORUS™ 650 反应器

(五)微生物浓缩装置——中空纤维超滤膜

中空纤维膜是以高分子材料采用特殊工艺制成的不对称半透性膜,对溶质进行有效选择,从而达到分离的目的。中空纤维膜呈毛细管状,膜的外表面和内表面存在致密层,可分别形成外压或内压。在压力作用下,原液在膜内或膜外流动。体积大于微孔的溶质被截留在原液内,小于微孔的溶质则随溶剂透过膜,对微粒、胶体、细菌以及各种大分子有机物具有良好的分离作用,从而可达到物质分离、浓缩和提纯的目的。中空纤维膜特点是:①一般在 0.1 MPa 以下低压及常温下运行,装置中单位体积的膜表面积大,因而通量大。被处理的液体无相态变化,运行成本低。②对热敏性物质(生物制品、菌体、蛋白质等)的分离有特效。③超滤为动态流动过程,膜不易堵塞,便于清洗,过滤性能极为可靠,pH 范围宽。

1. 中空纤维超滤装置的结构

根据不同用途和用量,超滤器可组成多种型式,即内压型、外压型和实验型,但都是以中空纤维超滤膜组件为主体,辅以不锈钢离心泵、ABS 工程塑料管件、阀门、压力表、流量计和预处理部分构成。超滤膜孔径适应范围见表 3-1。

表 3-1 超滤膜孔径适应范围

常见物质	相对尺寸/nm	常见物质	相对尺寸/nm	常见物质	相对尺寸/nm
水溶性盐	0.3～1.2	胶体硅粒子	$(8\sim0.2)\times10^3$	大肠杆菌	$0.4\times(10^3\sim10^5)$
金属离子	0.2～0.7	蛋白质	$(10^2\sim0.3)\times10^3$	红细胞	$0.5\times(10^4\sim10^5)$
糖类	0.8～2.5	漆颜料	$(10^2\sim0.5)\times10^4$	花粉	$10^4\sim10^5$
炭黑	$10\sim10^2$	细菌	$0.3\times(10^3\sim10^5)$	面粉	$10^3\sim10^5$
病毒	$10\sim10^2$	酵母细胞	$(10^2\sim0.5)\times10^5$	雾	10^5
超滤膜微孔直径为 1～100 nm					

内压型(超滤型):以获得纯净的超滤液为目的。原液自一端进入纤维内腔,浓缩液自另一端流出,超滤液从侧面的接口流出。主要用于提纯和除菌。

外压型(浓缩型):以浓缩为目的,原液循环浓缩直至达到需要的浓度为止。原液由一端进入中心管,超滤液由另一端流出,浓缩液由侧面流出,主要用于有用物质的吸收。

实验型:适合实验室和科学研究,装置小,为单根超滤组件,配置适当的输液泵组成。

2.影响超滤的主要因素

影响超滤的因素较多,首先是需超滤溶液的浓度、纯度和温度。滤液浓度低,超滤速率高。浓缩过程中随着浓缩倍数的上升,超滤速率下降。如溶液中同时含有几种溶质时,小分子的溶质滤速快,大分子物质的存在可能会在膜表面形成动态膜而影响小分子的透过速度,长链分子较球形分子易透过膜。料液温度高,透过速率大,但温度不能大于 45℃。其次为料液流速和压力,料液流速高则通量大。压力增高虽然不一定能提高流速,但溶液极稀,压力增大可提高水通量。

3.超滤器装置的维护及清洗

①超滤器出厂前装有保护液,使用前应将保护液放掉,用清水反复冲洗,直到没有气味为止(保护液为 1%～2%的甲醛溶液,并配以一定比例的甘油),注意进水压不宜超过 0.15 MPa。

②超滤前原液需要进行预处理,使进水水质达到如下要求:混浊度<5 度;微粒<5 μm;悬浮物<3～5 mg/L;pH 2～13;温度 5～45℃。

③启动加压泵时,应将泵出口阀门关闭,浓缩阀、超滤阀、水箱阀全开,泵运转平稳后,缓慢开启泵出口阀放进水,使系统内压力逐渐上升,同时调节超滤液与浓缩液流量的比值,一般浓缩型为 1∶(3～5);超滤型为(1～7)∶1。

④为了提高装置的通量,抑制淤塞,必须严格进行定时清洗。清洗液可根据超

滤原液组分的不同，分别采用 0.2 mol/L 氢氧化钠或 0.2 mol/L 盐酸溶液，或过氧化氢、次氯酸钠以及各种合成洗涤剂或酶等。

(六)自动鸡胚接种机

传统胚毒疫苗生产中，全部使用人工操作，生产效率低下，劳动强度大，产品质量的均一性难于保证。这样的生产过程不利于现代化管理，特别是科学技术高速发展的今天。时代呼唤改革创新，改变现有生产局面，实现生产过程自动化。

在胚毒灭活疫苗生产中，由于使用了自动化设备，彻底改变了传统的生产工艺过程，使工艺过程简单，占地面积缩小，同等生产面积下生产能力提高 4 倍，节省空调能源，生产区域内不用设置百级区。由于设备连接不同的生产区域，自动传递鸡胚从一个区域到另一个生产区域，节省了大量的人力。由于鸡胚的处理过程全部由设备完成，所以减少了污染，提高了产品质量，实现产品质量的均一性。

自动鸡胚接种机是生产胚毒疫苗的专业设备，使用鸡胚接种机来替代人的手工接种操作，可以迅速提高疫苗的质量和产量(表 3-2)。

表 3-2 自动鸡胚接种机的特点

特 点	描 述
接种全过程实现自动化	过程包括蛋消毒，无菌空气吹干，打孔，注毒，注射针头消毒，注毒量检验。由于针孔小，鸡胚无须封蜡
过程无菌环境	全部过程在百级层流罩下进行，确保工程为无菌操作
节省人力	需 2～3 人可完成设备操作。一人向机器里送蛋，一人接蛋，另外一人供蛋并入孵化器。通常可完成 20 多人的工作任务
提高鸡胚单产量和效价	产品质量均一性好。实践表明，鸡胚尿囊液单产量较人工接种有所提高，效价明显提高，废胚率明显下降
操作简单	针头可整体安装和拆卸，装入专制的不锈钢箱中进行消毒灭菌。毒液瓶放入架固定好后，即可进行接种操作。工作完成后，用准备好的无菌水，在位进行清洗。设备在操作中间，可随时进行注毒量的检测，确保注毒工作的准确性。出现气压波动时，设备自动给出报警，自动采取必要的保护措施
胚毒疫苗生产流水线作业	结合鸡胚检蛋机，尿囊液收获机，废胚处理机的使用，可实现胚毒疫苗生产流水线作业。整个生产过程实现自动化，战地面积少，节省操作人员，提高产品质量，减少污染损失

(七)孵化器

按 GMP 标准的要求，孵化器应易消毒、易清洗。新型孵化器多由高分子材料制造而成，耐热、耐湿，抗酸碱及消毒药。供 SPF 鸡胚使用的孵化器还具有空气过滤系统,保证进入的空气呈无菌状态(100 级)。

为保证孵化器的精确运行,使胚胎处于最佳的温度、通风换气及翻蛋等环境中,要求控制器控制精确、稳定可靠、经久耐用和便于维修。控制系统包括控温系统、控湿系统、报警系统(超温、冷却、低温、高湿和低湿)及机械传动系统等。孵化器的控制系统都安装在机壳的内侧,控制按钮在孵化器的上方。为使胚胎正常发育和操作方便,要求保温性能好,孵化器的上下、左右、前后各点的温度差应在±0.28℃ 范围内。箱壁一般厚 50 mm,多用聚苯乙烯泡沫或硬质聚氨酯泡沫塑料直接发泡的隔热材料制造。孵化器的门应有良好的密封性能,这是保温的关键。为使胚胎充分而均匀受热,要求蛋盘通气性能好,目前多用质量好的工程塑料制品。

(八)自动尿囊液收获机

自动尿囊液收获机是生产胚毒灭活疫苗的专业设备,使用自动尿囊液收获机来替代人的手工收获操作可以迅速提高胚毒灭活疫苗的生产效率。自动尿囊液收获机使用在胚毒灭活疫苗生产中,彻底改变了传统的生产工艺过程,使工艺过程简单化,占地面积缩小,同等生产面积下生产能力提高 4 倍,节省空调能源和大量的人力,有利于提高产品质量及其均一性。

(九)管式高速离心机

高速管式分离机广泛用于生物制品、生化、制药、饮料、食品、油漆以及化工等行业。主要作低浓液固、液分离、澄清等,切割尺寸在 1 μm 以下。用于分离两种不同比重的液体,可连续操作,生产能力大。对中药针剂、高级饮料等还可作高纯、高清晰处理。离心机转鼓,三叶板等与介质接触部分的所有零部件都采用不锈钢或硅橡胶。其原理是比重大的固体微粒逐渐沉积在转鼓内壁形成沉渣层,待停机后人工卸出,澄清后的液相流动到转鼓上部的排液口排出。针对生物活性物质和热敏性物质的离心分离过程,可配置内置式冷却管模块来解决工作时的升温问题,最大限度地保留生物活性和防止热敏性物质的变性。

管式高速离心机主要包括以下 6 部分:转鼓部分,机架部分,机头部分,压带轮部分,滑动轴承组部分,驱动体部分(图 3-8)。

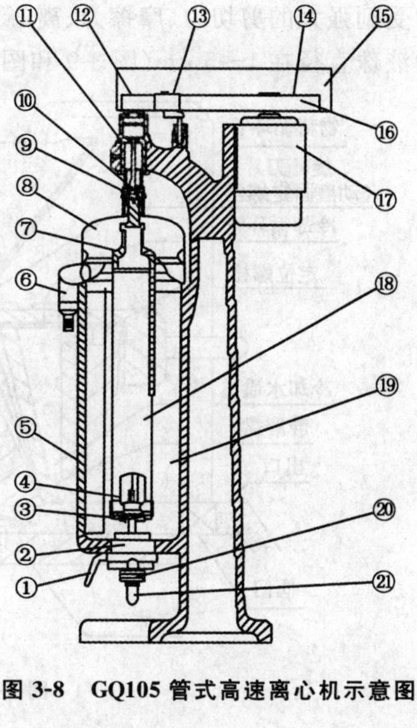

图 3-8 GQ105 管式高速离心机示意图

转鼓由 3 部分组成:上盖⑦、带空心轴的底盖③和管状的转鼓⑱。转鼓内沿轴向装有对称的 4 片翅片④,使进入转鼓的液体很快地达到转鼓的转动角速度。被澄清的液体从转鼓上端出液口排出,进入积液盘⑧,再流入槽、罐⑥等容器内。固体则留在转鼓上,待停机后再清除。转鼓及主轴⑩以挠性连接悬挂在主轴皮带轮⑫上,主轴皮带轮与其他部件组成为机头部分。主轴上端支承在主轴皮带轮的缓冲橡皮块上,而转鼓用连接螺母⑨悬于主轴下端。转鼓底盖上的空心轴插入机架上的一滑动轴承组②中,滑动轴承组靠手柄①锁定在机身上;该滑动轴承装有减震器,可在水平面内浮动。只要将转鼓与主轴间的连接螺母拧松,即可把转鼓从离心机中卸出。离心机的外壳⑲、箱门⑤等,是转鼓的保护罩,同时又是机架的一部分,其下部有进料口㉑。物料进入进料口后经可更换的喷嘴和底盖的空心轴进入转鼓。电动机⑰装在机架上部,带动压带轮⑬及平皮带转动而使转鼓旋转。

三、乳化器

(一)胶体磨

立式胶体磨是制造油佐剂疫苗的工具之一,是油乳剂制造及抗原与油预混合的设备。立式胶体磨是通过转齿和定齿作相对运动,使油佐剂与抗原通过其间隙时受到强大的剪切力、摩擦力、离心力和高频振动,从而使佐剂与抗原乳化,其乳化的液珠直径在 1～5 μm(图 3-9 和图 3-10)。JIM-50 型立式胶体磨为国内常用。该

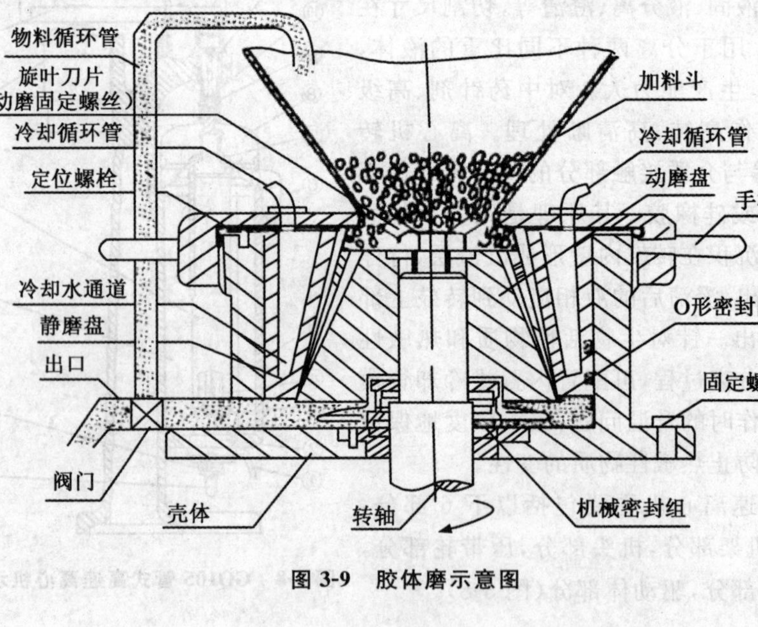

图 3-9 胶体磨示意图

机电机功率 1 kW，转速 8 000 r/min，电源电压 220 V，转齿最大直径 50 mm，流量 20～100 kg/h，粒度 1～5 μm，重量 30 kg，外形尺寸 300 mm×250 mm×700 mm。

图 3-10 胶体磨

（二）高压匀浆泵

高压匀浆泵是一种制备超细液-液乳化物或液-固分散物的通用设备，是胶体磨的替代产品。其主要加工部位具有较高的耐腐蚀性和良好的耐磨性，对加工乳化的油佐剂、抗原均不会产生不良影响。如我国生产的 GYB30-6D 型高压匀浆泵。它由高压往复柱塞泵和匀质器组成，疫苗的乳化加工在匀质阀内进行。油佐剂与抗原在高压下进入可调节的间隙，使油佐剂和抗原获得极高的流速（200～300 m/s），从而在匀质阀里形成一个巨大的压力差，产生空穴效应、湍流和剪切力的作用，将原先粗糙的油佐剂和抗原加工成 0.25～2 μm 极细微的颗粒。该机匀质阀的压力可在 0～60 MPa 范围内任意选择。本型号属单级泵，每小时最大制苗量为 30 L，最高压力位 60 MPa。

四、冻干机

冷冻干燥技术是通过降低气压来使结成冰的水直接升华成为水蒸气，随后使其附着于一个温度更低的金属表面上，再凝结成冰。0℃冰的蒸汽压是 553.288 Pa，若气压降至 13.332 2 Pa 或 6.661 Pa，冰将会很快蒸发。冷冻干燥技术常用于生物制品的科研和生产，以保持菌（毒）种的生物学特性，稳定生物原料和半成品的生物活性以及延长成品的有效期，因此是保证生物制品科研和产品质量不可或缺的手段。冻干是使处在固体状态的水分升华，而不使固态的物质收缩而变形，特别适合于病理学和组织学材料的脱水；减少在干燥过程中由于浓缩可能引起的化学变化，很适合于制药、食品加工和微生物培养物的保存；冻干后的物质留有许多空洞，表面积很大，保持了干燥后物质的良好溶解度。

冷冻干燥设备主要包括内含多层搁板的箱体、冷凝器、真空系统、制冷系统、加热器和热交换系统。有些设备还包括能使搁板升降的液压系统和微机自动控制系统，箱体甚至可以用高压蒸汽灭菌（图 3-11 和图 3-12）。

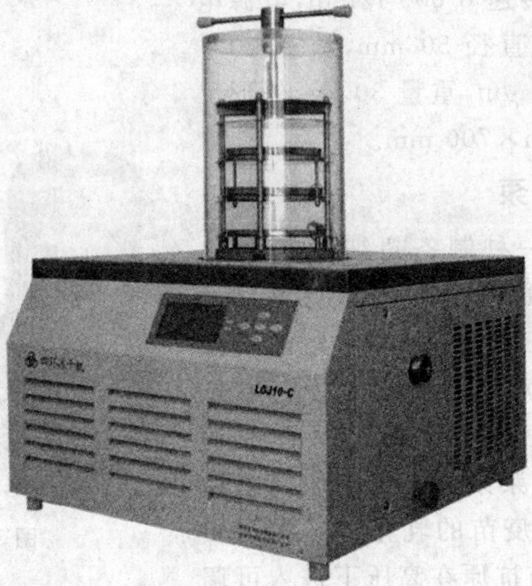

图 3-11　冷冻干燥机

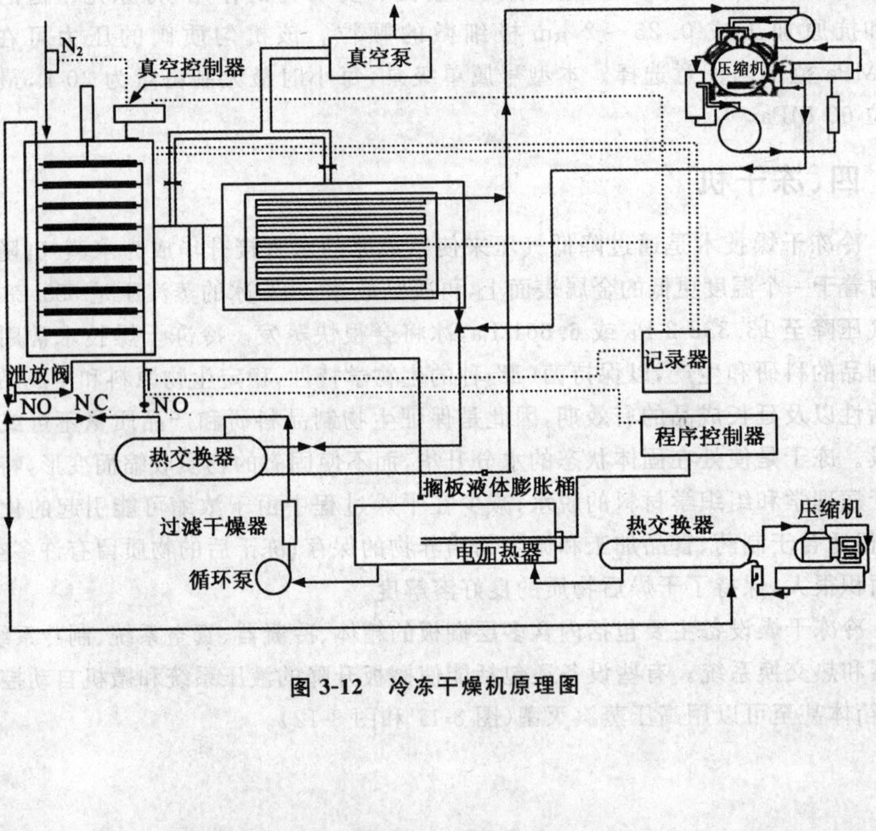

图 3-12　冷冻干燥机原理图

五、冷冻干燥疫苗分装与包装设备

目前，我国生产冻干疫苗使用的疫苗分装与包装设备是由理瓶旋转工作台、多头自动分装机、胶塞定位机、收集器、压盖机、贴签机、封口机和包装机等组成的流水线。

(一)理瓶旋转工作台

理瓶旋转工作台是输送经灭菌的分装苗瓶进行疫苗分装的作业流水线第一个设备(图 3-13)。消毒无菌室之后，将分装瓶口朝上送入旋转台。必须严格挑选一定规格的灭菌疫苗瓶，以及时、准确、有序地输送给分装机。现以意大利产 MTR 型理瓶旋转工作台简要介绍如下。

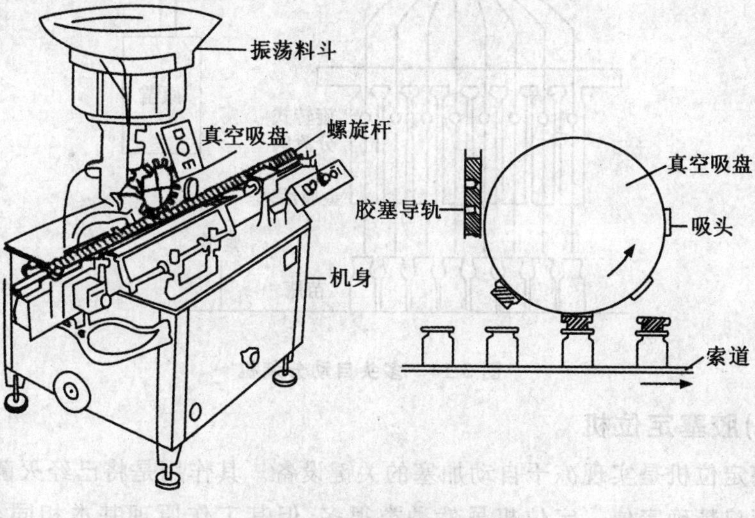

图 3-13 理瓶旋转工作台

该理瓶旋转工作台上部为直径 1 m 的旋转台面，经灭菌处理后的苗瓶自平台入口处被推入旋转平台，随平台的旋转运动，苗瓶再被挡板推向平台边缘，最外层的苗瓶经过叉口进入轨道。未进入轨道的苗瓶继续旋转，二次被挡板推向平台边缘，直至进入轨道。进入轨道的苗瓶依次排列，进入分装机轨道。该设备采用无级调速电机，使供瓶速度与分装机运转同步。该设备除与分装机连接外，视生产情况再与加塞机、压盖机、贴签机、包装机等设备连接，是生产流水线的龙头。

(二)多头自动分装机

多头自动分装机是指有 3 个以上分装头，分装速度每小时达 5 000 瓶以上的高速分装机。在各种分装机中，意大利产 M26/8 型八头分装机，具有分装精度高、分装速度快的特点，适用于分装各种小装量的疫苗，每小时可分装 1 万～1.2 万瓶，分装速度可以调节。靠不锈钢活塞上运动抽吸将疫苗压入苗瓶。活塞头部带有旋转式分流阀，控制吸入和压出。其工作方式如下：当活塞向下运动，分流阀转到供苗管道开启位置，排苗开口关闭，疫苗被吸入活塞筒；当塞向上运动，分流阀旋转 180°，关闭供苗开口，开启排苗开口，使疫苗压入分装瓶，完成定量分装。由于采用旋转式分流阀，提高了分装精度。8 个分装头，可分别单独调整分装量，也可多头同时进行调整，确保分装量准确、可靠。所有接触疫苗的部分均为不锈钢制造，拆装方便，便于清洗和灭菌处理(图 3-14)。

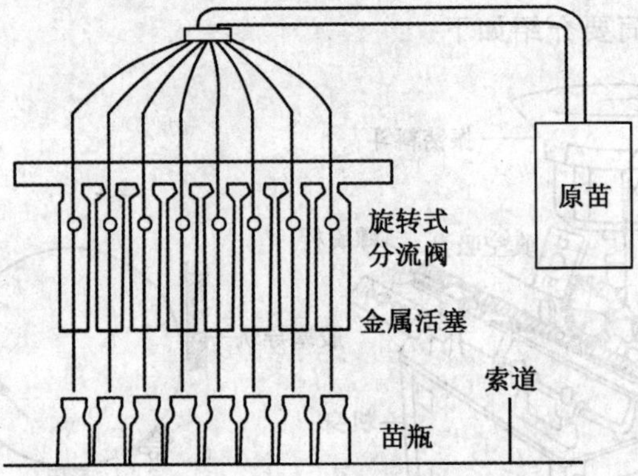

图 3-14　多头自动分装机

(三)胶塞定位机

胶塞定位机是实现冻干自动加塞的关键设备。其作用是将已经灭菌处理的胶塞在苗瓶口精确定位。定位机虽然种类很多，但其工作原理基本相同，如进口的 M22 型胶塞定位机，上部为一漏斗形电磁振荡料机斗，用来存放奔涌的经灭菌处理的胶塞。由于电磁振荡的结果，胶塞在料斗内跳动，并沿着料斗内壁上的导轨向上爬升，到达顶部以后，胶塞沿导轨下落，到达转动的真空吸盘。吸盘与送瓶呈反方向运动。吸盘真空是由安装在机器下部的小型真空泵操作，经管道连通转动吸盘；吸盘的吸头吸住胶塞，继续向下旋转到 90°时，正好达到瓶口位置，自动放气，胶塞脱离吸盘，在瓶口处定位，为冻干自动压塞做好了准备。

(四)自动灌装半加塞联动机

此类设备规格型号很多，但是具有分装精度高和速度快的特点，所有接触疫苗部分的零件均为优质不锈钢制造，利于清洗和灭菌消毒，符合 GMP 标准的要求，如我国生产的DG系列自动灌装半加塞联动机，适用于冷冻干燥制品在冻干前灌装、半加塞，然后装入冻干盘内。本机适用的瓶子为2、7、10及25 mL等各种药用玻璃瓶。近年来，我国研制成功生物制品用“液体灌装、胶塞定位、铝盖锁定的生产自动线”。它有8个分装头同时工作，与胶塞定位连成，与定位的铝盖锁定机配套，每小时分装12 000瓶。

六、冷藏设备

冷藏和冷藏运输设备是生物制品生产和使用中极其重要的设备，因为冷藏是保证生物制品质量的一个重要条件。

(一)冷库

冷库可分中型和小型两类。中型冷库容量1 000 t左右，小型冷库只设冷藏间或活动冷库。中型冷库以两层为主，单层也可；小型冷库一般只考虑单层。中型冷库一般由主题建筑和附属建筑两部分组成。主体建筑包括冷藏库和空调间；附属建筑包装间、真空检验室、准备间、机房、泵房和配电室等。

冷库保温性能应符合生物制品贮藏保管的基本要求。空调间(高温库)最高库温不能超过15℃。最低在0℃以上，一般用冷风机冷却设备；冷藏间(低温库)要求在15℃以下，作制品保管。为保证库温恒定，建筑结构的外墙、地坪和平顶要设置连续的隔热层，并要有足够厚度；同时做好保温层的防潮设施，低温库要采用电动冷库门。

使用冷库注意事项：①新冷库初次投产时不应降温过快，避免结构内部结冰膨胀。当库温在4℃以上时每天降温不得超过3℃；当库温降到4℃应维持5～7 d；库温在4℃以下时，每天降温不得超过3℃，直至到达设计要求为止。②冷库在使用后，要保持温度的稳定性，即高温库(10±5)℃；低温度(－18±3)℃。③严格防水和汽渗入构造保温层；低温内不得进行多水物品的作业。④合理使用库容，合理安排货位和堆放高度，保持库内地坪受荷均匀。

(二)冷藏运输设备

生物制品在运输过程中必须使用冷藏库。冷藏车按性能来说可分为机器冷藏车与冰箱冷藏车，均必须具备下列条件；运行平稳，具有良好的隔热车体，减少车内与外界的热交换；设有制冷降温装置；设有空气循环装置，以保证车内温度的均衡；设有温度指示，最好有自动控制仪表，以控制车内温度。

目前我国使用的冷藏车多数都是冰箱冷藏车，这种车造价低，使用维修方便。第一汽车制造厂生产的解放牌冷藏车，实际上是座移动式的保温箱，箱体用泡沫塑料做保温层，箱内空间大约 12.5 m^3，底层有木制格板作支撑，形成一个空隙，以制冷空气循环。箱底设有放水孔，地板上的水分不会损伤货物，使用时根据气候条件及生物制品的保存所需温度条件、装载量的多少，放入一定数量的冰块，即可达到运输生物制品的要求。

保温箱无制冷系统，以软木、玻璃纤维和聚氨酯泡沫塑料为材料。内外层常用镀锌钢板和铝板为保护层。体积一般为 0.108 m^3。不能自动降温至冰点以下，而是使用时将冷冻干燥的生物制品置箱内，并加入一定的冰块，严密加盖。箱内可保持 20 多小时不解冻，能维持运输途中的低温保存，保证生物制品的使用效果。目前国内外兽用冷冻干燥制品的运输多使用这种简便的保温箱。

使用保温箱时要注意箱盖是否严密，以减少与外界的冷热交换；注意放入箱内的冰块应用塑料袋密封，防止冰块融化沾污药品；保温箱不用时，应放置干燥通风的地方，防止霉菌生长。

(三)液氮罐

液氮罐是专供贮存液氮用的容器，容器内加入液氮才能保存实验材料。液氮的温度可达－196℃，属超低温，因而是保存活细胞、活组织、生物制品、冷冻精液和微生物等的理想容器。国产液氮罐质量已经赶上国外同类产品的性能。

液氮罐的构造和玻璃热水瓶一样，能防止热的传导、辐射和对流。液氮罐都是双壁的，过去曾采用不锈钢，近年来改用铝合金等金属，其特点是轻便耐用，成本较低，性能更好。两壁之间有一夹层，夹层空隙越大，真空度越高，蓄冷的时间越长。夹层空隙的大小依容器的型号和性能有所差别。馆内有金属制成，内层的外边用绝热材料缠绕多层，并在底部加入硅胶或活性炭等吸湿剂。各类液氮容器都有一个真空吸嘴，吸嘴外加有金属保护帽。目前生产的生物容器蓄冷时间为 180～210 d(即每天保持静态状况下发挥液氮 0.1～0.2 L)，真空度一般为 0.000 133～0.000 000 133 Pa。

液氮生物容器内切勿装入其他液化气体。使用容器时，必须实现充分遇冷再注满液氮，充装后的液面应略低于颈管。新罐或清洗后待用的容器，在使用前先加入适量液氮预冷 30 min 左右，然后加满其余的液氮。存放或取出被保存物的动作要快、准、稳，取用贮存物以竹制镊子最为理想，切忌使用金属制品。对保存物应进行分类，编号，并对存放数量、日期等进行详细登记。应按时补充液氮，液氮量不能低于容器贮量的 2/3(下限)。搬运或移动液氮容器应提起把手，不得推脱，要轻拿轻放。运输中应防止突然颠簸。保护液氮外部不受磨损。液氮罐的盖子由有金属盖和硬质塑料制品黏结而成，经常在使用中出现黏结松动或脱开；如陀螺可使用环氧树脂或其他黏合剂黏牢后继续使用。

七、带毒污水与废弃物处理设备

根据国家有关环境保护法规和农业部《动物生物制品制造及检验规程》规定，生物制品制造企业必须与当地卫生防疫部门和环境保护部门密切配合，妥善处理好污水、粪便、残渣、垫草及动物尸体和脏器等各种废弃物。

(一)污水处理

生物制品制造业污水有较多的有机物质和病原体，如果对其不加处理，排放到外界，会造成环境污染，引起动物疫病流行，甚至危害人类健康。

生物制品企业污水处理方法通常包括预处理、消毒和曝晒。其基本流程如下：

带毒污水→滤除粗渣→一级沉淀池→沉淀污水贮池→臭氧处理 / 化学药品处理→接触池

检验合格→排放→曝晒→专用鱼塘

其中，臭氧法处理污水好。该法主要利用臭氧中的氧的强氧化作用，使污水中的致病菌、病毒以及细菌芽孢迅速杀灭。此法比氯气的作用更强。污水经抽样处理后，水的浊度、色度有明显改善，化学需氧量一般可减少 50%～70%。可以除去苯并芘等致癌物质，可分解废水中的烷基苯磺酸钠、蛋白质、氨基酸、有机胺、木质素、腐殖质、杂环化合物、链式不饱和化合物，可除去由放线菌、霉菌、水藻的分解产物及醇、酚、苯等污染物产生的异味和臭味。用臭氧法处理污水反应迅速、流程简单，没有第二次污染，但耗电量较高。

(二)带毒粪便、残渣与垫草的处理

带毒粪便、残渣与垫草的处理可采用生物发酵。生物发酵池规模应根据各厂粪便和残渣数量而定，以每池装满后能自然发酵 2 年以上为原则。生物发酵池内外墙除用水泥砂浆粉刷外，应涂沥青防水层，防止池内污水渗漏和池外地表或地下水渗入，影响发酵效果。为便于清除，发酵池应一半设在强毒区内，一半设在隔离区外。发酵彻底后，启盖清出粪便和残渣、垫草的腐烂物。

(三)动物尸体与脏器处理

动物尸体和脏器处理通常用焚尸炉，有的厂则先将尸体和脏器用高压蒸汽(121℃，30 min)灭菌，再按粪便残渣处理方法进行生物发酵处理，亦很安全。焚尸炉的结构与火葬场火化炉基本相同，即用喷柴油的办法，在引风条件下进行焚烧。

复习思考题

1. 生物制品生产中常用的灭菌设备有哪些？如何使用？
2. 生物制品生产中为什么应用无菌净化室？如何使用？
3. 净化工作台有什么作用？在使用过程中应注意哪些问题？
4. 生物制品企业为什么使用冷藏设备？如何选择使用？
5. 生物制品企业废弃物是如何处理的？如果不处理会产生什么不良后果？

项目四　动物生物制品用实验动物

在生物制品的研制、开发、生产和质量检验过程中，都离不开实验动物。实验动物作为研究材料和生物制品质量控制中"活的测试仪器"，起到了其他手段不可替代的作用；而且，实验动物或动物组织细胞还用作生物技术药物生产的"工厂"和原材料，在生物制品事业发展和保障人民健康方面发挥着重要作用。通过本项目的学习，要求掌握常用的实验动物饲养与管理，掌握常用的实验动物技术，能进行实验动物的安全饲养，能进行实验动物的采血，以及能进行实验动物的给药。

一、了解常用实验动物及其特性

实验动物是经人工繁育，专用于科学研究、教学、生物制品或药品鉴定以及其他科学实验的动物。实验动物具有生物学特性明确、遗传背景清楚、对刺激敏感和反应性一致等特点。利用实验动物进行生物学研究，能保证动物实验的准确性、敏感性和可重复性，且仅用少量动物就能获得精确、可靠的动物实验结果。在生物制品研制中占有绝对重要的地位，从制品的研究、生产、鉴定等几乎每个环节都需要实验动物来获得科学结论。

广义的实验动物泛指实验使用的各种动物，包括小型实验动物、家畜家禽和野生动物3类。由于这3类动物的人工控制程度不同，对小型实验动物控制较严，对家畜家禽控制一般，而对野生动物则难以控制。动物生物制品的生产及鉴定必须选择标准化的实验动物，以确保制品的质量。因此，正确选择合适的实验动物是保证实验成功的关键。

(一)实验动物的分类

通过微生物学的监察手段，按对微生物质量控制的净化程度，把实验动物区分为无菌动物、悉生动物、特殊病原体动物和清洁动物4类。

1. 无菌动物(germ-free animals)

无菌动物是指机体内外均无任何寄生物(微生物和寄生虫)的动物。此种动物在自然界中并不存在，必须用人为的方法培育出来。其法：一般将临产前的健康动物用麻醉药品或颈椎臼法处死后，立即浸泡在37℃灭菌液中，送进无菌室(或无菌隔离器)，按无菌手术进行剖腹，切除带胎子宫(子宫内首先应无菌)，将其浸入消毒液里并输送到另一隔离器中，切开子宫取胎，经用灭菌纱布揩拭仔体并断脐(电刀切断)后,放隔离器内人工喂乳或用其他品系的无菌母鼠作保姆供养。像小鼠和大鼠等用人工喂乳非常麻烦,故采用保姆代养较为方便。而豚鼠因在一定程度上能自力饮乳,故人工哺乳较容易。在微生物学研究中,它可提供带有某种菌的已知菌动物,以进行微生物拮抗作用的研究;在免疫学方面,无菌动物由于其无特异性抗体这一特点,可用于各种免疫现象的研究。

2. **悉生动物**(gnotobiotes animals)

悉生动物是指机体内带着已知微生物(动物或植物)的动物。此种动物原是无菌动物,系人为地将指定微生物丛投给其体内,例如,使大肠杆菌定居在无菌小鼠体内,在进行微生物检查时,仅能检出大肠杆菌。亦有人工投给两种以上的已知微生物。悉生动物一般分为单菌、双菌、三菌,或多菌动物。此种动物同无菌动物一样是放在隔离器内饲育的,但因其带有已知的微生物,故隔离器内有微生物及其代谢产物的污染。例如,人工投给的微生物,除可在饮水中增殖外,还能在隔离器内放出大量的氨气。主要用于研究微生物与宿主关系的理想实验动物,不同的微生物存在于一体内,可以研究微生物之间或微生物与机体之间的相互关系。

3. **无特定病原体动物**(specefic pathogen-free animals)

无特定病原体动物是指机体内无特定的微生物和寄生虫存在的动物,简称SPF动物。但非特定的微生物和寄生虫是允许存在的,故其实际上就是指无传染病的健康动物。由于用疫苗和药物进行预防及治疗,或用淘汰带菌动物来作出SPF动物的方法并不实用(既浪费时间,又难保确实除去病原)。故一般大多先培育出无菌动物或悉生动物后,再把其转移到有封闭系统的设施中饲育繁殖。原则上SPF动物室内是不允许存在病原菌的,但在封闭系统环境中,难免有很多非病原性微生物会逐渐进入动物机体内,故亦有人把这个转移过程称之为通常动物化。SPF动物的祖先是无菌动物,按理来说,无菌动物的子宫内和卵中应该是无菌的,然而,有些病毒实际上是通过亲代传给胎儿的,因此,在作出无菌动物和SPF动物之前,必须充分考虑这个问题。

4. **清洁普通动物**(clean conventional animals)

清洁普通动物亦称最低限度疾病动物(MOA)或称清洁动物(clean animal, CL),是来自屏障系统的SPF动物,饲养在设有两条走廊的、温湿度恒定的普通设施中的动物。垫料、饲料、用具等均应经过高压消毒。饮水pH为2.5～2.8,鼠盒上带过滤帽,空气亦应经过一定的过滤,工作人员穿干净服装操作,此类动物的微生物控制标准基本与SPF相同,不同之处为血清病毒抗体检查经常可检出一定滴度的抗体,但不允许出现临床症状和脏器的病理变化和自然死亡。

5.普通动物(conventioal animals)

普通动物是未经积极的微生物学控制,普遍地饲养在开放卫生环境里的动物。垫料和食物不经高压消毒,饮水为自来水,不喂青饲料。鼠应排除肺炎病毒、沙门氏菌和链球菌,地鼠不应有蛲虫。普通动物只能供教养和一般性实验,不适用于研究实验。

(二)常用实验动物

从世界上现有的动物中挑选出来的哺乳类实验动物,虽然他们的体型大小、外貌及生活习性都有明显的不同,但他们在生物学特性方面具有一些共同点。在动物进化关系上是比较高等的,其生理结构与人、畜相似。对一些药物及其他被试物质的反应性和敏感性也与人、畜相似。可使人、畜受刺激的光线、温度、湿度、声音、毒素、药品及病原微生物等,实验动物对此也比较敏感,而且不同动物的敏感程度又有差别。饲养成本低,占地面积小,易于饲养管理。成熟年龄早,妊娠期短,生殖力强,易于繁殖。

1.家兔

家兔属于哺乳纲,兔形目,兔科。家兔虽然经人类长期的驯化和培育已成为一种常用的实验动物,但仍然继承了其祖先野生穴兔的大部分生活习性。

(1)夜行性、嗜眠性

家兔在夜间十分活跃,据测定,家兔晚上所采食的饲料占全天的75%左右,饮水占60%左右。在白天,家兔表现安静,除喂食时间外,常常闭目睡眠。若使其仰卧,顺毛向抚摸其胸腹部并按摩太阳穴时,可使其进入睡眠状态。利用这一特点,在不麻醉的情况下可进行短时间的实验操作。

(2)听觉、嗅觉灵敏

家兔具有发达的听觉和嗅觉器官并特别灵敏,但异常胆小,如受惊过度往往乱奔乱窜,甚至冲出笼门。可凭嗅觉来判断仔兔,对非亲生仔兔常拒绝哺乳,甚至把仔兔咬死。散养的家兔喜欢穴居,有在泥土地上打洞的习性。

(3)性情温顺,群居性差

如果群养,同性别成兔经常发生斗殴咬伤,因此实验兔适于笼养,较易于管理。虽性情温顺,但若捕捉不当常被其利爪抓伤皮肤,在饲养管理和实验操作中要注意正确的抓取方法。

(4)厌湿、喜干、耐寒、怕热

家兔的被毛较发达,汗腺较少,能够忍受寒冷而不能耐受潮热。当气温超过30℃以上或环境过度潮湿时,成年母兔易引起减食、流产、不肯哺乳仔兔等现象,在炎热的夏季还是家兔传染病易于暴发的季节。

(5)啮齿行为

家兔的牙齿终生处在不断生长的状态，因此同啮齿类一样喜欢磨牙且有啃咬的习惯，在设计笼舍和饲养器具时应注意这一点，特别是饲料中应有一定比例的粗纤维。

(6)家兔有食粪的特性

正常的兔粪有两种类型。一种是通常看到的圆形颗粒硬粪，为正常粪便，是消化正常的象征；一种是暗色成串的小球状粪便，表面附着少量黏液内含流质物，即软粪。硬粪在白天排泄，软粪在晚上排出。据实验分析，软粪中粗蛋白质含量要比硬粪高3倍左右并含有丰富的维生素，家兔食粪即直接从肛门吞食软粪，一般认为有促进营养物质再利用的意义。家兔的食粪行为是一种正常的生理行为，开始于3周龄，哺乳期的仔兔无食粪现象。

家兔是免疫学实验教学中较多采用的实验动物。可用于制备多克隆抗体或者二抗。

2.小鼠

小鼠属于哺乳纲，啮齿目，鼠科。便于人工繁殖，价格低廉，适用于动物需要量较大的实验。小鼠的生物学特性有以下几点。

①小鼠胆小，易于受惊，对外界环境的改变反应敏感。如强光或噪声刺激可导致哺乳母鼠神经紊乱，发生食仔现象。

②小鼠在人工驯养条件下，性情温顺易于捕捉，一旦逃出笼外过夜则回复野性，行动敏捷难以捕捉。

③小鼠喜欢阴暗，固定一处睡眠营巢。傍晚活动加强，夜间更加活跃，其进食、交配、分娩多发生在夜间。

④小鼠是典型的啮齿动物，门齿终生生长。因此小鼠有啃咬习惯，以此来磨损门齿并保持其长度的恒定。

⑤小鼠为群居动物。当群饲时，其饲料消耗量比单个饲养时大，生长发育也快。

⑥小鼠群体中雄性间好斗，头、背、肩、会阴和尾部常被咬伤。源于一窝或离乳后同笼饲养的雄鼠间则较少攻击，外来雄鼠常招致几只雄鼠的集体攻击。群居优势在雄性很明显，表现为群体中处于优势者保留触须，被称为“理发师”，而处于劣势者触须被拔光。

⑦雄鼠具有分泌醋酸铵臭气的特性，是小鼠饲养室内特异臭气的主要原因。

⑧初生小鼠即可发声，嗅觉和味觉敏感。3日龄仔鼠脐带脱落，皮肤由红转为白色，开始长毛并出现触须，有色品系仔鼠可看出毛色。4～6日龄双耳张开耸立。

7～8 日龄四肢发育开始爬动游走，被毛逐渐浓密，下门齿长出。9～10 日龄有听觉，被毛长齐。12～14 日龄睁眼，长出上门齿，开始采食及饮水。3 周龄可离乳独立生活。4 周龄，雌鼠阴腔张开。5 周龄，雄鼠睾丸降落至阴囊，开始生成精子。60 日龄体成熟。妊娠期 19～21 d。健康小鼠寿命可达 18～24 个月，最长可达 3 年。

3.大鼠

大鼠属鼠科。其垂体、肾上腺系统发达，应激反应灵敏，适用于内分泌研究；也可用大白鼠进行胆管插管收集胆汁，或从胸导管采集淋巴液等；还可用大白鼠进行高级神经活动实验。大鼠的生物学特性有以下几点。

①大鼠性情温顺，易于捕捉，但当粗暴操作或营养缺乏时可攻击人或互相撕咬，严重时可致死。

②大鼠是杂食动物，随时采饮。喜食煮熟的动物肉，甚至是同类的肉。对营养缺乏敏感，特别是维生素和氨基酸的缺乏。

③大鼠喜欢夜间活动，白天常挤在一起闭目休息，进食、交配、分娩多在夜间发生。

④大鼠对空气中的粉尘、氨气、硫化氢等极为敏感，易引发呼吸道疾病。大鼠对各种刺激很敏感，环境条件的微小变化即可引起大鼠的应激反应，强烈的噪声可导致大鼠恐慌、互相撕咬、吃仔等现象。对空气相对湿度耐受性差，如空气过于干燥，相对湿度低于 40%时，常发生坏尾症。

⑤大鼠具有群居优势，同笼多个饲养比单个饲养的大鼠体重增长快、性情温顺、易于捉取，单个饲养的则胆小易惊、不易捕捉。

⑥仔鼠 21 d 可离乳。大鼠最适合交配日龄为 90 d，妊娠期为 19～21 d。大鼠寿命一般为 2.5～3 年。

4.豚鼠(荷兰猪)

豚鼠属于哺乳纲，啮齿目，豚鼠科。性情温顺，胆小易惊，很少咬伤实验操作人员。豚鼠的生物学特性有以下几点。

①喜群居，头大，颈短、耳圆、无尾，全身被毛，四肢较短，前肢有四趾，后肢有三趾，有尖锐短爪，有抓人，不喜于攀登和跳跃，故可放无盖小水泥池中进行饲养。习性温顺，胆小易惊，有时发出吱吱的尖叫声，喜干燥清洁的生活环境。

②嗅觉、听觉较发达，对各种刺激均有极高的反应，如对音响、嗅味和气温突变等均极敏感，故在空气混浊和寒冷环境中易发生肺炎，并引起流产，受惊时亦易流产。

③豚鼠是草食性动物，嚼肌发达而胃壁非常薄，盲肠特别膨大，约占腹腔的 1/3 容积，粗纤维需要量较家兔还要多，但不像家兔那样易患腹泻病。

④豚鼠食量较大，对习惯的饲料食欲旺盛，但对变质的饲料特别敏感，常因此减食或废食，甚至引起流产。对抗生素也特别敏感，投药后容易引起死亡和肠炎，如使用青霉素，不论剂量多大，途径如何，均可引起小肠和结肠炎，甚至使其发生死亡。对青霉素的敏感性比小鼠高 1 000 倍，故用青霉素治疗时应特别小心。与大鼠和小鼠相反，它夜间少食少动。

⑤豚鼠属于晚成性动物，即母鼠怀孕期较长，为 63 d(59～72 d)，胚胎在母体发育完全，出生后即已完全长成，全身被毛，眼张开，耳竖立，并已具有恒齿，产后 1 h 即能站立行走，数小时能吃软饲料，2～3 d 后即可在母鼠护理下一边吸吮母乳，一边吃青饲料或混合饲料，迅速发育生长。

⑥体内(肝脏和肠内)不能合成维生素 C，所需维生素 C 必须来源于饲料中。人、灵长类及豚鼠体内缺乏合成维生素 C 的酶，因此饲养豚鼠时，需在饲料或饲水中加维生素 C 或给新鲜蔬菜，当维生素 C 缺乏时出现坏血症，其症状之一是后肢出现半瘫痪，冬季尤其易患，补给维生素 C，则症状消失。

⑦能耐低氧、抗缺氧，比小鼠强 4 倍，比大鼠强 2 倍。

⑧对结核杆菌、布氏杆菌、钩端螺旋体、马耳他热布鲁氏菌(*Brucella meliteusis*)、白喉杆菌、Q 热病毒、淋巴细胞性脉络丛脑膜炎(Lymphocytic Choriomeningitis)病毒等很敏感。

⑨豚鼠易引起变态反应，血清诊断学上的“补体”即是由豚鼠血清制成的。

二、实验动物的饲养与管理

(一)实验动物房

实验动物房要求能对微生物和环境进行控制，因此，实验动物房必须建筑在无疫源、无公害的独立区，交通、水电和给排水系统、污物处理系统都应有保障，并应有防虫、防野生动物设施。

实验动物房由饲养室、饲料贮存室、器材清洗消毒室、检疫室、动物实验室、办公室和机器房等建筑设施组成。动物饲养室建成分层分间隔离室，以饲养不同品种的动物，具体要根据动物种类和要求进行设计。

1. 地面

地面要用耐水、耐磨、耐腐蚀性材料(如硬面混凝土、水磨石和硬橡胶等)制成，地面要光滑防水。地面接墙处做 10～15 cm 踢脚线，拐角处做 3～5 cm 圆弧面。大鼠、小鼠等动物饲养室一般不设排水装置，用湿式真空吸尘器打扫。兔、犬、猴、猪等动物饲养室要做成有一定倾斜度的防水地面，倾斜度应不小于 0.64 cm/m。地面可用色彩划分功能区和做出路线标记，通常地面色彩深于墙面。

2. 墙壁

内壁粉刷用难以开裂、耐水、耐腐蚀、耐磨、耐冲击材料制成。多数加涂料。墙面无断裂，光滑平整，各接角处要接合严密，最好做成圆弧形。

3. 天花板

用耐水、耐腐蚀材料制成，室顶平整光滑。通常将紫外线消毒灯、照明灯、超高效空气过滤器及进风口安于天花板上。灯具及进气口周围须密封，进气口可以自由拆卸清洗、消毒。

4. 门

除负压室之外原则上应向内开，即向压力大的方向开启。门的大小一般为 107 cm ×213 cm。门要求气密性好，室内装锁，能自行关闭。把手、门锁不外露，门上设观察孔，最好用耐水、耐药性的金属密封门。

5. 窗

屏障系统多不设外窗或尽可能少设窗。一般动物室除需要自然采光与通风的场所外，不宜设置外窗。设有外窗的动物室，如猴类动物房，应在墙上加设栏栅和铁丝网以防动物逃跑。

6. 走廊

一般宽 2 m 左右，地面与墙壁的接合处应为弧形，便于清洁。为防止墙体损坏，最好加护栏或缓冲装置。各种水、电、管、线应尽量安排在走廊或走廊上部夹层中，并且不暴露在明处。

另外，直接安装于建筑物墙体上的各种设备、环境控制探头、排风口、固定笼具、架等均应注意保证建筑的密封性能和便于操作、清洗。

(二)饲料

除因实验需要外，实验动物应每天供给适口、无污染及营养充足的全价配合饲料。饲料要抓好采购、保管两个重要环节。

实验动物饲料应向专业化生产厂家购买，采购时应注意饲料生产日期、饲料保管措施与流程（如贮存场所、害虫控制），并应定期要求制造商提供主要营养成分的分析报告。如无特殊需要，实验动物饲料除必需的维生素、微量元素、氨基酸添加剂外，通常不加任何饲料添加剂，也不应加抗生素。

饲料应尽量低温贮藏，防止暴露于 21℃以上的高温。饲料存放区域应使用搁板、架子或台车，保证存储的饲料架离地面。每批购进的饲料应清点登记，进场后需调整存货位置，保证先购进的饲料先使用。保持饲料存放区的清洁干净，野鼠及昆虫不应出现在贮存区域，以免饲料因沾染粪尿中的微生物、肠道寄生虫、节肢动物和霉菌污染，而导致动物感染疾病。

(三)饮水

实验动物饮用水应由新鲜、纯净的水源直接提供,符合卫生部门颁发的人饮用水的质量和卫生指标。微生物质量等级不同的动物,应供应与其级别相适应的饮用水,对于清洁级且其以上级别的实验动物来说,其饮用水必须经过高温高压灭菌处理,亦可应用酸化水(pH 2.5～3.0),以除去可能的污染源,如微生物、有机物和化学性污染物。

实验动物的饮水方式决定其饮水设备,各种动物有所不同。大鼠、小鼠、沙鼠及金黄地鼠一般使用 250 mL 饮水瓶,灌满水后任其自由吸饮,豚鼠一般使用饮水盆,兔多采用自动饮水器自由吸饮,猫、犬等较大动物均使用饮水盆。给水设备必须按各级别实验动物的管理要求定期清洗消毒。

(四)垫料

垫料应无灰尘,无污染,无芳香烃类气味,对人和动物无害。垫料干燥,有良好的吸湿性和保温性,并且没有营养,不被动物食用。垫料是实验动物最直接的生活环境,必须按照各种动物对垫料的要求提供,使用前要除尘灭菌。污秽的垫料应勤予清除并换以新垫料,以保持动物的清洁、干爽。更换的频度视动物的大小、密度、粪尿排出量和垫料的脏污程度一般每周更换 2～3 次。

(五)饲养工具

实验动物的饲养器材主要有笼具、笼架、给水器、给料器和搬运车等,大动物常用栏养的方式饲养。

1.笼具

饲养和收容动物的容器就是笼具,制造笼具的材料主要是不锈钢及塑料。金属笼箱,通风良好,便于观察,但劳动强度大,管理较困难;塑料笼箱,易清洗消毒,管理方便,但大多数材料耐热性不够;聚碳酸醋材料耐热性较好,且透明、便于观察,虽造价较高,但目前已普遍用于定型式笼具制造。

(1)笼具基本要求

①保证动物的健康和舒适笼具要有可收容一定动物量的容积,符合动物要求的最小空间值;内、外边角圆滑、无毛刺,保证不损伤动物;笼具要有利于通风、散热,给动物以舒适的内环境。

②便于清洗和消毒笼具应耐热、耐腐蚀和无毒性。

③操作方便笼具设计要便于搬运、清理、贮存,易于观察动物活动,在日常饲养和实验过程中,便于加料、喂水、更换垫料和抓取动物。

(2)笼具类型

①饲养笼。

定型式（冲压式）：笼底为板底式，顶部加带网孔的盖子，可给料、给水，适用于小啮齿类动物。

带承粪盘(板)的笼子：笼底为金属网或格子型底板。动物排泄物可通过底板上的网孔落于下面的承粪盘(板)上。可用于饲养大鼠、地鼠、豚鼠、兔、犬、猫、猴，门开于前面，笼内或侧壁放置加料器及饮水器(图 4-1 和图 4-2)。

图 4-1　兔笼

图 4-2　鼠笼

栅栏型或围网型笼:用金属网或条围起来的大笼子,底部可能直接落于地面,用于大动物或作为养犬、猫、猴的笼子。

②运输笼。专门用于动物的运输,其特点是保证动物运输途中的安全,满足动物微生物控制要求。小动物运输笼多不做二次重复运用,可用纸板、塑料、木材和金属制成,但多用纸质运输笼。大动物则多采用金属护栏结构,良好的运输笼或用于长途运输的常带有很好的环境温度、湿度保障系统。

③挤压笼。对于大动物如猪、犬、猴等,进行动物实验取样或正常健康检查常需保定,挤压笼带有一个可移动固定的特殊围护结构,可把动物挤至笼的一边,使其不能转身和伤害工作人员。

④代谢笼。有些研究需了解动物的代谢变化,一种在笼底设置可将粪尿分隔并分别取得的笼子即代谢笼可满足代谢研究的需要。

⑤透明隔离箱盒。在经过特殊加工的透明塑料箱盒上,固定有特殊过滤器材制成的隔离帽。隔离帽有助于控制微生物污染,可以做到笼间隔离。日常操作需在净化工作台上进行,平时放于笼架上或层流架上。

2.笼架

笼架应牢固,方便移动,大小和笼具相适合,层次可调节。笼架还应便于清洗,具有耐热、耐腐蚀性。常见笼架有下面几种。

(1)饲养架

可把笼具直接放于笼架的各层上,一般用 4～5 层。

(2)悬挂式

将笼具悬吊在架子上,使粪尿落于托盘里。也可把笼具直接悬挂于动物室的墙壁上。

(3)冲水式

又分为简易式和流水式。

①简易式。在悬挂的笼子下面设有倾斜的冲洗槽,用水将粪尿冲洗到下水道。

②流水式。笼架上装有水箱,笼下设有水槽,水箱里的水定时排放,将槽内的粪便冲入下水道。

(4)传送带式和刮板式

用传送带或刮粪板清理粪便。笼下装有传送带或刮板的传动机械。

笼架最好用不锈钢制造。冲洗槽或承受污物底板用金属、硬塑料、玻璃钢制造。自动清洗装置要尽可能减少噪声的发生,底部倾斜度要适中,光滑平整,不积水。

3. 给料器、给水器

小鼠、大鼠用固体饲料给料器，一般使用挂篮式或在笼盖上做个凹形槽代替（图 4-3）；豚鼠、兔、猴的给料器为箱型，悬挂于笼壁上；犬、猫的给料器是盘形或碗钵形。粉末饲料用料槽或料斗。给料器的放置应适合动物采食，防止饲料散落，保证食物清洁。目前已有自动给料装置正在试用。

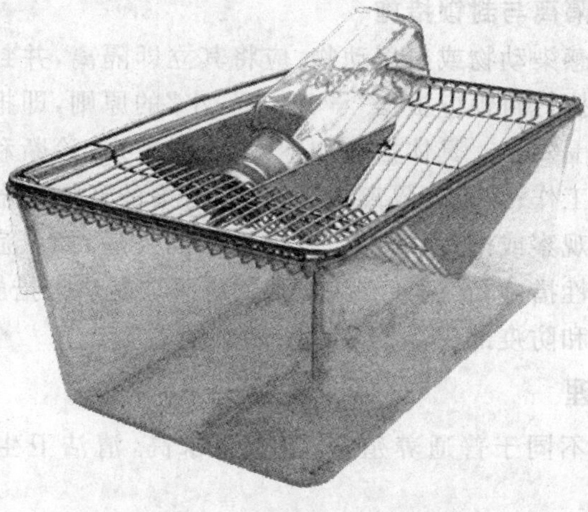

图 4-3　给料器、给水器

给水器有饮水杯、饮水瓶和自动饮水装置。饮水瓶用玻璃、塑料或金属制品。饮水瓶要安装牢靠，适合动物吮吸。供水时，必须确认前端管内没有气泡停留，管子不应接触铺垫物以免造成漏水。瓶中剩水不可利用，需定期更换，饮水瓶要清洗灭菌。一般饮水瓶大小为 200～500 mL，饮水管内径为 5～6 mm。自动饮水装置是由贮水桶、饮水嘴和配管三者组成。饮水嘴安装在笼箱或围栏内让动物自由摄取。使用自动饮水装置要特别注意饮水嘴的堵塞及漏水。自动饮水装置最好配备减压和过滤装置。饮水杯可用于猫、犬、鸡等，应有防护措施，安装牢靠，防止污染。

（六）防疫

1. 实验动物的防疫原则及措施

严格遵守国家颁布实施的实验动物饲养管理条例、法规。具体措施有：①制定科学的饲养管理和卫生防疫制度，并严格执行；②各类动物分开饲养，防止交叉感染；③严禁非饲养人员出入饲养室，购买或领用实验动物者不得进入饲养室；④饲养人员认真做好各项记录，发现情况应及时报告；⑤定期对实验动物房舍、用具等进行消毒，减少各种微生物的入侵和繁殖；⑥坚持自繁自养的原则，如确需引进外来动物，要严格检疫，确认无病后才能合群饲养或投入使用，严禁从疫区引进实验动物；⑦定期对实验动物进行免疫接种，提高其防病、抗病能力；⑧定期对饲养管理人员进行健康检查，有人畜共患病者不得从事实验动物工作；⑨饲料和垫料库房应保持干燥、通风、无虫、无鼠；⑩出现疫情应及时上报，迅速隔离患病动物，危害性大的疫病采取封锁等综合性措施，焚烧患病动物，对污染的环境及用具进行严格彻底的消毒。

2. 实验动物的隔离与封锁措施

一旦出现可疑感染动物或患病动物，应将其立即隔离，并封锁场地，将疫情控制在最小的范围。执行封锁应根据“早、快、严、小”的原则，即报告疫情要早、行动要快、封锁要严、范围要小。具体措施如下：①及时发现、诊断和上报疫情，并通知邻近单位做好预防工作；②迅速隔离患病动物，污染的环境和器具紧急消毒，实验用动物应停止实验观察或淘汰；③发生危害性大的疫病，如鼠症、流行性出血热等应采取封锁等综合性措施；④病死和淘汰动物应采取焚烧等措施合理处理；⑤应及时报上级管理部门和防疫部门。

（七）卫生管理

实验动物饲养不同于普通养殖业，卫生要求高，清洁卫生、消毒与灭菌工作量大。

1. 清洁卫生

①环境卫生植树，绿化场区，种植花草，填平水坑，清除污物、垃圾，消灭蚊、蝇滋生地。特别注意肥料堆积处，焚尸炉、化尸池周围，饲料加工车间周围的卫生。

②动物房的卫生。定期清除墙壁、四角的浮尘及异物；定期用消毒液喷洒墙壁与地面。中、大型实验动物应每天用高压水龙头冲洗厩舍地板，清除粪尿；铺垫草的厩、窝，应勤换垫草，至少每周将整个垫草全部清出 1 次，用水仔细冲洗厩、窝。

③笼架与笼盒。国外实行笼架与笼盒整套置换法，即将清洗与消毒过的一套笼盒与笼架推入动物房，将小型动物置入清洁的笼盒内；肮脏的笼架与笼盒推到清洗消毒房内用清洗机进行清洗。如实验动物场不备有上述设备，至少要有与使用笼盒等量的周转笼，以便更换洗涤和消毒。笼盒至少每周更换 1 次。

④饮水瓶、料斗、饲槽等附属设备在使用前必须消毒，定期更换、清洗，至少每周进行 1 次。户外饲养的动物，最好在运动场顶部架设铁丝网，以免飞禽与野生动物侵入饲槽。每周至少将槽内残余饲料、饲草清除 1 次，用消毒药消毒饲槽内外，尤其注意 4 个底角，最后用清水清洗干净备用。

⑤工作人员的清洁卫生。凡进入动物饲养区的职工，必须根据动物的级别按规定洗手或洗澡，消毒手臂，穿戴工作衣帽与胶靴、防护手套等。衣着必须整洁，定期清洗消毒。

2.动物房舍消毒

(1)空舍消毒

动物全部移出动物房后的消毒称为空舍消毒,其程序大致如表4-1所示。

表4-1 空舍消毒程序

时间	工作内容
0	将动物全部清理转移出饲养室(被传染病感染的动物应在室内杀死,装入塑料袋密封,对塑料袋表面消毒后,转移出饲养室焚烧处理),用除虫剂进行灭虫
第1天	用3%~5%来苏儿喷雾消毒后,将能耐高温器材转移出饲养室,清除所有污物
第2天	用2%热烧碱(氢氧化钠)水洗刷墙壁、门窗、天花板、地面,再用大量高压水清洗
第3天	通风干燥
第4天	关闭空调与通风口、人员更衣入室,用0.1%~0.2%新洁尔灭或3%~5%来苏儿喷雾消毒
第5天	通风干燥
第6天	对墙壁、门窗、天花板、地面,尤其死角、排水沟,再次消毒
第7天	通风干燥
第8天	人员更衣入室,用水喷湿墙壁、地面、天花板及一切用具,用薄膜、胶带密封整个饲养室的门、窗与通风口等,保持室温在25℃,按15 mL/m^3福尔马林加7.5 g高锰酸钾熏蒸,在浴后更衣室放上灭菌工作服备用
第9~10天	熏蒸24~48 h后启动进排气口通风
第11~13天	通风换气
第14天	用于消毒的容器移出屏障,经高温或药液浸泡消毒后的物品放入饲养室,等待引入新动物

(2)福尔马林熏蒸消毒

消毒前应用2%烧碱水进一步地洗涤墙壁、地面、天花板和通风管道外壁,洗去脏垢,消除油污,最后打湿墙壁、地面和天花板,屏障动物房用灭菌溶液灌满传递渡槽箱,除洗澡间最外的一个门以外,打开各个房门,以便在熏蒸时熏蒸的气体能贯穿各个房间,特别是整个洗澡间,用塑料薄膜或塑料板加胶带纸密封动物房外部的进气口、排气口,在内更衣室放置一套灭菌工作服以便熏蒸消毒后第一次进入屏障动物房时使用。熏蒸消毒溶液每立方米用福尔马林溶液15 mL、高锰酸钾

7.5 g,熏蒸时将福尔马林徐徐倒入高锰酸钾中,熏蒸消毒的温度应不低于 25℃,相对湿度 80% 以上,采用电炉加热的要掌握好加热时间,及时切断电源。熏蒸至少保持 24 h,然后打开进气口的密封,启动空调机和进气风机,几分钟后移开排气口密封的封帽,启动排气扇,至少排气 2 d 后人才能进入动物房,喷洒 30% 的浓氨水,按每立方米 2～5 mL 可迅速中和空气中的甲醛。如果动物房属于一个大建筑的一部分,熏蒸消毒前应发出警报,并充分估计熏蒸可能渗漏到其他房间的危险。

(3)防虫、防野鼠

屏障环境实验动物房,在设计时应考虑到动物房的昆虫和野鼠的控制,并备有防虫、防鼠的设备,如采用无外窗、全封闭的房舍,尽量少开与外界相通的门,对外的门加设一道纱门,并安装自闭装置,在进门处设有防鼠挡板,所有的下水口都有存水弯和密封盖。开放环境的动物房如犬舍、猴舍,动物房内总是有各种昆虫进入。在运送垫料、垫草、饲料、动物时往往会带入昆虫或钻入野鼠,这些昆虫、野鼠往往传播寄生虫与某些动物传染病。因此,应定期在动物房地板的四边、墙角等处喷杀虫剂、灭鼠剂,搞好环境卫生。选择杀虫剂、灭鼠剂时必须考虑动物安全和实验的项目,选择不干扰实验的药物,关好动物,不让动物与药物相接触,也不让药物有污染饲料和饮水的可能。

(八)大、小鼠的日常饲养管理

1.进入屏障动物房的准备

人员进入屏障前必须沐浴、穿无菌隔离服,佩戴帽子、口罩和乳胶手套等。

2.进入后的观察

人员进入后,首先巡视整个动物房,观察有无异常情况,并做好记录。

3.大、小鼠的喂料

①屏障动物房宜采用每天加料的做法。这能减少因动物磨牙、咬碎饲料而造成的浪费;在潮湿的霉雨季节,也能防止饲料的霉变。②每天给鼠盒加料一次,加料时打开饲料袋,用加料勺向盒盖上加料。③加料的量取决于动物的大小和数量,以到第二天上午检查时每盒剩下 1～2 根饲料为宜。④应注意观察记录动物采食的量,饲料太硬或霉变时,动物采食减少,饲料太松,鼠因磨牙啃咬,撒漏的碎料太多,浪费大。

4.大、小鼠的喂水

①每周 2～3 次更换饮水瓶,换水瓶时将经洗涤灭菌的饮水瓶装满洁净水,塞紧瓶塞。②将饮水瓶装箱推入动物房,从鼠盒的盒盖上取下用过的水瓶,丢入存放箱中,同时取一新装满水的水瓶插在盒盖上。③每插上一个水瓶,观察一会儿,确信饮水瓶不会漏水,漏水的饮水瓶不得使用。④一般不采用向瓶中加水的方式,更

换下的水瓶取出后，清洗灭菌后再进入。

5.大、小鼠换盒

①在清洁消毒间，将灭菌垫料装入消毒后的鼠盒中，一盒盒叠起，送入动物房。②从鼠架上取下鼠盒放置于工作车上，颠倒饮水瓶，取下鼠盒盖放于鼠盒旁。③用镊子或戴有灭菌手套的手轻轻抓住鼠尾近根部，将鼠提起放入干净的笼盒中，盖上原鼠盖，插上饮水瓶，放回鼠架。注意盒盖上的标签不要失落或搞错。④将换下的笼盒叠放后，打开通向次清洁走廊的门，将笼盒推次清洁走廊，待所有饲养室工作结束后，进入次清洁走廊，收集鼠盒，经缓冲间进入洗涤室。⑤更换垫料的同时，做好断奶、分群工作。

6.卫生消毒

①每日工作结束后及时打扫房间，保持动物房的地面、墙壁、顶棚室内一切设施洁净卫生，无饲料、垫料的碎屑、无垃圾、无污迹。②用配好的消毒液，每天擦拭墙壁1次，每周擦拭顶棚1次，换盒料后，用消毒液擦拭饲养架、各种器具。③饲育区内各类用具、物品摆放整齐，并保持清洁，与饲育动物无关的物品不得带入或存放在饲育区内。④工作过程中的废弃物用垃圾袋收集好，经次清洁走廊送至焚烧间。

7.记录

工作过程中及时认真做好各项卡片记录，遇到问题及时汇报解决。

（九）兔的日常饲养管理

实验兔的生产目的与各种经济兔的生产不同。前者对外界环境条件的敏感性强、适应性差，并且要求背景资料齐全。所以在繁育生产和试验研究过程中，不仅要按着兔群的微生物学控制的等级提供相应的环境条件，还必须按照家兔的生物学特性进行科学的程序化管理。

1.饲料应符合家兔生物学特性

充分利用颗粒饲料营养全面、适口性好的优点，特别应注意的是在家兔的配合饲料中应保证足够量的纤维素的供应。

2.饲料喂给要定时定量、少喂勤添

这样既可养成家兔良好的进食习惯，有规律地分泌消化液，便于对饲料的消化和吸收，也可以提高饲料的利用率。家兔采食频繁，一般每天30～40次，但每次采食的时间短，所吃饲料也少，2～8 g，在午夜至天亮之前，兔采食的饲料占采食量的70％。

3.掌握适宜的喂量

一般种公兔每天的饲料供应量为130～150 g，种母兔的供应量为160～250 g，可视家兔的健康状况及生产情况而定。对于幼兔要严格掌握给料量，因其贪食且消化机能尚不完善，极易因过量采食而引起消化不良。

国内外也有实行自由采食，一般每只兔日采食量为150～200 g，虽有降低劳动强度、减少管理费用的优点，但饲料的浪费较高。

4. 要保证充足的饮水

水是生命活动所必不可少的物质，一年四季均应保证有充足的水的供应，并应注意水的质量应符合相应微生物控制级别的要求。一级家兔的饮用水要符合城市生活用水标准，二级家兔的饮用水要经灭菌或用酸化水（用盐酸将水的 pH 调至2.5～2.8）。

5. 保持安静，防止骚扰

家兔胆小易于受惊，因此在管理中应注意饲养操作尽可能轻、稳、静，保持安静的环境，还要防止其他动物对其造成骚扰。

三、掌握常用动物实验技术

（一）实验动物的保定

1. 家兔

右手抓住家兔颈部皮肤，将其轻轻提起，用左手托住其臀部，使家兔的身体重量承托于手中，然后按实验要求加以固定。因家兔的耳朵非常敏感，不要抓兔耳提取家兔，也不要抓取家兔的四肢，家兔脚爪锐利，其挣扎时可能会抓伤实验者（图 4-4）。

图 4-4　兔的捕捉保定方法

2. 小鼠

先用右手抓住鼠尾部将鼠提起，放在粗糙的台面或鼠笼盖上，向后轻拉鼠尾，在其向前爬行时，用左手拇指和食指沿其背部向前迅速捏住小鼠的两耳和颈后部皮肤，使其不能转头，然后将鼠体置于左掌心中，翻转左手，右手拉住小鼠尾部，将后肢拉直，并以左手无名指和小指压紧尾部和后肢，使小鼠呈一条直线。熟练者也可采用左手一手抓取法。抓取时须注意，用力过轻小鼠头部能够反转咬伤实验者的手，过分用力则会使小鼠窒息或颈椎脱臼（图 4-5）。

3. 大鼠

大白鼠的固定方法基本与小白鼠相同，但最好带防护手套进行。大鼠个头较大时，应靠近其尾巴基部抓持，用左手从背部中央到胸部捏住。另一种方法是，以右手抓住鼠尾，左手戴防护手套或用厚布盖住鼠身作防护，握住其整个身体，并固定其头部防止被咬伤，但不要用力过大，勿握其颈部，以免窒息死亡（图 4-6）。

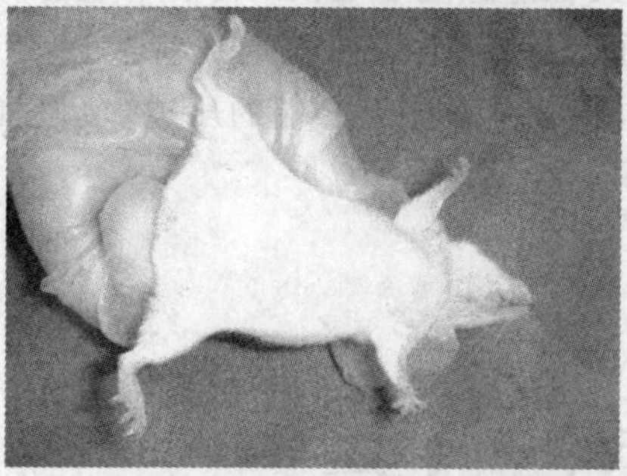

图 4-5　小鼠的捕捉方法

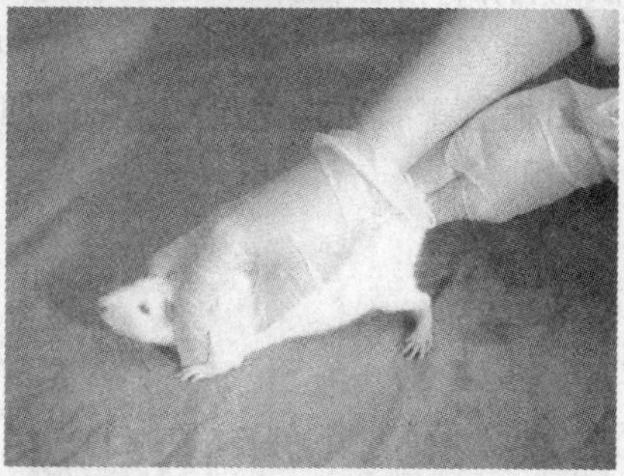

图 4-6　大鼠的捕捉方法

4. 豚鼠

先用右手掌轻轻扣住豚鼠背部，抓住其肩胛下方，以拇指和食指抓住颈部将其轻轻提起。体重较大或怀孕的豚鼠，可用左手托其臀部。固定方法基本同大、小鼠，用木制固定板和线绳固定。豚鼠生性胆小，当其受惊时，会在笼子内急转，易造成自伤。故抓取时要稳、准、快，不能太粗野；不能抓其腰腹部，防止造成肝破裂而死亡（图 4-7）。

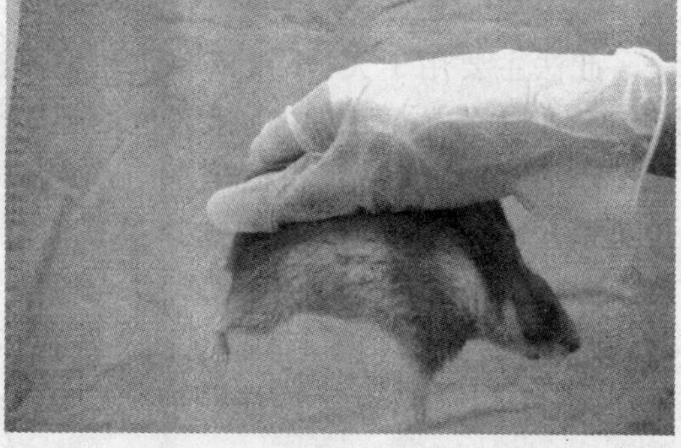

图 4-7　豚鼠的捕捉保定方法

(二)实验动物的给药途径和方法

1.静脉注射法

(1)静脉注射法分类

因实验所用动物的不同,静脉注射血管部位也不同,一般静脉注射可包括以下几种。

①耳缘静脉注射法。耳缘静脉注射主要用于家兔、豚鼠等。注射方法:固定兔耳,找到耳的外侧缘皮下静脉,拔去注射部位的毛,用酒精棉球涂擦耳缘静脉部位皮肤,并用手指轻轻弹动该处(或先用一动脉夹在静脉近心端夹闭静脉),使静脉充盈。然后左手持平耳缘部,右手持注射器从血管远端刺入(针头与血管成近 30°夹角),沿血管平行方向进针约 1 cm,回一下血,放松对静脉近心端的压迫,缓慢推入药液(图 4-8)。

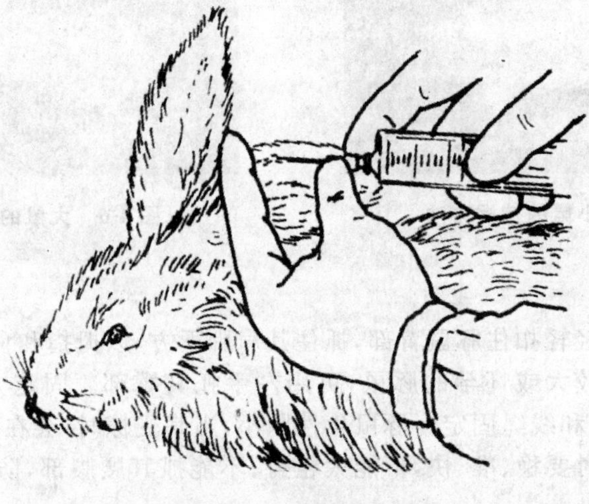

图 4-8 兔耳缘静脉注射

②尾静脉注射法。此法主要用于大、小白鼠等。注射方法:把动物固定在特制的固定器中,露出尾部,剪去左右两侧尾静脉部位的毛。将鼠尾浸于 45℃左右的温水中加温或用 75%酒精棉球反复涂擦尾部,以使静脉血管充分扩张、表皮角质软化。左手拉直鼠尾,在鼠尾左或右侧选择扩张明显的静脉血管并使其向上。右手持注射器,在血管靠近尾端 1/4 处使针头与血管成 30°夹角,轻轻刺入。再将针头稍抬起,在尾静脉血管内平行进针,回一下血后,用左手拇指、食指和中指固定针头与鼠尾,右手以适当速度推注药液。一般采用 4 号针头进行注射(图 4-9)。

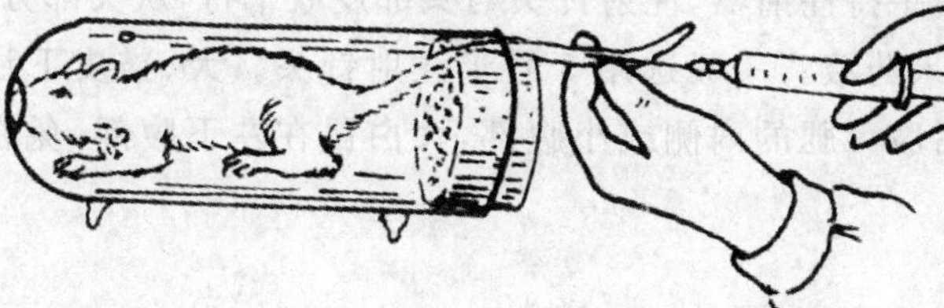

图 4-9 小鼠尾静脉注射

（2）静脉注射注意事项

①静脉注射开始前，应先仔细核对药物名称，准确吸取药量。排尽注射器内的空气，避免其进入静脉内形成气栓。

②静脉注射要尽量从相应部位的远端血管处开始，假如注射失败，应拔出针头从靠近原注射点的近端部位再次进针，直至注射成功。如进针后回抽针栓不见回血，或推注时阻力较大且局部肿胀发白出现皮丘，便说明针头未刺入静脉血管。

③注射过程中应减少动物注射部位的活动，防止针头滑脱。若动物挣扎应暂缓推注，固定好针头，待动物安静后，再继续给药。

④静脉注射给药的速度要缓慢均匀，以免扰乱循环和呼吸系统的生理功能。

⑤注射完毕，用一棉球按住针眼，拔出针头，继续压迫片刻，以防针眼处出血。

2. 腹腔注射法

腹腔注射多用于小鼠、大鼠和豚鼠等注射方法：用大、小白鼠做实验时，左手固定动物，使其腹部向上，右手持注射器将针头从下腹部腹白线偏左侧插入皮下，使针头向头部方向推进几个毫米，再以 45°角穿过腹肌刺入腹腔内，固定针头，回抽针栓，如无回血或尿液，便可缓慢推注药液。可用 5 号半注射针头。注射时应使动物取头低位，使内脏尽量移向上腹部，以避免伤及内脏。较大动物如家兔或犬等，腹腔注射的进针部位为下腹部的腹白线旁开 1～2 cm 处（图 4-10）。

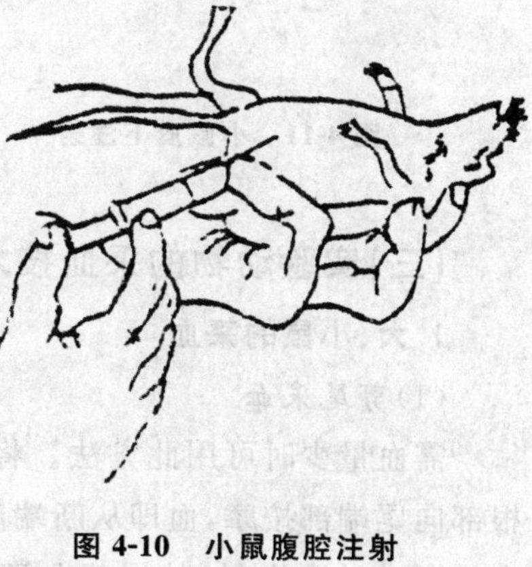

图 4-10 小鼠腹腔注射

3. 皮下注射

皮下注射最常用于小白鼠。注射部位多在颈背部。注射方法：以左手拇指和食指提起颈背部皮肤，右手持注射器，注射针头与头部皮肤平行，从头部方向进针，插入皮下。然后缓缓注入药液。一般选用 5 号半注射针头。犬、猫皮下注射部位多在大腿外侧，豚鼠在后肢大腿的内侧或小腹部，大白鼠在左下腹部，兔在背部或耳根部(图 4-11)。

4.肌内注射法

肌内注射应选择肌肉发达、毛细血管丰富、无大血管通过的部位，一般多选臀部或股部。注射方法：先剪去注射部位皮肤的被毛，右手持注射器，将针头垂直迅速刺入肌肉，回抽针栓，如无回血即可推注药液。注射完毕，用手轻轻按摩注射部位，以促进药液吸收(图 4-12)。

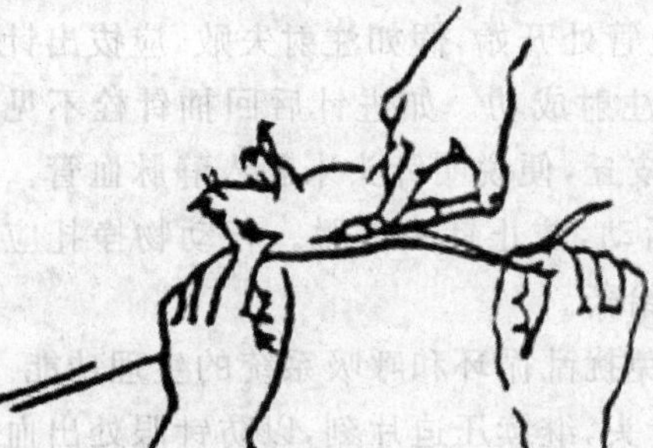

图 4-11　小鼠皮下注射

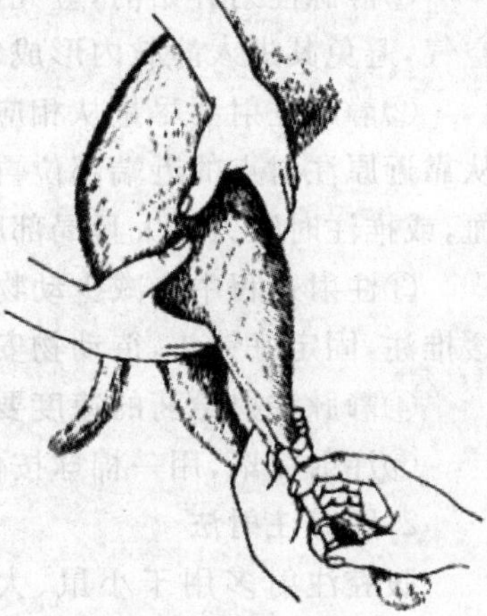

图 4-12　肌内注射

(三)实验动物的采血技术

1.大、小鼠的采血

(1)剪尾采血

需血量少时可用此方法。将动物固定，显露尾部，将尾尖剪去约 5 mm，从尾根部向尾端部按摩，血即从断端流出。若用二甲苯棉球涂擦尾部或事先将鼠尾浸在 45℃水中数分钟，使尾部血管充盈，可采到较多的血，但注意二甲苯可致溶血。也可用锋利刀片割破尾动脉或尾静脉，让血液自行流出，采血后，消毒，止血。如将动物麻醉取血量可更多些。小鼠每次采血约 0.1 mL，大鼠约 0.4 mL。为了多次反复取血应尽量从鼠尾末端开始(图 4-13)。

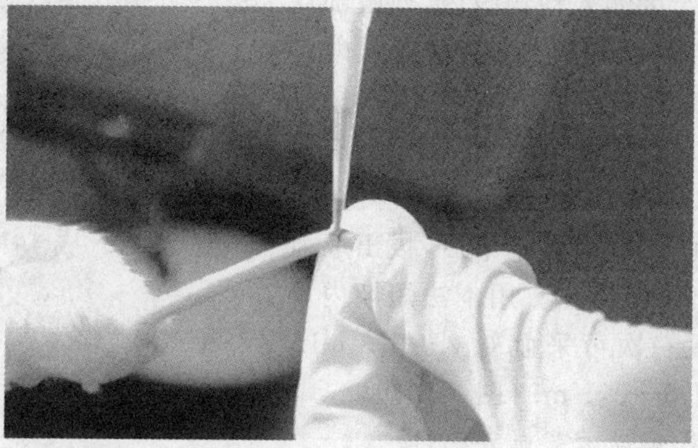

图 4-13 小鼠剪尾采血

(2)摘眼球采血

此法常用于鼠类大量采血。用左手固定动物,压迫眼球,尽量使眼球突出,右手用无钩弯镊子或弯止血钳迅速摘除眼球,立即将鼠倒置,头朝下,眼眶内很快流出血液。一般只适用于一次采血。大部动物采血后可以存活,可采另一侧眼球取血(图 4-14)。

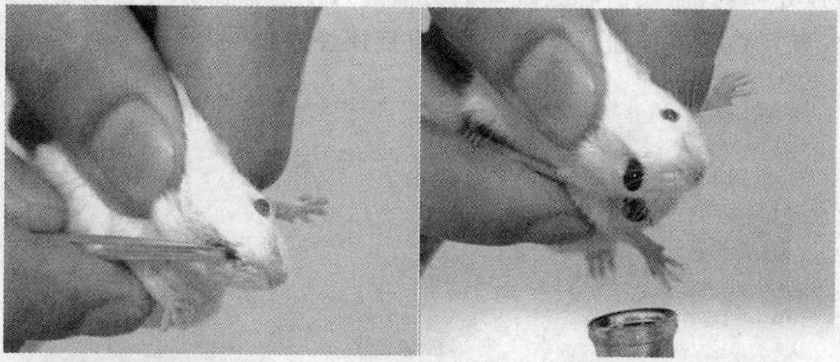

图 4-14 小鼠摘眼球采血

(3)眼眶后静脉丛采血

用 7～10 cm 长的玻璃取血管,其一端内径为 1～1.5 mm,另一端逐渐扩大,细端长约 1 cm 即可,将其尖端折断,使其锋利。将取血管浸入 1%肝素溶液,干燥后使用。采血时,左手拇指和食指抓住鼠两耳之间的皮肤使鼠固定,并用中指配合,轻轻压迫颈部两侧,阻碍静脉回流,使眼球充分外突,提示眼眶后静脉丛充血。

可用少量1%可卡因滴入动物眼内，使眼部局部麻醉。右手持取血管，将其尖端插入内眼角与眼球之间，轻轻向眼底方向刺入，小鼠刺入2～3 mm，大鼠刺入4～5 mm，当感到有阻力时即停止刺入，旋转取血管以切开静脉丛，血液即流入取血管中，采血结束后，拔出取血管，放松左手，出血即停止。用本法短期内可重复采血。小鼠一次可采血0.2～0.3 mL，大鼠一次可采0.5～0.1 mL（图4-15）。

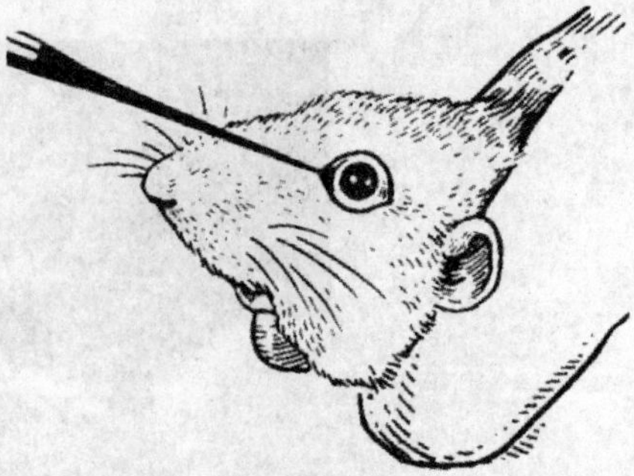

图4-15 眼眶后静脉丛采血

(4)颈静脉或颈动脉采血

将鼠麻醉，剪去一侧颈部外侧被毛，作颈静脉或颈动脉分离手术，用注射器即可抽出所需血量。也可插入导管，反复采血。

(5)断头采血

操作者左手拇指和食指握住鼠颈部，头朝下，用利剪在头颈间1/2处迅速剪动物头部，提起动物，血液即可流入准备好的容器中。

(6)心脏采血

将动物麻醉，使其仰位固定，剪去胸前区毛，消毒皮肤，在左侧第3～4肋间选择心博最强处穿刺，血液借心脏跳动的力量进入注射器。亦可在动物麻醉后，切开动物胸腔，直视心脏内抽血或剪破心脏，直接用注射器、吸管等吸血（图4-16）。

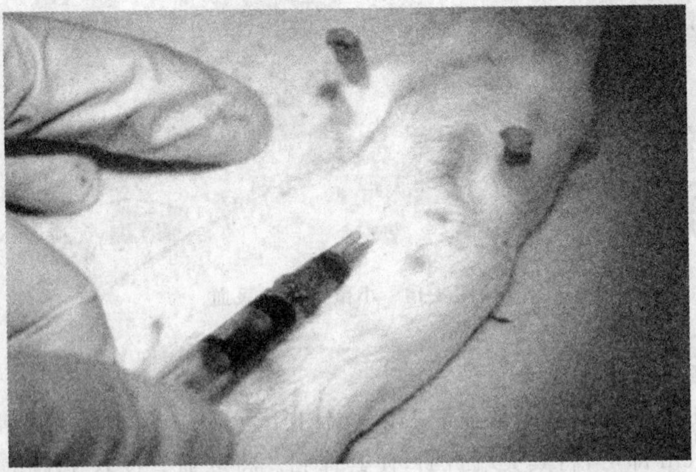

图4-16 小鼠心脏采血

2. 豚鼠的采血

(1)耳缘切口采血

先将豚鼠耳消毒，用刀片割破耳缘，在切口边缘涂上20%的柠檬酸钠溶液，防止血凝，则血可自切口处流出。此法采血每次可采0.5 mL左右。

(2)背中足静脉采血

固定豚鼠，将其右或左后肢膝关节伸直，脚背消毒，找出背中足静脉，左手拇指和食指拉住豚鼠的趾端，右手将注射针刺入静脉，拔针后立即出血。采血后，用纱布或脱脂棉压迫止血。

(3)心脏采血

选心跳最明显的部位把注射针刺入心脏，血液即流入针管。心脏采血时所用的针头应细长些，以免发生采血后穿刺孔出血(图4-17)。

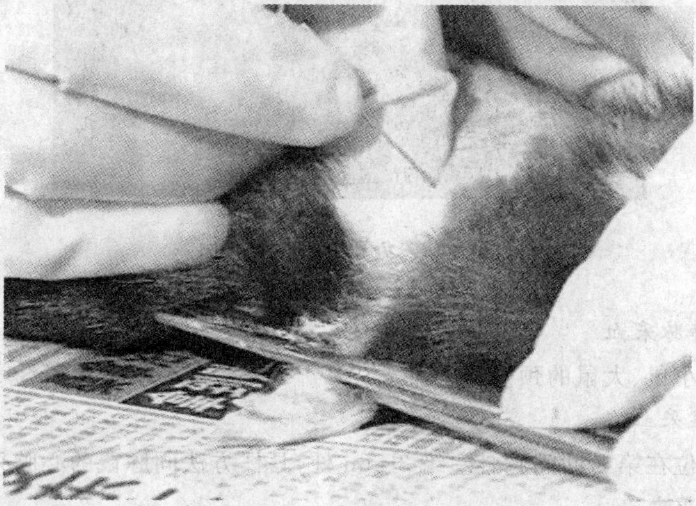

图4-17 豚鼠心脏采血

3. 兔的采血

(1)耳缘静脉采血

将兔固定，拔去耳缘静脉局部的被毛，消毒，用手指轻弹兔耳，使静脉扩张，用针头刺耳缘静脉末端，血液即流出。本法为兔最常用的采血方法，可多次重复使用。

(2)耳中央动脉采血

在兔耳中央有一条较粗的、颜色较鲜红的中央动脉。用左手固定兔耳，右手持注射器，在中央动脉的末端，沿着与动脉平行的向心方向刺入动脉，即可见血液进入针管。由于兔耳中央动脉容易痉挛，故抽血前必须让兔耳充分充血，采血时动作要迅速。采血所用针头不要太细，一般用 6 号针头，针刺部位从中央动脉末端开始，不要在近耳根部采血(图 4-18)。

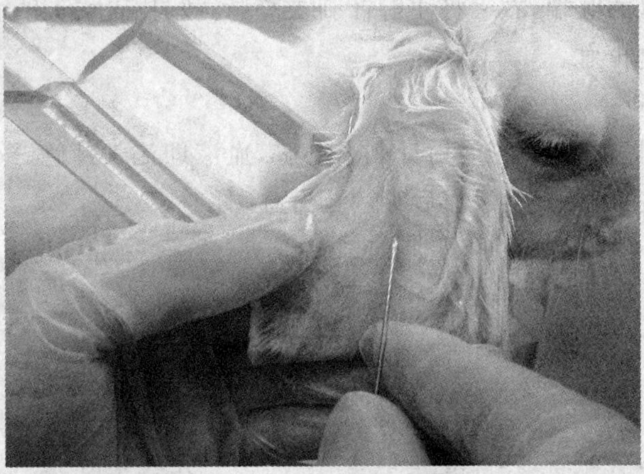

图 4-18 兔耳中央动脉采血

(3)颈静脉采血

方法同小鼠、大鼠的颈静脉采血。

(4)心脏采血

穿刺部位在第 3 肋间胸骨左缘 3 mm 处，具体方法同豚鼠的心脏采血。

4.鸡的采血

(1)静脉采血

将鸡固定，伸展翅膀，在翅膀内侧选一粗大静脉，小心拔去羽毛，用碘酒和酒精棉球消毒，再用左手食指、拇指压迫静脉心脏端使该血管怒张，针头由翼根部向翅膀方向沿静脉平行刺入血管。采血完毕，用碘酒或酒精棉球压迫针刺处止血。一般可采血 10～30 mL。少量采血可从翅静脉采取，将翅静脉刺破以试管盛之或用注射器采血。

(2)心脏采血

将鸡侧位固定，右侧在下，头向左侧固定。找出从胸骨走向肩胛部的皮下大静脉，心脏约在该静脉分支下侧；或由肱骨头、股骨头、胸骨前端三点所形成三角形中心稍偏前方的部位。用酒精棉球消毒后在选定部位垂直进针，如刺入心脏可感到心脏跳动，稍回抽针栓可见回血，否则应将针头稍拔出，再更换一个角度刺入，直至抽出血液。

四、了解实验动物福利体系

近年连续出现的“给活猪注水”、“毒死宠物狗”、“宣扬敌对动物混养导致狒狒被老虎咬死”、“硫酸伤熊”等动物受虐待的事件，频频引起社会和媒体的关注。人们发现，我们生活的世界竟是这么多动物的苦难场。于是，人们渴望能有一套理念和机制阻止这类事件再次发生。于是，“动物福利”这个词越来越多地出现在媒体上。

人类与动物应当是平等的吗？人类应该满足动物们维持基本生命和健康的需求吗？在人类满足自身利益的同时，是否该以法律约束自己，不给动物带来痛苦？对虐待农场动物、实验动物、伴侣动物、工作动物、娱乐动物和野生动物的人，该不该用法律给予处罚？

动物福利(animal welfare)是指人为提供给动物的相应物质条件和采用的行为方式，要保证动物在健康舒适的状态下生存，使动物处于生理和心理愉快的感受状态。

(一)动物福利的渊源

19 世纪初，欧洲的一些有识之士最早把同情的目光投向动物，并在法律实践中解决这个道德议题。1809 年一位英国的勋爵提出一项法案，要求禁止虐待动物。这项法案在当时遭到人们的嘲笑，结果，虽然在上院获得通过，但在下院被否决。但是，随着时间的推移，社会的进步，人们关于动物利益的思考渐趋成熟。1822 年，“人道主义者”马丁提出禁止虐待动物议案，真正获得上下两院通过，这项法案就叫《马丁法》。《马丁法》是世界上第一个反对虐待动物的法律，首次认定虐待动物本身是一种犯罪，是动物福利保护史上的里程碑。人们对待动物的态度从此开始了微妙的变化。《马丁法》不仅影响到英国的民众，也影响到其他国家。1850 年，法国通过了反虐待动物法律。与此同时，爱尔兰、德国、奥地利、比利时和荷兰等国家相继也通过了反虐待动物法律。1866 年，美国成立了“禁止虐待动物协会”，并迅速通过了《反虐待动物法案》。

到了 19 世纪末开始以后，随着动物越来越多地用于生物医学研究的实验中，实验动物的福利就成了人们关注的焦点，各个国家相关的法律和条款相继颁布。美国联邦政府 1966 年颁布的《动物福利法》，正是在这种背景下出台的，经过 1970 年、1976 年、1985 年、1990 年的修订和增加条款，不断地完善。有关实验动物福利的主要内容大多包括在相关动物福利法中，有些国家也专门颁布了单行法，专门用于保障生物医学研究中实验动物的福利。如 1876 年英国颁布了全世界第一部与动物实验有关的法律《防止虐待动物法》，以后又颁布了《实验动物保护法》、《狗的繁殖法案》等。美国联邦政府在 1966 年颁布了《动物福利法》后，1985 年又颁布了《改善实验动物标准法》、《卫生研究扩展法》。在西方国家，实验动物福利的保障在这些法规的实施中得以具体落实。

(二)动物福利的内涵

动物福利一般强调保证动物健康、快乐的外部条件。当外部条件无法满足动物的健康、快乐时，就标志着动物福利的恶化。

满足动物的需求是保障动物福利的首要原则。动物的需求主要表现在以下 3 个方面：维持生命需要、维持健康需要和维持舒适需要。这 3 个方面决定了动物的生活质量。人为地改变或限制动物的这些需要，会造成动物行为和生理方面的异常，影响动物的健康，影响我们科学实验的真实性。

解除动物的痛苦，让动物享有如下五大自由，是保障动物福利的基本原则：

①享有不受饥渴的自由；

②享有生活舒适的自由；

③享有不受痛苦伤害和疾病的自由；

④享有生活无恐惧和悲伤感的自由；

⑤享有表达天性的自由。

知识拓展：动物实验：科学道义难两全

对医学研究而言，动物实验对人类的贡献不言而喻。但没有人确切知道，那些用于实验的动物承受了怎样的痛苦。但大部分科学家会说：没有人喜欢用动物做实验，这是不得已的选择。科学就是要找到侵入性最低、在伦理上最可接受的选择。在科学领域，总存在动物实验是否必要这一问题。科学家们也会从物种等级角度去考虑问题。能用虫子做实验，他们就不会用老鼠；能用老鼠，就不会用兔子。只要可以用任何其他动物代替，就不会用灵长类动物。支持动物实验的科学家们认为，动物保护主义者们往往夸大动物实验的残酷性，却无视其存在的必要性。只有当找到更好的替代对象，动物实验才有可能停止。与此同时，随着新一代生物制药学（从活体生物萃取药物）的开发，可能需要越来越多的动物实验。

复习思考题

1. 常用的实验动物有哪些？
2. 实验动物的采血其技术要点有哪些？
3. 常用实验动物的饲养管理要点有哪些？

项目五　生物制品基本技能

生物制品是利用天然或人工培养的微生物、寄生虫及其代谢产物或免疫应答产物制备的一类物质。因此，制备生物制品的前提之一就是要获得各种微生物，如细菌、病毒等，并对其进行筛选、培养、保藏等。通过本项目的学习，要求掌握菌种的培育与保藏技术，掌握细菌的培养技术，能进行菌种的培育和保藏，以及进行细菌的规模化培育。

一、菌种、毒种的筛选、培育与保藏技术

兽医微生物菌种和毒种是国家的重要生物资源，在动物医学的教学、科研和生产实践中起着重要的作用，是生物制品生产、检验与研究必不可少的物质基础。尽管动物生物制品（尤其兽用疫苗）种类很多，但它们多是由菌种和毒种发展而来。因此，生产用菌种和毒种是动物生物制品生产的关键，也是生物制品质量的直接保证。自然界存在多种多样的微生物，而且还在不断地出现新的毒株。由于生物制品用途的不同，所选择的菌种和毒种也各异，有致病力强、抗原性好的，有的则要求致病力弱或仅有感染性而无病害性、免疫原性高的菌（毒）种。所以，动物生物制品菌种和毒种的筛选的基本原则是：根据所生产的生物制品的用途、使用方法、使用方式、生产过程和条件等因素，从细菌和病毒的安全性、免疫原性、遗传稳定性及生产实用性等方面进行评价和筛选。

（一）动物生物制品菌（毒）种标准

生物制品用强、弱菌（毒）种除毒力标准不同外，还需符合下列标准。

1. 生物学特性明显、历史清楚

菌种的形态、培养特征、生化特性及血清免疫学特性明显，易于鉴别；菌（毒）种人工感染动物引起稳定一致的临床症状和病理变化特征。原始细菌或病毒株的来源地区、动物品种和流行资料应清楚；分离鉴定资料完整；传代、保藏和生物学特性检查方法明确。

2. 遗传学上相对纯一与稳定

菌（毒）株是一个相对群体，在传代增殖过程中受不同性状的改变主要表现在形态特征、毒力和反应原性、免疫原性等方面，因此要求生物制品用菌（毒）的这种改变或分离越小越好。为提高或保持菌（毒）种纯一性和稳定性，应经常进行挑选、

纯化或克隆化,例如羊痘鸡胚化毒种在经过羊体传代 2～4 代复壮和纯化后方能用于制造疫苗。

3. 反应原性与免疫原性优良

优良的反应原性与免疫原性是生物制品菌(毒)种标准的重要指标。反应原性高,即使微量抗原物质进入机体即能产生强烈的免疫反应,在血清学上会出现很高的特异性。优良的免疫原性物质能使免疫动物产生完善的免疫应答,从而获得坚强的免疫力。通常也可通过浓缩、提纯或导入佐剂等方法提高制品的免疫效果。

4. 毒力应在规定范围之内

用于制造弱毒疫苗的菌(毒)种,在保持良好免疫原性的前提下,其毒力尽可能弱些;用于制造抗血清、灭活疫苗和疫苗效力检测的菌(毒)种应为强毒力菌(毒)种,而且抗原性要尽量高。强毒力细菌的毒性物质一般为细菌毒素,在未处理前的毒力极强,对动物不安全,所以必需对其致病力进行测定。如果用于制造灭活疫苗,在生产过程中必须注意彻底灭活,并加强疫苗的安全性检验。

(二)强菌(毒)种选育

强菌(毒)种广泛用于诊断制品、抗病血清、灭活疫苗和疫苗制品的效力检验,用作人工培育弱毒株的原始毒种,并用于微生物学、免疫学及动物传染学等研究。强菌(毒)种常从疾病流行地区的典型患病动物体内分离。在疾病流行初中期,从临床症状和病理变化典型而又未经任何治疗的患病动物可分离到毒力强和抗原性良好的自然菌(毒)株,如我国的石门系猪瘟病毒和多杀性巴氏杆菌 C44-1 等。然后,用从各地分离的自然强菌(毒)株中筛选出符合标准的菌(毒)株,供生物制品制造与检验。

图 5-1 概括了菌(毒)种的筛选程序和内容。它包括以下内容。

1. 毒力测定

常用易感实验动物、本动物、鸡胚或易感细胞测定分离菌(毒)株 MLD(最小致死量)、LD_{50}(半数致死量)、$CELD_{50}$(鸡胚半数致死量)、$CEID_{50}$(鸡胚半数感染量)或 $TCID_{50}$(细胞半数感染量)。LD_{50}、$CELD_{50}$、$CEID_{50}$和 $TCID_{50}$测定方法相似。

2. 抗原性测定

菌(毒)株的抗原性包括抗原与抗体结合发生特异性反应的反应原性和刺激机体产生抗体及致敏淋巴细胞的免疫原性。反应原性,多采用血清学方法测定,以抗体滴度或效价表示;免疫原性,多采用对免疫动物用定量原强菌(毒)株菌(毒)液攻击测定,以保护率表示。无论致病力测定或抗原性测定,均应设阴阳性对照,否则无效。

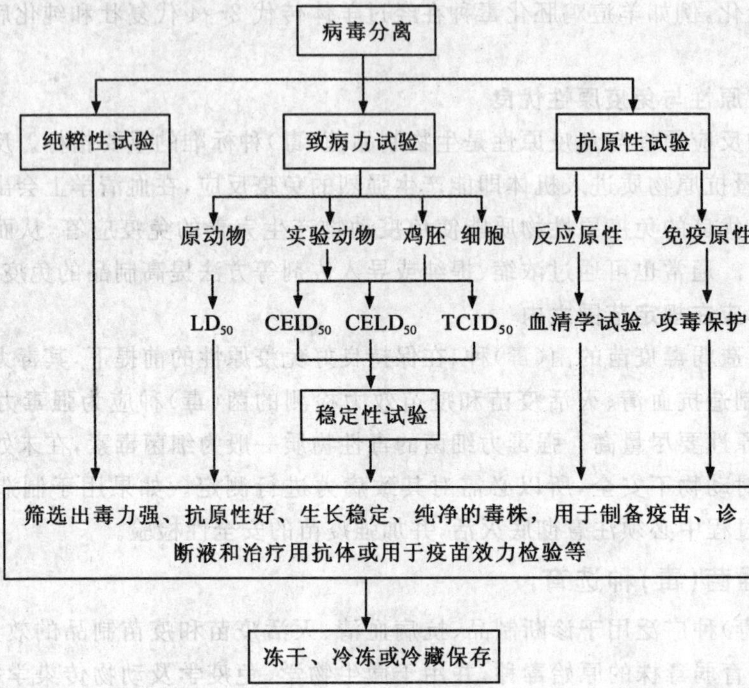

图 5-1　毒力菌种和病毒的选育过程

3.稳定性测定

对适用于培养基、鸡胚或易感染细胞上增殖培养和传代的菌(毒)株的毒力(致病力)和抗原性还要进行稳定性测定，以证明其后代特性不变，才有使用价值，并参与筛选择优。

4.综合测定，冻干保存

根据致病力、抗原性和稳定性测定结果，筛选出毒力强、抗原性好、性状稳定的菌(毒)株，经增殖后进行冻干保存。冻干后的菌种于4℃保存，冻干的病毒种保存于−20℃以下，可保存多年。通常经鉴定的菌(毒)种批，按需分装后冻干保存，可使用多年。冻干菌(毒)种一经动物传代，即应重新分离、鉴定和检测后方能供种子或种毒使用。

(三)弱菌(毒)种选育

弱毒菌(毒)种主要用于弱毒活疫苗、部分诊断制品和抗血清的制造。弱菌(毒)株的重要特征是致病力极微弱或无致病力，免疫原性优良，能使免疫动物获得坚强的免疫力。据此，就必须从自然界筛选，或以人工改变野生型强毒株的遗传特性进行培育获得。无论自然弱毒株或人工培育弱毒株，均是由 DNA 上核苷酸碱基的改变，而导致遗传性状突变及毒力降低的结果。图 5-2 概括了弱菌(毒)种的选育途径和常用方法。

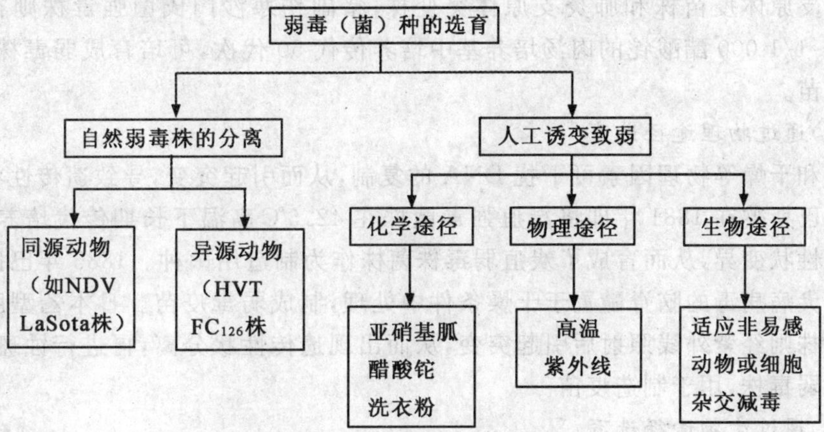

图 5-2　弱毒(菌)种的选育途径和方法

1. 自然弱毒株的选育

自然弱毒株又称自发突变毒株，由自然强毒株在自然因素作用下因遗传基因突变。这些自然因素，如异种非易感动物、温度、日光、干燥、紫外线等都可能导致细菌和病毒自发突变的原因。因此，人们往往有意或无意地从自然中分离、筛选和育成一些弱毒菌(毒)株，作为动物生物制品的种毒。例如，鸡新城疫 LaSota 弱毒株和 D50 弱毒株是从自然鸡群和鸭群中分离到的，然后再通过克隆、挑选等途径育成。鸡马立克氏病火鸡疱疹病毒 FC126 株即分离于火鸡，对鸡无致病性，其抗原性与鸡马立克氏病病毒一致。然而，微生物自发突变率往往很低，形成具有稳定性状的过程比较长，因此获得的几率不高。

2. 经典方法诱发突变弱毒株的选育

某些化学药物可引起微生物 DNA 和核苷酸碱基发生改变，从而使该微生物遗传性状产生变化，这类物质为诱变剂。某些物理因素也能引起微生物突变，使其代谢类型发生变化，从而获得遗传性状不同于祖代的毒株。某些异种非易感动物，能使强迫进入的微生物经传代诱变、适应而发生遗传性状不同于祖代的突变，也能育成弱毒株，必可交叉联合使用。

(1)通过化学途径选育

微生物在体外培养传代过程中，经诱变剂处理，可极大地提高其基因突变率，从而获得弱毒菌(毒)株。化学诱变剂在工业微生物突变株应用极广,在兽医微生物中成功的较少。亚硝基胍是一种烷化剂,具有强大的诱变作用,微量即引起微生物突变,诱变率达 1%,主要干扰 DNA 的复制。例如,通过亚硝基胍处理支原体育成了鸡支原体疫苗株和肺炎支原体突变株;猪副伤寒沙门氏菌强毒株则在含有 1/500～1/1 000 醋酸铊的肉汤培养基中培养传代 50 代次,可培育成弱毒株,用于制造疫苗。

(2)通过物理途径选育

热和干燥等物理因素可干扰 DNA 的复制,从而引起突变,导致遗传性状的改变。如巴斯德在 1881 年即将炭疽强毒菌株在 42.5℃高温下长期传代培养,导致了遗传性状变异,从而育成了炭疽弱毒株菌株作为制造用菌种。1885 年巴氏又将含有狂犬病病毒的脑脊髓置于干燥条件中处理,制成弱毒疫苗。日本乙型脑炎病毒强毒株则经紫外线照射后引起突变,从而出现遗传性状分离,再进行蚀斑挑选,育成了弱毒株,用于制造疫苗。

(3)通过生物途径选育

通过生物途径育成的弱毒株,其生物稳定性极佳,但育成过程比较长。迄今,大部分活疫苗的菌(毒)种是由该途径选育成功的。常用的育成路线有:

①适应非易感动物(非自然宿主)。通常用兔、小鼠、地鼠、豚鼠、鸡和鹌鹑等实验动物进行。其优点是动物来源广、饲养管理方便、成本低及操作简便。多采取大剂量腹腔、静脉或脑内接种。如我国的猪瘟兔化弱毒株,是将猪瘟病毒强毒株通过兔体传 400 余代后育成的;将口蹄疫 A 型及 O 型强毒通过乳鼠皮下注射或肌肉接种传代,取其肌肉含毒组织再适应于鸡胚,育成口蹄疫弱毒株;鸭瘟鸡胚化弱毒株则是将强毒株通过鸭胚 9 代和鸡胚 23 代后培育成。

②适应细胞。通常多采用同源或异源动物组织的原代细胞,或者是一种细胞,或者用两种细胞。日本育成的猪瘟 GPE 弱毒株是将猪瘟 ALD 强毒株通过猪睾丸细胞 142 代和牛睾丸细胞 36 代后,再在豚鼠肾细胞传至 41 代后育成的。我国的马传染性贫血驴白细胞弱毒株,是将马传贫驴强毒株通过驴白细胞传代育成的。

③杂交减毒。即将两种遗传性状不同的菌(毒)株,在传代培育中进行自然杂交,以导致不同菌(毒)株间基因发生交换而育成有使用价值的弱毒株。如流行性感冒弱毒株的育成,是将温度敏感弱毒株(抗原性较低)与流行强毒株进行混合培养传代,使两者毒力基因发生交换,其后代即成为毒力低和抗原性强的毒株,再用于制造弱毒疫苗。

由于微生物方向难以预测,所以只能在培育过程中对各个表现遗传性状的群体按照需要进行选择,以求筛选出目的变异株。这种选择首先从外表观察和检查开始，然后再做系统的检查筛选。初次依据包括：①细菌菌落特征变异，如菌落的大小、性状、色泽、粗糙或光滑和荧光等；②病毒蚀斑的变异；③对温度敏感性变异；④对药物敏感性变异；⑤对营养要求变异，如对氨基酸的特殊需要；⑥对宿主动物易感性变异。我国经过长期研究，育成了一些弱毒株(表 5-1)作为疫苗种毒生产疫苗，在控制和消灭动物疫病中发挥了重要作用。

表 5-1　我国一些弱毒株的育成线路与方法

弱毒株	致弱线路与方法
猪丹毒弱毒菌株(GC_{42})	强毒株→豚鼠 370 代→鸡 42 代
猪丹毒弱毒菌株(G_4T_{10})	强毒株→豚鼠 370 代→含有 0.01%～0.04%吖啶黄血液琼脂培养基上传 10 代
猪肺疫弱毒菌株(EO630)	强毒株→含海鸥牌洗衣粉培养基上传 630 代
羊链球菌弱毒菌株(F60)	强毒株→鸡 10 代→培养基 42～44℃传 10 代→鸽 10 代→培养基 42～44℃ 10 代→鸡 10 代→培养基 42～44℃10 代→鸽 10 代
马流产弱毒菌株(C355)	强毒株→含醋酸铊培养基传代
禽霍乱弱毒菌株(G190E40)	强毒株→豚鼠 190 代→鸡胚传代
布鲁氏菌羊 5 号弱毒菌株	布氏羊型强毒株→鸡胚传代
牛肺疫兔化弱毒株	牛肺疫强毒株→兔传代
牛瘟兔化弱毒株，猪瘟兔化弱毒株	强毒株→兔传代
羊痘弱毒株、鸭瘟弱毒株	强毒株→鸡胚传代
马传贫驴白细胞弱毒株	马传贫驴强毒株→驴白细胞传代
鸡痘弱毒株	强毒株→鹌鹑传代
口蹄疫 A 型鼠化弱毒株、O 型鼠化弱毒株、ZB 型弱毒株	牛源强毒株→乳鼠传代

(四)菌种与毒种的保存

为了保持菌(毒)种的特性(包括毒力及免疫原性)的稳定，避免发生变化，最好采用冷冻真空干燥方法保存。冻干的细菌保存于 4℃中，冻干的病毒保存在－20℃以下的温度，有条件的放在液氮中保存效果更好。冻干的微生物在上述条件下可保存几年，性状不发生明显改变。入选的菌(毒)种不应再通过动物传代，以免混入动物内源性病毒。如果经过动物传代，对分类物必须如同对待新的菌(毒)种一样进行一整套的检测鉴定，证明可用后保存备用。

常用的菌种保存方法有斜面传代或半固体穿刺菌种石蜡油封存的冰箱保存法、沙土管保存法、冷冻干燥保存法和液氮保存法等。无论采用哪种菌种保存法，在进行菌种保存之前都必须保证它是典型的纯培养物，在培养过程中要认真检查，如发现问题应及时处理。

1.传代培养保存

这是菌种保存常用的简单方法，由于细菌在人工培养基传代过程中易发生变异，所以传到一定期限时应通过一次易感动物，以保持或恢复其生物学性状。

(1)斜面传代保存

这是一种最基本的方法，适用范围广，细菌、真菌及放线菌都可应用。当微生物在适宜的斜面培养基和温度条件下生长良好后，一般在 4℃左右可保藏 3～6 个月。到期后重新移种一次。当然保藏温度和时间都不是绝对的，个别菌种甚至在 37℃保藏为宜，也有的需要 1～2 周传代一次。这种方法的弊端是传代次数多，容易发生变异，如产生于孢子能力下降、发酵能力减弱、毒力减小甚至基因丢失等，传代次数多也容易使污染机会增加。目前许多实验室采用密封性能较好的螺旋口试管替代传统的棉塞和减少碳水化合物的含量的方法，更有利于菌种的保藏。

(2)半固体保存

此法是斜面保藏的一种改进方法，常用于保藏各种需氧性细菌。适用石蜡将培养物与空气隔绝，以降低菌种的生理生化水平，并可防止水分蒸发，从而延长菌种的保藏期。用穿刺接种法将细菌接种于半固体培养基内，置温箱培养 18～24 h 后，在表面加上一层无菌液体石蜡(约 2～3 mm，使石蜡完全覆盖培养基)，置 4℃冰箱保存。一般细菌可保存 3 个月至半年。穿刺法及液体石蜡覆盖法都很简便，但保藏期却因微生物种类不同而有很大的差异，本法适用于保藏部分霉菌、酵母菌和放线菌，对细菌保藏效果较差，对于某些能同化烃类的微生物也不宜使用。

传代时应先将试管倾斜，使液体石蜡流至一边，再用接种针取菌种接种于新培养基上。

2.液氮保存

用液氮罐来保藏菌种，效果好、方法简单、保藏的对象也最为广泛。许多细菌可保藏 4 年之久。

①将培养 18～24 h 的菌苔洗下，置于无菌脱脂牛乳中，制成菌悬液，分装无菌安瓿(每安瓿 0.1～1 mL)。用喷灯封瓶口，并将封后的安瓿浸入 4℃有色液体中浸 30 min，确定熔封后再冷冻。或将浓的悬液加入灭菌后的分散剂中，细菌加入最终浓度为 30% 的甘油或 5% 二甲基亚砜 (DMSO)(作为防冻的保护剂灭菌后加入)。

②冷冻时先将安瓿放入 4℃冰箱中 1 h，移置冰格放 1 h，再置 －30～－20℃低温冰箱中冻结 30 min，然后移置－196℃液氮中保存。

③使用时，先将从液氮中取出的安瓿浸入 37℃温水中迅速解冻，再打开安瓿，取出菌液接种。

在液氮中取放安瓿要防止安瓿爆炸，小心取放。

3.冷冻干燥保存法

又称冷冻真空干燥法，它综合利用了各种有利于菌种保存的因素（低温、干燥和缺氧等），是目前最有效的菌种保存方法之一。由于它具有保藏期长、变异小、便于大量保藏及适用范围较广等优点，是各保藏机构使用的主要方法。其基本原理是将微生物或孢子冷冻，然后在减压情况下利用升华现象除去水分，使细胞的代谢、生理等生命活动处在停止状态下进行长期保藏。

该法是将待保存的微生物、细胞或孢子悬浮于合适的冻干保护剂中，预先将细胞冷冻，使水冻结，然后在真空条件下使冰升华以除去大部分水，残留的一些不冻结的水分，再通过蒸发从细胞中除去。

为了减少冷冻、脱水等过程对细胞所造成的损伤，在冷冻处理时必须把细胞或孢子悬浮于合适的冻干保护剂中。冻干保护剂通常是高分子物质如脱脂牛奶、血清等，或是高分子物质和低分子物质如葡萄糖、原糖和谷氨酸钠等的混合物。低分子物质起着水分缓冲剂的作用，使干燥样品中的最终含水量不至于过低，如添加 7.5% 葡萄糖可使干燥样品中最终水分保持在 1% 左右。据报道，样品中的残留水分是影响存活率的主要因素之一，但也不是冷冻样品中水越少越好，样品中以保持适当的水分为宜。

冷冻真空干燥的方法和步骤：

(1)准备安瓿或冻干瓶

安瓿管的玻璃要求中性、能耐热、耐压、耐温度的骤变和管底厚度均匀，其大小规格随多歧管上短管直径大小而定。先用 10% HCl 浸泡 8～10 h，再用自来水冲洗多次，最后用蒸馏水洗 1～2 次，烘干。管口塞上棉花并用纸包好，于 121℃高压灭菌 30 min，37℃烘干。

(2)制备保护剂

其作用有二：一是使悬浮液悬浮其中保持活的状态；二是减少冷冻干燥时对微生物引起的损伤。分散剂大致可分为低分子化合物如氨基酸、有机酸、糖类等；高分子化合物如蛋白质、多糖等，原则上是二者配合使用的。常用的是脱脂牛乳和血清。最简单的是将普通牛乳离心后除去上层乳脂，常压灭菌 3 次每次 1 h，温度过高将影响保藏的效果。血清要过滤灭菌，牛乳可加热灭菌且冷冻干燥后易形成均匀粉末故更为常用。

(3)制备菌液

将菌液与保护剂按适当比例均匀，制成均匀的细菌或孢子悬液。

(4)分装菌液

用无菌的长颈滴管将菌液分装于安瓿或冻干瓶底部，每安瓿装 0.2 mL 时，冻干瓶可装 1～2 mL，如日后要统计保存细菌的存活数时，则必须严格地定量。

(5)预冻

将安瓿管口的棉花剪去，并将棉花塞往里推至离管口约 15 mm 处，冻干瓶则盖上冻干塞，置冰箱预冻。冷冻的温度达到－30℃以下即可。

(6)真空干燥

完成预冻后，置真空冷冻干燥机内进行冻干，操作程序按冷冻干燥机的说明书进行。

(7)封管

用冻干瓶时，一般冷冻干燥机有自动压盖功能，冻干完成后自动压盖封口。安瓿管须在细颈处用火焰灼烧、熔封。然后置 4℃冰箱保存。

(8)标签

安瓿管的标签应当予以必要的注意，在大量保藏菌种时不允许有任何的差错。可以在灭菌前加入有菌名、日期的小纸片，最简单的是在加悬液前加入有菌名、日期的小条胶布。应当避免用水溶性的笔来写标签。

(9)安瓿管的保藏

安瓿管可放在冰箱内在 4～5℃低温下保藏。保藏期为 5～10 年。

(10)恢复培养

当须使用菌种时，先用 75％乙醇消毒安瓿管外壁，然后将安瓿管上部在火焰上烧热，再滴数滴无菌水于烧热处，使管壁产生裂缝，放置片刻，让空气从裂缝中慢慢地进入管内，然后将裂口端敲断，这样可防止空气因突然开口而冲入管内致使菌粉飞扬。将合适的培养液加入冻干样品中，使干菌粉充分溶解，再用无菌的长颈滴管吸取菌液至合适培养基中，置最适温度下培养。

4.低温冰箱冷冻保存法

将处于对数生长期的细菌直接从液体培养基中量取菌液或从固体培养基上把菌苔刮下来用生理盐水混匀悬浮，再量取细菌悬浮液，体积约为 0.2～0.6 mL 时，置经高压灭菌过的 1.5 mL effendorf 管中，再加入 1/2 体积的灭菌甘油，混匀后，做好标记，置－80℃冰箱保存。

知识拓展:菌种保藏中心

菌种保藏可按微生物各分支学科的专业性质分为普通、工业、农业、医学、兽医、抗生素等保藏管理中心。此外,也可按微生物类群进行分工,如沙门氏菌、弧菌、根瘤菌、乳酸杆菌、放线菌、酵母菌、丝状真菌、藻类等保藏中心。

目前,世界上约有 550 个菌种保藏机构。其中著名的有美国典型菌种保藏中心(简称 ATCC,马里兰):1925 年建立,是世界上最大的、保存微生物种类和数量最多的机构,保存病毒、衣原体、细菌、放线菌、酵母菌、真菌、藻类、原生动物等约 29 000 株,都是典型株;荷兰真菌菌种保藏中心(简称 CBS ,得福特):1904 年建立,保存酵母菌、丝状真菌约 8 400 种、18 000 株,大多是模式株;英国全国菌种保藏中心(简称 NCTC,伦敦):保存医用和兽医用病原微生物约 2 740 株;英联邦真菌研究所(简称 CMI,萨里郡):保存真菌模式株、生理生化和有机合成等菌种 2 763 种,8 000 株;日本大阪发酵研究所(简称 IFO,大阪):保存普通和工业微生物菌种约 9 000 株;美国农业部北方利用研究开发部(北方地区研究室,简称 NRRL,伊利诺伊州皮契里亚):收藏农业、工业、微生物分类学所涉及的菌种,包括细菌 5 000 株,丝状真菌 1 700 株、酵母菌 6 000 株。

1970 年 8 月在墨西哥城举行的第 10 届国际微生物学代表大会上成立了世界菌种保藏联合会(简称 WFCC),同时确定澳大利亚昆士兰大学微生物系为世界资料中心。这个中心用电子计算机储存全世界各菌种保藏机构的有关情报和资料,1972 年出版《世界菌种保藏名录》。

中国于 1979 年成立了中国微生物菌种保藏管理委员会(简称 CCCCM,北京)。

二、掌握细菌的培养技术

细菌种类繁多,代谢方式各异,营养需求不尽相同,但生长繁殖的基本条件相似。细菌培养技术是生产生物制品的基础。本节主要介绍细菌的生长繁殖规律、生长条件及细菌培养的基本技术。

(一)细菌繁殖规律与生长条件

1.细菌繁殖规律

细菌在一定的营养成分、适宜的温度和酸碱度、有氧或无氧等环境中才能生长繁殖。细菌靠扩散与吸附作用摄取营养,借助菌体酶系统分解营养物质产生能量以维持生长。

细菌在培养基和适宜的环境中以二分裂法进行繁殖,即①迟缓期:接种入的细菌处于静止适应状态,仅表现菌体缓慢的膨大,其时间长短随细菌的适应能力而已；②对数增殖期：当细菌适应环境后，即以恒定的速度增殖，且表现出培养时间与菌数的对数呈线性关系。细菌生长的速度决定于细菌的倍增时间(即繁殖一代所需的时间)，一般细菌的倍增时间为 15～20 min，但有些细菌的倍增时间较长，如结核菌需 15～18 h；③稳定期：随着营养物质的消耗减少，代谢毒性物质积蓄，细菌生长速度逐渐缓慢，进入相对稳定期，即细菌的增加数与死亡数维持平衡状态，活细菌相对稳定；④衰退期：补增菌数减少，死亡菌数增加，活菌数逐渐下降(图 5-3)。

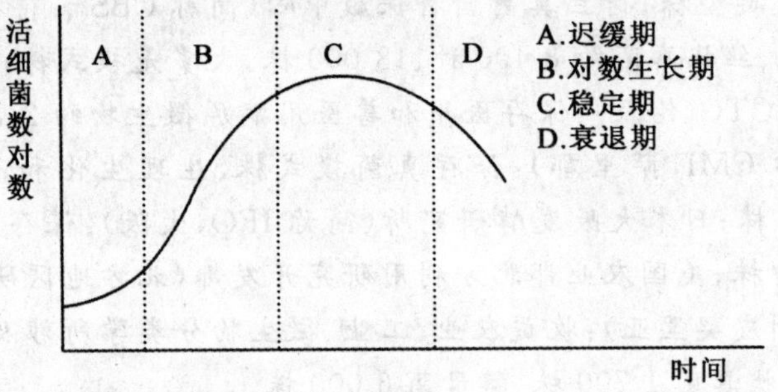

图 5-3 细菌生长曲线

2.细菌的营养

水、碳、氮及无机盐类等是细菌生长繁殖的基本要素，但不同的细菌所需的营养成分并不完全相同。

(1)水

水是细菌所需营养物质的良好溶媒，也是细菌本身的重要组成成分(细菌含水73.3%～98.3%)。细菌的营养渗透、吸收及代谢产物的分泌和排泄作用等也须以水为媒介。

(2)碳

碳是所有细菌必需的，用以合成细菌的原浆成分。自养菌可自 CO_2 得到碳源；异养菌除从有机物得到碳源外，也需要少量 CO_2。葡萄糖是组成细菌细胞多糖的基础，于培养液中加入一定量的葡萄糖能促进多种细菌的代谢，增加菌数。己糖和戊糖则是细菌细胞生长繁殖的能量来源。细菌一般不能利用有机酸作为碳源，但一些分解糖类能力低的细菌(如梭状芽孢杆菌)则以氨基酸作为碳和氮的能量来源。

(3)氮

细菌含氮约占干重的10%。各细菌利用氮源合成的能力有所不同。如大肠杆菌可利用无机氮(硫酸铵)合成天门冬氨酸、谷氨酸、丙氨酸、氨基丁酸、缬氨酸和异亮氨酸;某些布鲁氏菌菌株则需要谷氨酸、丙氨酸、赖氨酸、蛋氨酸和光氨酸;葡萄球菌生长需甘氨酸、缬氨酸和 *L*-脯氨酸等必需氨基酸;梭状芽孢杆菌生长必须要有亮氨酸、酪氨酸、精氨酸、色氨酸和苯丙氨酸,而蛋氨酸、组氨酸和胱氨酸对其生长有促进作用。

(4)盐类

培养基中加入钠、钾、铁、硫酸盐、磷酸盐和氯化物等对细菌生长繁殖非常有利。它们一方面是构成细菌细胞的成分,调节渗透压;另一方面参与细菌生理代谢,维持细菌活性。如镁既可与细菌细胞核糖核酸结合,又与磷酸化酶作用密切相关;铁则是细菌细胞过氧化酶、细胞色素和细胞色素酶的组成成分。

(5)生长因子

是指一类细菌本身不能合成而在代谢过程中需要的和能促进细菌生长的一类有机物质,如维生素、氨基酸、嘌呤、嘧啶、脂肪酸和血液中的X因子等。它们多存在于血液、肝浸液、腹水及马铃薯汁和酵母浸出液。血液中的X因子对细菌呼吸起着重要作用、维生素 B_{12} 是细菌物质代谢过程中的重要因子。维生素C在代谢中具有传递氢的功能。

3.细菌生长的环境条件

细菌生长繁殖除需要一定的营养物质外,还需有适宜的环境条件。环境条件既能保证和促进细菌生长繁殖,也能起到抑制甚至杀灭或改变原有遗传性状的作用。

(1)气体

与细菌生长有关的气体主要是 CO_2 和氧气。根据细菌对氧气的需要可分为4类(表5-2)。

表5-2 细菌对氧气的需要分类

细菌类型	生长环境	举例
需氧菌	有氧环境	炭疽杆菌、结核分枝杆菌等
微需氧菌	含氧量低的环境	猪丹毒杆菌、牛型布鲁氏菌等
兼性厌氧菌	有氧或无氧的条件	大肠杆菌、沙门氏菌和马腺疫链球菌等
厌氧菌	无氧环境	梭状芽孢杆菌

细菌在生长中也需要少量 CO_2 以合成酶,但通常利用自身代谢过程产生的 CO_2。多数细菌在绝对无 CO_2 的环境中生长缓慢甚至不能生长,如羊型布鲁氏

菌，在初代培养时需要一定的CO_2。所以，在培养细菌时，应根据细菌特点，严格控制细菌培养环境的氧分压。培养需氧细菌时，需要高氧分压的环境，而培养厌氧细菌时，就要降低并严格控制环境中的氧分压。

(2)温度

微生物生存适应的温度范围相当宽，一般病原性细菌的适应范围为10～45℃，但在最适温度下生长繁殖最为旺盛。多数细菌的最适温度范围基本相似，多为37℃左右。如炭疽杆菌的生长最适温度为37℃，但在30～32℃却能产生大量芽孢；霉菌生长的最适温度为22～28℃。温度过高，则由于酶系统被破坏而招致死亡；温度过低，则细菌细胞代谢活动降低而处于潜生状态。一旦温度和营养等条件适宜，细菌又会复苏。

(3)pH

细菌对pH的适应范围较大，为pH 2～8.5，但多数细菌的生长最适pH 6～8，霉菌为pH 5～6。少数细菌具有耐酸或耐碱生长的能力。细菌在生长过程中，随其代谢产物的增多往往引起pH改变，且以pH下降为多，从而会妨碍细菌生长乃至引起死亡。

(4)渗透压

细菌的形态与代谢均受渗透压制约，各种细菌有各自的最适渗透压。细菌细胞具有半渗透性，既可使水分通过而对其他物质的透过有选择性。多数致病性细菌只能在等渗环境下生长繁殖，在低渗溶液中引起膨胀、破裂而死亡，而在高渗溶液中导致细胞质和细胞膜脱离而死亡。然而多数细菌的细胞壁比较坚固，对渗透压有较强的适应能力，有点细菌细胞甚至可以耐高渗溶液。

(二)细菌培养的基本技术

细菌培养是指细菌在动物体外的人工培养基上以及人工控制的环境中生长繁殖的过程。细菌性生物制品都是利用细菌培养物制造的，广泛用于相应疾病的防治。制备该类制品首先应通过细菌分离培养获得单个细菌菌落。制备细菌种子，然后进行规模化细菌培养。

1.细菌的分离与培养

(1)需氧菌的分离培养

需氧菌的分离培养常用营养琼脂平板分离。根据细菌生长特点，可选用以下两种方法：

①划线接种法。此法最为常用，即在不同培养基平板表面上，以多种方法划线接种细菌，使细菌生长成当菌落。根据菌落特性进行鉴别和挑选单个菌落再进行纯培养，制备种子培养物。

②倾注培养法。该法适用于深层条件下生长良好的细菌的分离培养。即先将营养琼脂培养基加热溶解，冷至 45～50℃，加入适量细菌培养液，混匀后倾入灭菌培养皿内，制成平板，37℃培养 24～36 h 后，挑取典型菌落移植培养。

为了能从污染的样品中分离获得所需要的细菌，有时需要对样品进行预处理。如分离培养芽孢细菌，可先将待检材料 80℃处理 15～20 min，以杀灭非芽孢菌，然后于 37℃做增菌培养，再按上述平板分离法分离培养芽细胞菌。分离革兰氏阴性菌，可在培养基中加入结晶紫或青霉素，以抑制革兰氏阳性菌生长；有时，也可将待检材料接种易感动物，再从发病死亡动物体内分离目的细菌。

(2)厌氧菌的分离培养

厌氧菌的分离培养，多数在含二氧化碳条件下进行。最简便的培养方法是用有盖玻璃容器，放入接种的培养物后，点燃蜡烛，加盖密闭容器由于燃烧耗氧产生 CO_2，燃烛即刻熄灭。此时容器内含有较高浓度的 CO_2，再将容器放入适宜温度即可。也可用二氧化碳培养箱，按需要调节箱内二氧化碳浓度。

2.细菌的规模化培养

细菌规模化培养的环境条件应与细菌自然生长繁殖的要求相同或相似，在其培养基中提供必需的营养要素并使培养环境符合其必要的生长繁殖条件。细菌培养的效果，还与种子接种量、培养时间和培养方法密切相关。

(1)种子接种量

细菌种子是生物制品术语，指菌体增殖培养物，简称菌种。细菌培养的活菌总数与培养基和培养环境条件密切相关外，还与种子接种量和培养基比例相关。这种比例随细菌种类而异。接种量过少，会引起生长繁殖缓慢，影响活菌数，有时甚至出现无菌生长；接种量过多，就会将过多的代谢物带入新培养基内，造成有害物质的抑制生长；如接种物内含有防腐剂和抗生素等物质，其影响更为明显。种子接种量通常为 1%～2%。

(2)培养时间

细菌在培养过程中，生命力最强的最高活菌数与细菌本身生长规律、培养环境条件和培养时间有关。最佳培养时间通常依据细菌的生长曲线而定。多数在对数繁殖后期至稳定前期间活菌数最高，生命力最强，宜于收获。若收获过早，则活菌数少而幼嫩；反之，则细菌老化，死菌及代谢产物(尤其细菌毒素)增多，故在活菌苗生产中应注意避免。

知识拓展：防止菌种退化的措施

菌种退化是指整个菌体在多次接种传代过程中逐渐造成菌种发酵力(如糖、氮的消耗)或繁殖力(如孢子的产生)下降或发酵产物得率降低的现象。对此,首先要鉴定是否由于染菌引起产量下降或菌种生长延缓,可直接进行镜检判断或采用划线分离来确定是染菌还是菌种退化;其次要判断是否由于培养条件引起的暂时性变化,可通过培养几批菌种观察生长代谢情况来确定。

菌种退化的原因有两方面:一是菌种保藏不妥;二是菌种生长的要求没有得到满足,例如,遇到某些不利的条件,或失去某些需要的条件,或诱变型新菌株发生回复突变而丧失新的特性。

如果发现菌株已经发生退化,产量下降,则要进行分离复壮。因为在菌种发生衰退的时候,并不是所有的菌体都衰退,其中未衰退的菌体往往是经过环境考验的、具有更强生命力的菌体。因此,采用单细胞菌株分离的措施,即用稀释平板法或平板划线法,以取得单细胞长成的菌落,再通过菌落和菌体的特征分析和性能测定,就可获得具有原来性状的菌株,甚至性状更好的菌株。对于某些菌种,还可配合其他办法分离单细胞菌株,如对芽孢杆菌,可先将菌液用沸水处理数分钟,再用平板进行分离,从所剩的孢子中挑选出最优的菌体来。

如果遇到某些菌株,即使进行单细胞分离仍不能达到复壮的效果,则可改变培养条件,以达到复壮的目的。例如,AT3.942 栖土曲霉的产孢子能力下降,可适当提高培养温度,恢复其能力。同时,通过实验选择一种有利于高产菌株而不利于低产菌株的培养条件,能够得到产量较高的菌株。如果将单菌落分离和一定的培养条件相结合进行复壮,则更为有效。

此外,产生退化现象的原因多为基因突变,所以使用诱变剂处理,对退化类型的菌株具有杀伤力,则经诱变剂处理后再进行单菌落分离,就可得到复壮的菌株。同样道理,其他不具诱变作用的物理和化学因素也可用于复壮处理,但需针对具体菌种进行具体分析,以采用最佳的复壮方法。

(3)培养方法

根据生物制品的性质和要求,采取不同培养方法培养细菌。目前,规模化培养细菌的方法有 4 种(图 5-4)。

细菌培养方法
- 固体表面培养法
- 液体静置培养法
- 液体深层通气培养法
- 透析培养法

图 5-4　细菌培养方法

①固体表面培养法。即将融化的灭菌肉汤琼脂培养基,制成大扁瓶(大型克氏瓶)平板,经无菌检验后,在无菌室接入种子液,使其均匀分布于琼脂表面,平放静置培养,收集菌苔,制成细菌悬浮液,用于制备诊断抗原或疫苗。例如炭疽芽孢苗、仔猪副伤寒冻干菌苗、鸡白痢抗原和布

鲁氏菌抗原等。本法可根据需要调节细菌浓度，但产量低，劳动强度大。

②液体静置培养法。适于一般细菌性疫苗的生产。培养容器可用大玻璃瓶或培养罐(或称发酵罐)，按容器的深度，装入1/2～2/3体积的培养基，高压蒸汽灭菌后，冷却至室温接入种子，保持适宜温度静置培养。如用于厌氧菌培养，装培养基的量约为培养容器的70%，并在灭菌后冷却至37℃，立即接种种子进行培养。有些厌氧细菌的培养基中需加入猪肝提供厌氧环境。

③液体深层通气培养法。本法可加速细菌分裂增殖，缩短培养时间，提高细菌数量，于20世纪30年代即开始用于菌苗制造。我国于1960年开始采用该法制造细菌疫苗。培养细菌时，一般在接入种子液的同时，加入定量消泡剂(豆油等)，先静置培养2～3 h，然后通入少量过滤无菌空气，每隔2～3 h逐渐加大通气量。较理想的细菌培养罐应有自动控制通气量、自动磁力搅拌、自动监测和记录pH或溶氧浓度及消泡装置等配套设备，可以密闭操作，减少污染、降低成本，使用方便。我国生物制品厂使用的培养罐多数尚无自动控制装置，称之为反应缸，有搅拌器和通气系统，培养基与氢氧化铝胶佐剂消毒，细菌培养及灭活，加佐剂配苗均可在缸内完成，实践证明也可大量生产出质量较好的细菌疫苗。需注意以下问题：

补充营养物质：根据细菌对营养的要求，在培养过程中补充一定营养物质，如葡萄糖、蛋白胨和必需氨基酸等，可更好地发挥通气培养作用。

通气供氧：各种细菌在繁殖过程中及不同生长发育阶段的需氧量不一，而且空气中的氧分子须呈溶氧状态才能供细菌所利用。所以供氧量多少除与通气量大小有关外，还与通气方式、搅拌速度及温度等因素有关。通气量过大，不能增加溶氧量，反而会增加消泡剂的用量，影响细菌的生长或产生霉素。因此，对所培养细菌的生长特性需通过预试验，掌握一定规律，再进行大量培养。在通气培养过程中，应注意溶氧量的测定。

控制培养基pH：深层通气培养pH变化快，故在培养过程中应保持培养基最适pH。一般当细菌在生长对数期时pH下降，以后随通气量的pH上升。所以，有时当培养基pH下降时，需加碱调整，使其pH保持稳定。如在培养猪丹毒菌液pH下降时，加入氢氧化钠或氨水，以保持pH稳定，可提高活菌数4～5倍，达到200亿/mL以上。

调节培养温度：大罐培养通入的空气对培养温度的影响不明显。但是，培养罐夹层直接用蒸汽加热往往不稳定，最好用自控调节的温水循环控制温度，使最适培养温度上下不超过1℃。

控制污染：通气培养造成污染的主要原因有：通入的空气滤过不当、搅拌轴密封不严或底盘与进出液阀门灭菌不彻底等。因此，培养罐的罐体与部件应以不锈钢制造，垫圈用聚四氟乙烯制品，使之密封良好，易于灭菌。此外，对空气滤过装置，应先将压缩出来的空气通过油水分离，有气味的空气不能进入培养液内。空气经过棉花与活性炭滤器，再经过除菌过滤，可避免通气带进其他细菌，造成培养液污染。当然，在培养过程中，培养罐的排气管口也应有消毒设备，以免污染环境。

④透析培养法。透析培养是指培养物与培养基之间隔一层半透膜的培养方法。1963 年由 Gall 和 Gerhardt 创制，现在已发展成一种发酵器透析培养系统。该系统把培养基与培养物分开成为各自的循环系统，中间经透析器交换营养物质。其优点是：培养基和培养液可独立控制；可以搅拌和通气；可使用任何类型的透析膜片或滤膜；液体在透析器中向上或向下流，慢流或快流均可随意掌握；可以将每个部分按比例缩小或扩大，从而获得高浓度的纯菌和高效价的毒素，极有利于制造高效力的生物制品。我国青海兽医生物药厂用本法生产 C 型肉毒梭菌菌苗，其免疫效果比常规法生产的高 200 多倍，安全性也相应提高。

3. 细菌计数技术

(1)活菌计数法

细菌性生物制品在生产工程中，经常进行细菌计数。活菌计数是将待测样品精确地作一系列稀释，然后再吸取一定量的某稀释度的菌液样品，用不同的方法进行培养。经培养后，从长出的菌落数及其稀释倍数就可换算出样品的活菌数，通常用菌落形成单位(CFU)表示。活菌计数法有倾注平板培养法、平板表面散布法和微量点板计数法等常规方法及生物发光法和放射测量法等现代方法。

①倾注平板培养法。根据标本中菌落的多少，在做倾注培养前，用普通肉汤或生理盐水将被检标本进行 10 倍递进稀释。在稀释过程中分别取其 1 mL 加在灭菌平皿中，然后取预先加热融化且冷至 45～50℃的琼脂培养基分别倾入上述平皿中，立即摇匀放平，待其充分凝固后，置 37℃恒温箱中培养箱中培养一定时间，统计平皿中长出的菌落数，乘以稀释倍数，即为每毫升标本中含有的活菌数。

②平板表面散布法。按常规方法制作琼脂培养基平板，分别取不同稀释度细菌液 0.1 mL 滴加于平板上，并使其均匀散开，37℃温箱培养 24～48 h，统计平皿上长出的菌落数乘以稀释倍数，再乘以 10，即为每毫升标本中含有的活菌数。

③微量点板计数法。本法中培养基的制备、处理及样品的稀释与平板表面散布法相同，只是每个稀释度的接种量为 0.02 mL，使其自然扩散。所以一块平板可接种 8 个标本，从而大大节省了培养基。

用平板培养法进行细菌计数，要选择适于所测细菌生长的培养基，等到的结果常小于实际值。操作时要避免细菌污染，减少人为误差。

(2)比浊计数法

其原理是菌液中含菌数多少与其浑浊度成正比。取一定稀释度的菌液与标准比浊管进行比浊，能概略计算出每毫升菌液中的菌数。计算方法是，先将菌液作适当稀释，放入与标准比浊管管径与质量一致的试管中，然后与标准比浊管比较。比较时，可在试管后面放一个有字迹的纸片，对光观察，若通过两管所见字迹的清晰度相同，即按该标准比浊管指示的菌数，得出待检菌液中的细菌数。若两管浊度不一致，需用生理盐水适当稀释后再做比较。比浊计数时，应充分摇匀。

(三)培养基

1.培养基的原料标准

培养基是人工制备的一种液体或固体营养物质，是细菌培养和保存细菌的基础。培养基应含有培养相应细菌所需的营养成分，包括水、氮源、碳源、无机盐类和生长因子等，有的还含有凝固剂、抑菌剂和指示剂等，并有适当的酸碱度，没有任何细菌污染。培养基制造的基础材料为水、肉浸汁(肉汤)、蛋白胨、琼脂、明胶、酵母浸汁、盐类和化学试剂等，都应符合相应的质量标准。水要符合饮用水卫生标准；化学试剂原则上需用化学纯(CP)级以上；动物性原料应新鲜和无污染。

(1)水

水是培养基各种成分的溶剂，又是细菌借以进行物质代谢的媒介。水的质量对细菌培养影响极大。目前多用自来水，少数也用泉水及河湖水。水质标准应达到生活用水标准。

(2)肉、肝、胃消化肉汤

是当前生物制品生产中用量很大的基础培养基。培养基的基础原料是牛肉，少数也可用精猪瘦肉或鱼肉。牛肉应来源于健壮牛，新鲜未冻；外观淡红或红色、无异臭味、无病变、潮润而有弹性；pH 5.8～6.2；浸出液透明清朗，煮沸后有芳香味。如有臭味、表面黏腻和出血等病变；或切面无淡红色、弹性消失，煮沸后肉汤呈混浊者，均不合格。短期冷冻保存不变质的牛肉也可使用。

牛肝、羊肝和猪肝应新鲜、无异臭、无病变并有弹性，浸出液煮沸后呈半透明淡黄色或棕黄色液体，pH 6.0～6.5。猪胃更应新鲜，现宰则更好。胃黏膜要完整，无异臭；有病变的绝对不用，冻结的可以选用。目的是要尽可能获得高活性的蛋白酶。

(3)蛋白胨

多数是包括鱼在内的动物蛋白质和蛋白酶(胃蛋白酶或胰蛋白酶)或水解后的产物。蛋白胨为淡黄色或棕黄色粉末，易溶于水，呈右旋性，1%水溶液 pH 5.0～7.0，总氮含量 13%～15%，氨基氮 1%～3%，加热后无沉淀、不凝固。日本产复合蛋白胨适用于各种细菌培养。英国产蛋白胨适用于制备产生霉素用的细菌培养。中国产蛋白胨色淡黄、有焦鲜味、颗粒状粉末，易溶于水，pH 5.6～7.0。

(4)琼脂

俗称洋菜。是一种胶体多糖，为半乳糖胶，在98℃可溶解，45℃凝固。常在肉汤中加入1.5%～2.0%琼脂制成固体培养基。中国制品含水量<18%，灰分量<4%，热水不溶物<0.5%，凝胶强度300 g/cm³以上，符合标准。

(5)明胶

由动物皮和骨等组织胶原经部分水解而得。它是一种溶于水的胶体蛋白质，冷却后呈半透明状固体，30℃以上溶化。产品达CP级以上、烧灼残渣 SO_4^{2-} <3%、砷<0.000 3%和铅<0.01%，符合标准。

(6)酵母浸液

内含维生素和生长因子，是促进细菌生长繁殖的重要原料。产品为棕黄色黏稠膏状，有特殊气味，溶于水，溶液呈弱酸性，黄色至棕色，Cl^- 含量<5%，浓度70%以上，炽灼残渣<15%。新鲜的啤酒酵母洗净后加蒸馏水制成的悬液也可替代酵母浸液。制备方法为：鲜酵母100 g加蒸馏水400 mL，修正pH 4.6，加热煮沸10 min，过滤或离心取上清液，调整pH 7.0，滤过除菌、分装、保存。

(7)抑菌剂

在进行病原性细菌分离培养鉴别时，须用选择培养基，以抑制某些细菌的生长，故要加入一定抑菌剂。常用的化学抑菌剂有胆盐、亚硒酸盐、四碳酸盐、叠氮钠和一些抗生素。

(8)指示剂

在培养基中加入指示剂，以观察细菌在生长繁殖过程中新陈代谢的状况。常用的pH指示剂有中性红、酚红和溴甲酚紫等。

2.培养基分类

培养基种类很多，其用途、性状和原料来源各异。因此培养基的系统分类比较困难，按习惯分类如下：

(1)按原料来源分类

①天然培养基：即用天然的动物肉、肝、胃和心等原料，或以天然植物的籽粒(豌豆、黄豆)和块根(马铃薯)为原料制成培养基，然后根据需要加入添加物制成。天然培养基原料来源方便，成本较低，应用广泛。适用于生物制品生产，但保存期短、极易变质。②人工合成培养基：即培养基成分明确，用化学物质(化学试剂、化学药品和生化试剂等)和生物试剂混合制成，也可根据需要加入少量天然物质。人工合成培养基制作简单，使用方便，临用现配，而且易于标准化和系

列化，但成本高。

(2)按理化性状分类

①液体培养基：是生物制品最常用的培养基，包括用于细菌分离、培养、鉴定和菌种制备等。②半固体培养基：呈半固体状，通常于液体培养基中加入0.5%琼脂制成，多用于如钩端螺旋体等一些菌种保存。③固体培养基：于液体培养基中加入1.5%～2.0%琼脂或10%～15%明胶制成，前者多用于细菌分离培养、鉴定和部分生物制品；后者多用于细菌生化特性鉴定。④生化培养基：于液体培养基（蛋白胨水）加入特定的生化试剂（糖类、指示剂、化学试剂）制成，多用于细菌的生化特性鉴定。

(3)按用途分类

①基础培养基：是肉浸出液，可作为其他培养基的基础液，大多数细菌都能生长，在动物生物制品上应用甚广。②营养培养基：指在基础培养基中加入血液（血清）、腹水和氨基酸等特殊成分制成的培养基，供一些细菌生长繁殖。③选择培养基：只供某些细菌生长而抑制另一些细菌生长用的培养基，多在基础培养基或蛋白胨水中加入抑菌剂制成。如SS培养基中含有硫代硫酸钠及煌绿，以抑制除沙门氏菌和志贺氏菌外的革兰氏阳性菌的生长，而加入的胆盐则能促进沙门氏菌的生长。④鉴别培养基：供细菌初步用的培养基。如麦糠凯培养基中即含有胆盐，可抑制大部分革兰氏阳性菌生长，含有乳糖和中性红指示剂能使发酵乳糖的细菌呈红色，用以鉴别大肠杆菌（菌落呈红色）。⑤增菌培养基：具有抑制杂菌、促进本菌生长的作用，如四硫磺酸钠增菌培养基可抑制杂菌生长而促进沙门氏菌大量增殖。⑥厌气培养基：于等量肉肝汤中加入肝块和液体石蜡制成，供厌氧菌生长繁殖用。⑦生化培养基：通常于蛋白胨水中加入糖类、化学试剂、指示剂等制成，供细菌生化特性鉴定使用。

3. 培养基制造

制造培养基用的肉、肝和大豆含有极丰富的营养物质。但这些蛋白质应降解处理后才能被细菌所利用。目前，常用的蛋白质降解方法有水解法、蛋白酶水解法、培养基卵白澄清法及琼脂培养基凝固沉淀法。蛋白质降解产物的种类和含量与原料来源和降解方法等有关。常用培养基制造、生产、检验及研究用的方法很多。

(1)水解法

水解法分酸水解法和碱水解法两种。酸水解法：即通常用6 mol/L HCl煮沸或高压1～2 h将蛋白质水解，但此法几乎破坏全部色氨酸，且与醛基化合物作用生成黑色，还可破坏部分丝氨酸、苏氨酸和酪氨酸。碱水解法：将蛋白质用6 mol/L

NaOH 煮沸 6 h 即可完全水解成氨基酸，但氨基酸发生旋光异构作用，产生 *L*-型及 *D*-型氨基酸，从而降低营养物质，还可破坏部分丝、苏、精、赖和胱氨酸并放出 H_2S，因此本法很少使用。

(2)蛋白酶水解法

使用胃蛋白酶、胰蛋白酶或植物蛋白酶，在 pH 2～8 的常温常压下，可将蛋白质完全降解。所得氨基酸均无破坏和消旋作用，中间产物较多，特别适于培养基制造，但水解时间较长，并需要阻断酶活力。常用蛋白酶的性质与水解方法如下：

①胃蛋白酶水解。胃蛋白酶在胃黏膜中以蛋白酶朊存在，用盐酸处理后制成具有活性的胃蛋白酶，活力最适 pH 1.8～2.2，最适温度 38～40℃，降解产物大部分是蛋白朊，少量是氨基酸。制造培养基使用胃蛋白酶降解动物肉肝蛋白质时，一般使用 1∶3 000 单位的胃酶 3 g 溶于 1 000 mL 水中，消化 250 g 肉肝，制成肉、肝、胃酶消化汤。无病变、胃黏膜未脱落的新鲜胃组织可以代替胃蛋白酶使用。

②胰蛋白酶水解。胰蛋白酶以胰朊酶状态存在于胰脏，在碱性溶液中活力最强，最适 pH 8.0～9.0，pH 4.0 时失去活性，最适温度 60℃，但易被破坏，在 37～38℃时抵抗力较强。制造培养基时，一般取 2.5 g 胰酶溶于 1 000 mL 水中，可消化 250 g 肉，也可用胰脏浸出液替代胰酶。即取去脂猪胰脏 500 g，加蒸馏水 1 500 mL 和 95%酒精 500 mL，密封瓶口后于室温下放 3 d，滤过后取滤液即可。12.5 mL 浸出液相对于 2.5 g 粗制胰蛋白酶。

③植物蛋白酶水解。木瓜酶和微生物蛋白酶等均能降解植物蛋白质。我国用土褐曲霉菌在麦麸发酵提炼而成的粗制曲霉蛋白酶，可消化大豆蛋白。在制造豆蛋白培养基时，将冷榨大豆饼粉按常规方法制成豆浆，过滤煮沸，用盐酸调 pH 4.6～4.8，沉淀。沉淀蛋白压干即为粗制豆蛋白。取粗制豆蛋白 100 g、曲霉 20 g 和水 1 000 mL，调 pH 为 6.6～7.0，加 8.5%氯仿，密封，45℃消化 22～24 h，经纱布过滤后加 0.5%氯化钠，煮沸 20 min，调 pH 7.6～7.8，用活性炭脱色后加 1%酵母浸液，高压灭菌制成。

(3)培养基卵蛋白澄清法

培养基混浊不清时，既影响细菌生长繁殖，也不利于观察，所以需加以澄清。取鸡卵白 2 个，加蒸馏水 20 mL 后充分搅匀，加入 50℃左右 1 000 mL 培养基中，搅匀，然后置蒸汽釜内加热 1 h，使蛋白充分凝固，取出用脱脂棉或滤纸加温滤过，即成透明的培养基。

(4)琼脂培养基凝固沉淀法

由于琼脂含有杂质，质量差琼脂含量更高，因而影响培养基的质量和观察效果，需要进行处理。通常将调整 pH 后的琼脂培养基在蒸汽釜内加热 1 h 融化，取出自然冷却凝固，然后取上层部分加热融化后分装，即为清净培养基。

（四）细菌的规模化培养

细菌规模化培养的环境条件应与细菌自然生长繁殖的要求相同或相似，其效果还与种子接种量、培养时间和培养方法密切相关。

1. 种子接种量

细菌培养的活菌总数除与培养基和培养环境条件密切相关外，还与种子接种量和培养基比例有关，这种比例随细菌种类不同而异。接种量过少，会引起生长繁殖缓慢，影响活菌数，有时甚至出现无菌生长；接种量过多，就会将过多的代谢物带入新培养基内，造成有害物质的抑制细菌生长。种子接种量通常为1%～2%。

2. 培养时间

细菌在培养过程中，生命力最强的最高活菌数与细菌本身生长规律、培养环境条件和培养时间有关，最佳培养时间通常依据细菌的生长曲线而定。多数在对数繁殖后期至稳定前期间活菌数最高，生命力最强，宜于收获。若收获过早，则活菌数少而幼嫩；反之，则细菌老化，死菌及代谢产物增多，故在活菌苗生产中应注意避免。

知识拓展：防止菌种退化的措施

菌种退化是指整个菌体在多次接种传代过程中逐渐造成菌种发酵力（如糖、氮的消耗）或繁殖力（如孢子的产生）下降或发酵产物得率降低的现象。对此，首先要鉴定是否由于染菌引起产量下降或菌种生长延缓，可直接进行镜检判断或采用划线分离来确定是染菌还是菌种退化；其次要判断是否由于培养条件引起的暂时性变化，可通过培养几批菌种观察生长代谢情况来确定。

菌种退化的原因有两方面：一是菌种保藏不妥；二是菌种生长的要求没有得到满足，例如，遇到某些不利的条件，或失去某些需要的条件，或诱变型新菌株发生回复突变而丧失新的特性。

如果发现菌株已经发生退化，产量下降，则要进行分离复壮。因为在菌种发生衰退的时候，并不是所有的菌体都衰退，其中未衰退的菌体往往是经过环境考验的、具有更强生命力的菌体。因此，采用单细胞菌株分离的措施，即用稀释平板法或平板划线法，以取得单细胞长成的菌落，再通过菌落和菌体的特征分析和性能测定，就可获得具有原来性状的菌株，甚至性状更好的菌株。对于某些菌种，还可配合其他办法分离单细胞菌株，如对芽孢杆菌，可先将菌液用沸水处理数分钟，再用平板进行分离，从所剩的孢子中挑选出最优的菌体来。

如果遇到某些菌株，即使进行单细胞分离仍不能达到复壮的效果，则可改变培养条件，以达到复壮的目的。同时，通过实验选择一种有利于高产菌株而不利于低产菌株的培养条件，能够得到产量较高的菌株。如果将单菌落分离和一定的培养条件相结合进行复壮，则更为有效。

此外，产生退化现象的原因多为基因突变，所以使用诱变剂处理，对退化类型的菌株具有杀伤力，则经诱变剂处理后再进行单菌落分离，就可得到复壮的菌株。同样道理，其他不具诱变作用的物理和化学因素也可用于复壮处理，但需针对具体菌种进行具体分析，以采用最佳的复壮方法。

三、病毒的增殖技术

(一)病毒的复制、增殖与营养

1.病毒的复制增殖

病毒是专性寄生物，自身无完整的酶系统，不能进行独立的物质代谢，必须在活的宿主细胞内才能生活、复制和增殖。病毒的复制增殖过程大致包括吸附、侵入、脱壳、生物合成、装配和释放 6 个步骤(图 5-5)。

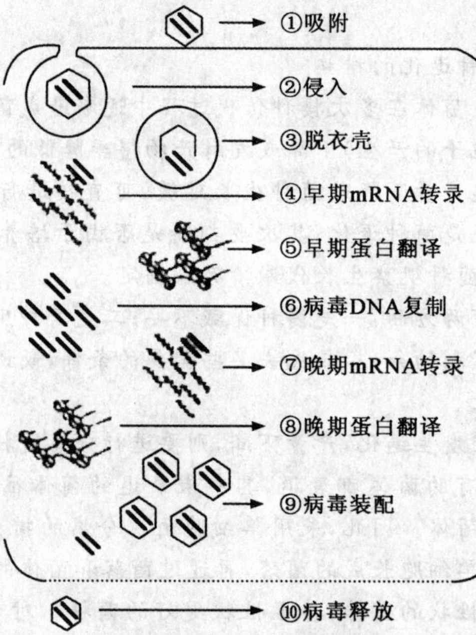

图 5-5 病毒的复制周期的特征

(1)吸附

病毒与细胞首先以非特异性的静电引力相结合,然后不可逆地与动物细胞膜上存在的病毒受体结合。病毒受体决定特异动物病毒的感染范围,非易感细胞不存在这种受体,故不能吸附病毒。细胞膜受体有脂蛋白受体和黏蛋白受体两种,除具有病毒吸附部位外,尚有促进病毒感染的作用。当病毒和易感细胞存在于液体介质中时,病毒即被细胞吸附。吸附过程受多种因素影响。病毒在37℃环境中吸附最佳,在4℃环境中吸附较差。病毒吸附时间由数分钟到数十分钟不等。通常,阳离子存在下病毒吸附能正常进行;强阴离子存在下病毒吸附缓慢乃至受抑制。

(2)侵入

侵入与吸附是一个连续的过程,但侵入需要能量。目前发现病毒侵入细胞有3种方式:①病毒直接转入胞浆;②细胞吞饮病毒;③病毒囊膜与细胞融合。无囊膜病毒以前两种方式侵入,有囊膜病毒常以第三种方式进入。病毒进入细胞的速度与温度有关,如用猪肾细胞培养口蹄疫病毒,37℃吸附3 min即有90%病毒进入细胞内,但在25℃则需20 min,15℃以下时就很少能进入细胞。

(3)脱壳

囊膜病毒的脱壳过程包括脱膜和脱衣壳、囊膜脂质与细胞膜融合、裸露的病毒体进入细胞浆内及衣壳被溶酶体消化裂解并释放出核心中的核酸等。无囊膜病毒仅有脱壳过程。但如疱疹病毒则可能在细胞表面脱去囊膜,而痘病毒则在吞饮泡内脱去囊膜。病毒衣壳的脱落和核酸的逸出,主要在胞浆或胞核内完成。病毒脱囊膜主要由细胞水解酶完成,脱衣壳由细胞脱壳酶完成,但酶的形成和特异性受病毒遗传信息制约。

(4)生物合成

进入细胞的病毒核酸在细胞浆和细胞核内进行自身的复制并合成蛋白质,该过程依赖细胞提供的能量、病毒所需的前体成分和酶等。在此期间,细胞内尚无完整的病毒粒子。病毒的生物合成过程分早期和晚期两个阶段:①早期,主要是由核酸(DNA和RNA)通过mRNA合成酶类蛋白质代谢工具和核酸基因组需要的核苷酸原料;②晚期,主要是通过晚期mRNA合成病毒结构蛋白质。

(5)装配

合成的核酸和蛋白质在原部位或转移至胞浆内盘卷和浓聚,然后由宿主细胞浆释放出多肽移向病毒核酸聚集处,并互相联结形成包壳。有的病毒则将壳微粒亚单位在核酸分子表面构成特定的衣壳或核衣壳，从而组成完整的病毒粒子。囊膜病毒，则由细胞膜获得的脂质和糖类及病毒介导蛋白质在病毒衣壳或核衣外壳形成包膜。病毒核酸复制和蛋白质合成很快，但装配效率不高，常有一半核酸和蛋白质不能装配成病毒粒子，但仍可排出细胞外，或成为无感染性的空病毒(空衣壳)。多数 DNA 病毒在细胞核内合成装配，RNA 病毒在细胞浆内合成装配。

(6)释放

成熟的病毒粒子自细胞释放的方式不一。有的病毒先聚积在细胞空泡内，然后通过细胞通道向外溢出；有的依靠细胞膨胀破裂放出；有的则因细胞感染病毒后死亡裂解或自溶而释出。有囊膜的病毒多数借出芽而穿出细胞游离。然而，无论病毒进入或出芽，离开细胞所造成的细胞膜损伤并不会引起细胞死亡。活的细胞易于修补，仍能继续增殖病毒，而细胞自身也能分裂增殖。病毒在活细胞内复制增殖的速度随病毒种类、细胞种类、形成部位和平衡条件等因素而不同。痘病毒增殖全过程 24～28 h，披膜病毒约 12 h；动物病毒在 1 个细胞的增殖量数千个到百万个。

通常，病毒吸附进入细胞后，有 2～12 h 的隐蔽期，该期内病毒感染相关病毒不能被检出。接着病毒粒子逐渐成熟，随着细胞膜破裂，无囊膜病毒被释放，有囊膜病毒则通过胞浆膜出芽成熟。掌握不同病毒的增殖规律。获得高滴度病毒，对研制高质量生物制品十分重要(图 5-6)。

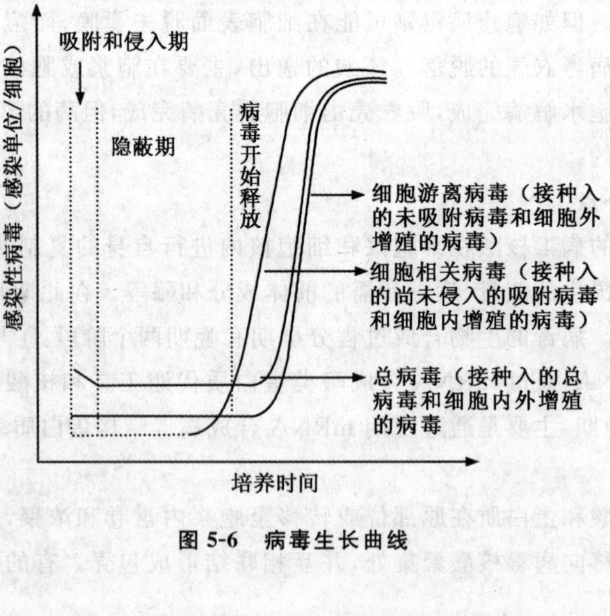

图 5-6　病毒生长曲线

2.病毒的营养

病毒在复制增殖过程中,直接利用宿主细胞的成分合成自身的核酸和蛋白质,因此宿主细胞的营养就成为病毒合成所需的能量和组成成分的来源。目前,为病毒增殖提供营养的方法为动物接种、鸡胚和细胞培养等。其主要营养物质包括无机盐类、蛋白质、氨基酸、碳水化合物和生长因子(维生素、激素和血清过滤因子)等。

(二)动物增殖病毒技术

病毒性疫苗、抗病血清制造及病原学研究都需要大量病毒。有些病毒必须通过易感动物进行增殖。动物接种也是增殖病毒常采用的一种途径。

1.动物的选择

动物的品质对所增殖病毒的生物学性状影响极大,从而直接或间接地干扰动物生物制品的质量和实验研究结果。目前,选择动物的标准是:①大动物应来源于非疫区,最好是未接种过相应病毒疫苗、青壮年和健康(经临床检查、检疫)的动物;②对相应病毒易感,并十分敏感;③经隔离饲养和观察检查证明健康;④家兔、小鼠、大鼠等应符合普通级或清洁级实验动物标准;⑤体重、年龄要基本一致,个体差异不宜过大。

2.接种方法

根据病毒性质和目的,可采取不同途径接种动物。接种方法包括皮下接种、皮内接种、肌内接种、静脉接种、腹腔接种和脑内接种。

(三)禽胚增殖病毒技术

1911 年 Rous 等首先应用鸡胚培养研究鸡肉瘤病毒的增殖,但直到 1938 年,该技术才得以应用。Cox 应用卵黄囊培养立克次氏体后,鸡胚培养技术又广泛用于病毒和立克次氏体的研究。近 20 多年来,虽然组织培养技术发展很快,但鸡胚培养技术仍被广泛地用于病毒的分离、鉴定、抗原制备及疫苗生产等方面。鸡胚来源充足,操作简单,所以,该技术已被广泛用于动物生物制品制造。

1.禽胚的选择

禽胚对于病毒增殖和生物制品质量极为重要,必须进行精心选择。目前理想的禽胚是 SPF 鸡胚。据国家标准,禽胚不应含有鸡的特定的 22 种病原体,可适用于各种禽疫苗的生产,如新城疫、马立克氏病、鸡痘、传染性法氏囊病和传染性支气管炎等疫苗。但由于 SPF 鸡饲料条件严格,价格昂贵,商品化种蛋供不应求,故常用非免疫鸡胚加以补充，这种蛋应无特定病原的母源抗体，如用于新城疫疫苗生产的鸡胚应无新城疫母源抗体，否则会影响新城疫病毒在胚内增殖。此外，不同病原对禽胚的适应性也不同，如狂犬病和减蛋综合征病毒在鸭胚中比鸡胚中更易增殖，鸡传染性喉气管炎病毒只能在鸡和火鸡内增殖，而不能在鸭胚和鸽胚内增殖等。因此，实际应用时应加以严格选择。普通鸡胚由于可能带有鸡的多种病原体，故不适用于疫苗生产。目前在尚无 SPF 鸭胚的情况下，某些异源性疫苗(如鸡减蛋综合征灭活疫苗等)生产时可选择无干扰抗体的健康鸭胚。

2. 禽胚接种途径与收获

通常应用的禽胚接种方法有 4 种，即绒毛尿囊膜接种法、尿囊腔接种法、羊膜腔接种法和卵黄囊接种法。有时可采用静脉接种法或脑内接种法。

(1)绒毛尿囊膜接种法

多用于嗜皮肤性病毒的增殖，如痘病毒、鸡传染性法氏囊病毒和疱疹病毒等。病毒在绒毛尿囊膜上可形成肉眼可见的痘斑。具体接种方法有两种：①选择 10～13 日鸡胚，照检后划出气室和胚位，用 5%碘酊和 75%酒精两次消毒后于气室部位的卵壳上钻一孔，穿透壳膜，再于鸡胚面避开血管小心钻一小孔，勿穿透绒毛尿囊膜，然后用橡胶吸球紧贴气室孔轻轻一吸，在照蛋灯下便看到鸡胚面小孔处的绒毛膜下陷造成人工气室，随后用 6～7 号细针头慢慢插入人工气室孔，注入 0.1～0.2 mL 病毒液，轻摇鸡蛋使注入物均匀散布于绒毛尿囊膜上(图 5-7)，最后用石蜡封孔，置 35～37℃孵化。弃去 24 h 内死胚，每日照蛋 2 次，死亡胚及时置于 4℃12 h 后收获。②选用 10～13 日龄鸡胚，照检后划出气室，经两次消毒后于气室部位距气室分界线 3～5 mm 处打一小孔(比注射用针头略大，以便接种时减低正压)，然后用细针头斜向蛋壳面插入约 5 mm，再退出于气

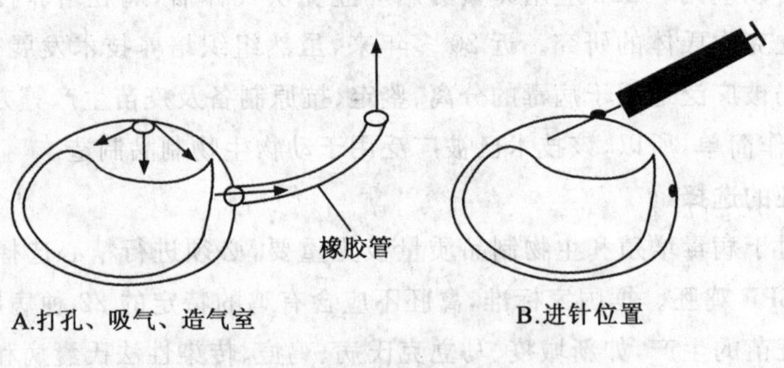

图 5-7　鸡胚绒毛尿囊膜接种法

室内注入 0.2 mL 病毒液，封口后将鸡胚直立（气室向上）于 37℃放置 2 h，不翻蛋。最后按常规孵化，每日照蛋 2 次，及时取出死亡胚放 4℃12 h 后收获。收获时用碘酒消毒人工气室或气室周围蛋壳，去除蛋壳和壳膜，用灭菌镊子轻轻夹起绒毛尿囊膜，并沿气室周围将绒毛尿囊膜全部剪下，取病变明显部位，经研磨制成病毒悬液。

(2)尿囊腔接种法

一般用于新城疫病毒、鸭传染性肝炎病毒和传染性支气管炎病毒等，在生物制品上应用最广。通常选 9～11 日龄鸡胚，照检后划出气室边界、在胚胎距气室边界上或/和下 2～3 mm 处打孔，然后注射器 45°进针约 1.5 cm，注入 0.1～0.2 mL 接种物，石蜡封口后置 37℃培养，每日照检 1 次，24 h 内死胚弃去不用。然后根据不同病毒，收获不同时间内死亡或存活的鸡胚尿囊毒液和羊水。收获时，通常在收获前将鸡胚于 4℃放置 6 h 或过夜或－20℃放置 0.5～1 h，使血液凝固以免收获时流出的红细胞与尿囊液或羊水中的病毒发生凝集，造成病毒滴度下降。然后用碘酒消毒气室部蛋壳，并去除蛋壳和壳膜，再用灭菌吸管通过绒毛尿囊膜插入尿囊腔，吸取尿囊液和羊水备用(图 5-8)。

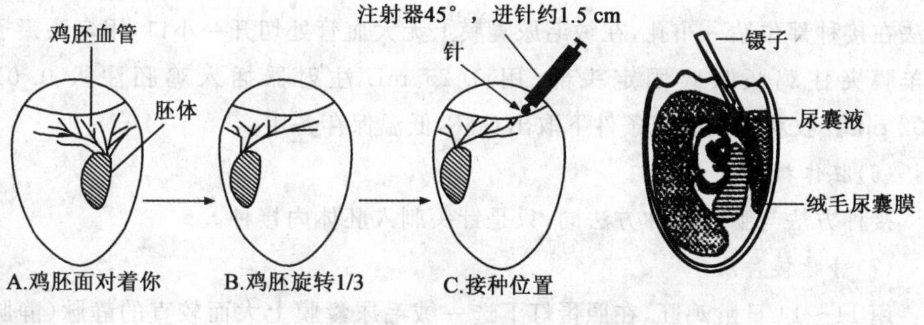

图 5-8 尿囊腔接种法

(3)卵黄囊接种法

主要用于立克次氏体、鹦鹉热衣原体及某些病毒的增殖。通常用 5～8 日龄鸡胚，经照检后划出气室和胎位，在气室中心壳上钻一小孔，接种的针头沿胚的纵轴插入约 30 mm，注入 0.1～0.2 mL 接种物后封口孵化收获时，撕破绒毛尿囊膜和羊膜，夹起鸡胚切断卵黄带，置灭菌平皿中。如系收获鸡胚则将鸡胚低温保存备用；如系收获卵黄囊则将蛋内容物倒入平皿内，用镊子将卵黄囊及绒毛尿囊膜分开，用灭菌生理盐水冲去卵黄，取卵黄囊置低温中保存备用(图 5-9)。

(4)羊膜腔接种法

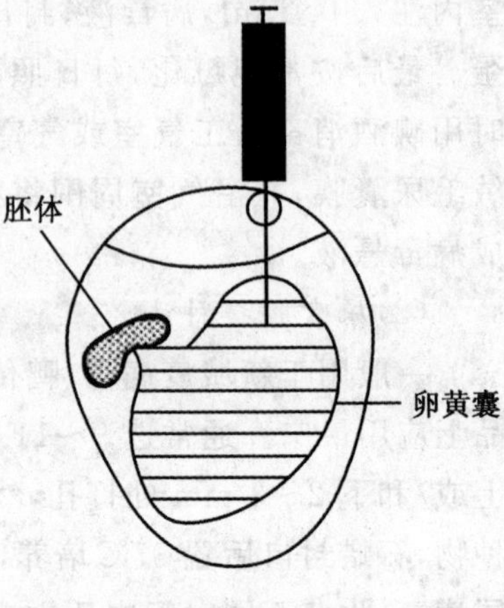

图 5-9 鸡胚卵黄囊接种法

操作时须在照蛋灯下进行，成功率约为80%。先将10～12日龄鸡胚直立于蛋盘上，气室朝上使胚胎上浮，划出气室和胚胎位置，在气室端靠近胚胎侧的蛋壳上钻孔(孔径略大于注射用针头)，在照蛋灯下将注射器针头轻轻刺向胚体，当稍感抵抗时即可注入病毒液0.1～0.2 mL。也可将注射器针头刺向胚体后，以针头拨动胚体下颚或腿，如胚体随针头的拨动而动，则说明针头已进入羊膜腔，然后再注射病毒液，最后封口孵化。本法可使病毒感染鸡胚全部组织，病毒且可通过胚体泄入尿囊腔，收获方法与尿囊腔接种方法相同。

(5)脑内接种法

常用于狂犬病毒的增殖。选用8～13日龄鸡胚，划出气室和胎位，按羊膜腔接种法在接种部位钻一小孔，在绒毛尿囊膜上无大血管处切开一小口，用弯头镊子通过羊膜夹住鸡胚眼睑固定头部，用0.25 mL注射器插入鸡胚注入0.01～0.02 mL。收获时在无菌条件下取出鸡胚，低温保存备用。

(6)胚体接种法

接种方法与脑内接种方法同，只是针头刺入胚体内接种。

(7)静脉接种法

用11～14日龄鸡胚，在照蛋灯下选一绒毛尿囊膜上大而较直的静脉(静脉位置应表浅、不动)，并在蛋壳上划一长方形(5 mm×15 mm)记号，并划出血流方向。用蛋钻在注射部位开一长方形裂痕，除去蛋壳，于蛋窗内壳膜上滴一滴灭菌液体石蜡，使静脉透明可见，用注射器顺血流方向刺入血管注入0.05～0.2 mL病毒液后，缓慢拔出针头后可不封口，37℃孵化，每日照检1～2次，弃24 h内死胚。收获时按脑内接种法沿反血流方向静脉插入针头，吸收0.05～0.5 mL血液，鸡胚仍能存活。或者去除气室蛋壳，滴一滴液体石蜡于蛋膜，通过蛋膜用针头刺破内部大血管，使血液渗出壳膜之上，用吸管吸取，可得0.5 mL血液。病毒在体内的增殖变化见表5-3。

表 5-3 一些病毒在胚内的增殖变化

病毒	日龄	适宜接种途径	培养温度/℃	培养时间/d	表现	收获物
新城疫病毒	9～11	绒毛尿囊膜，尿囊腔或羊膜腔	32～37	4～5	出血，凝集红细胞	尿囊液、羊水、绒毛尿囊膜
禽流感病毒	9～12	尿囊腔、羊膜腔	33～35	1.5～2	凝集红细胞	尿囊液、羊水
	11～13	绒毛尿囊膜	37	37		绒毛尿囊膜
传染性支气管炎病毒	8～10	尿囊腔	30～36	2～3	萎缩胚	尿囊液、羊水、卵黄囊
	5～6	卵黄囊	37	3～4		
鸡痘病毒	11～12	绒毛尿囊膜 尿囊腔	37	4～5	痘斑	绒毛尿囊膜
传染性喉气管炎病毒	11～12	绒毛尿囊膜	37	5	痘斑	绒毛尿囊膜、尿囊液、
		羊膜腔	37	5	包涵体	羊水、胚体
传染性法氏囊病病毒	9～10	绒毛尿囊膜 卵黄囊、尿囊腔	37	3～6	出血、水肿	绒毛尿囊膜、胚体、卵黄囊
鸭病毒性肝炎病毒	9～11	尿囊腔	37	5～6	出血、水肿	尿囊液、胚体
	5～7	卵黄囊				
鸭瘟病毒	9～12	绒毛尿囊膜	37	3～7	出血、水肿	绒毛尿囊膜、胚体
兔黏液瘤病毒	9～10	绒毛尿囊膜	37	3～5	痘斑	绒毛尿囊膜
羊痘病毒鸡胚化弱毒株	9～10	绒毛尿囊膜	37	4～5	痘斑	绒毛尿囊膜

3. 影响禽胚增殖病毒的因素

(1)种蛋质量

种蛋质量直接与增殖病毒的质和量相关。当然，最理想的禽胚是 SPF 种蛋，其次是非免疫种蛋，而普通种蛋则不适合用于动物生物制品制造。

①病原微生物。家禽有很多疫病及病原可垂直传递于鸡胚，如白血病、脑脊髓炎、腺病毒、支原体及传染性贫血病毒等。这些病原体既可污染制品本身，又可影响接种病毒在鸡胚内的增殖，如新城疫病毒接种 SPF 鸡胚和非免疫鸡胚，在相同条件下增殖培养，前者鸡胚液毒价比后者至少高几个滴度。

②母源抗体。鸡在感染一些病原或接受一些抗原后，会使其种蛋带有母源抗体，从而影响病毒在鸡胚内的增殖，如鸡传染性法氏囊病病毒强毒株接种 SPF 鸡胚，鸡胚死亡率达 100%，但接种非免疫鸡胚，死亡率仅约 30%。

③抗生素。家禽混合饲料中常含有一定的抗生素。这种微量的抗生素可在蛋中引起残留，从而影响病原体的增殖。如用四环素喂产蛋母鸡，则鸡胚对立克次氏体和鹦鹉热衣原体的感染产生抵抗。

(2)孵化技术

为获得高滴度病毒，须有适宜的孵化条件，并加以控制，这样才会使鸡胚发育良好，有利于病毒增殖。

①温度。温度是禽胚孵化技术成功的首要条件。通常禽胚发育的适宜温度为 37～39.5℃。根据孵化设备及孵化室的不同，实际采用的温度可做适当调整，如用机械通风的主体孵化机孵化，其适宜温度应控制在 37.8～38℃。鸭、鹅蛋大且壳厚，蛋内脂肪含量较高，故所用孵化温度比鸡蛋略高。此外，禽胚较能忍受低温，短期降温对鸡胚发育还有促进作用，故禽胚孵化温度应严格控制，宁低勿高。有些病毒对温度比较敏感，如鸡胚接种传染性支气管炎病毒后，应严格控制孵化温度，不应超过 37℃。

②湿度。湿度可控制孵化过程中蛋内水分的蒸发。湿度增高，则空气含水量增加，鸡胚蒸发出的水分降低；反之，则孵化机内空气干燥，鸡胚水分蒸发增加。因此控制相对湿度是必要的。一般禽胚对湿度的适应范围较宽，且有一定的耐受能力。在孵化过程中，湿度偏差 5%～10% 对禽胚发育没有严重的影响。鸡胚孵化湿度标准为 53%～57%，水禽胚孵化湿度比鸡胚高 5%～10%。

③通风。禽胚在发育过程中吸入氧气，排出二氧化碳。随胚龄增长需更换孵化机内空气。目前使用的孵化机，通常采用机械通风法吸入新鲜空气排出部分污浊气体。如采用普通恒温箱培养，则不应完全封闭，应定期开启以保持箱内空气新鲜。

④翻蛋。通常种蛋大头向上垂直放置入孵，孵化过程中定期翻蛋，改变位置，既可使胚胎受热均匀，有利于发育；又可防止胚胎与蛋壳粘连。翻蛋在鸡胚孵化至第 4～7 天尤为重要。翻蛋还可改变蛋内部压力，使胚胎组织受热均匀，强制胚胎定期活动，促进胚胎发育。

(3)接种技术

不同病毒的增殖有不同的接种途径，同一种病毒接种不同日龄禽胚获得的病毒量也不同。如通常鸡胚发育至 13～14 日龄，鸭胚发育至 15～16 日龄，尿囊液含量最高，平均 6～8 mL，羊水 1～2 mL。因此，由尿囊腔接种病毒时，应根据不同病毒培养所需的时间选择最恰当的接种胚龄，以获得最高量病毒液。同时，接种操作应严格按照规定，不应伤及胚体和血管，以免影响发育，使病毒增殖速度降低或停止。

此外，禽胚污染是危害病毒增殖最严重的因素之一，应严格防止。因此必须做到：①鸡胚接种时严格无菌操作；②定期清扫消毒孵化室，保持室内空气新鲜，无尘土飞扬；③种蛋入孵前先用温水清洗，再用 0.1%来苏儿或新洁尔灭消毒，晾干。

（四）细胞增殖病毒技术

自 20 世纪 40 年代末首次发现脊髓灰质炎病毒在体外非神经组织生长复制以来，细胞培养已成为增殖病毒的主要方法。病毒细胞培养的原理主要是为病毒易感的组织细胞提供良好的生长环境，使细胞适应并繁殖，从而为病毒增殖提供宿主进行复制。细胞增殖病毒技术包括细胞培养技术和病毒增殖技术两个方面。

1. 细胞培养技术

(1)细胞的类型

①原代细胞(primary cell)。是指新鲜组织经剪碎和胰酶消化制备的细胞，如鸡胚成纤维细胞。原代细胞对病毒的检测最为敏感，但制备和应用不方便。原代细胞传代 1 次后的细胞成为次代细胞。次代细胞形态和染色体与原代细胞基本相同。原代细胞一般仅可传 3 代左右。

②细胞株(cell strain)。又称二倍体细胞，是指自继代培养的细胞中选育出具有特殊生物学性质和标记的细胞，如 PK15（猪肾细胞株）、BHK21（地鼠肾细胞株）和 Vero（非洲绿猴肾细胞株）等。细胞株广泛适用于病毒性生物制剂制备（如疫苗生产），安全可靠。

③传代细胞(continue cell line)。又称细胞系(cell line)或非二倍体细胞系(non-diploided cell lines)，能在体外无限传代，其染色体数目及其增殖特性均类似于恶性肿瘤细胞，且多来源于癌细胞，如 HeLa 细胞系（人子宫颈癌细胞）、RNG 细胞系（鼠肾腺癌细胞）等，有致癌性，故不能用于疫苗制备，多用于病毒的分离鉴定。

(2)细胞的培养方法

①静置培养。将细胞悬液接入培养瓶或培养板中置恒温箱内静置培养，细胞生长繁殖成单层或克隆。静置培养是最常用的细胞培养方法，广泛用于病毒研究和生物制品制造。

②转瓶培养。将细胞悬液接入转瓶后放于恒温箱的转鼓上，转鼓转速一般为 10～20 r/h，使贴壁细胞不始终浸于培养液中，有利于细胞呼吸和物质交换。可在

少量的培养液中培养大量的细胞来增殖病毒，多用于生物制品生产。

③悬浮培养（suspension cell culture）。是通过振荡或转动装置使细胞始终处于分散悬浮于培养液内的培养方法，主要用于一些在振荡或搅拌下能生长繁殖的细胞，如生产单克隆抗体的杂交瘤细胞。对正常细胞（贴壁依赖性细胞）、某些传代细胞如 Vero 细胞等不适用，这些细胞在悬浮下会很快死亡。本法一般采用磁力搅拌或转鼓旋转（2 400 r/h），使细胞保持悬浮。大量培养时多在发酵罐中进行。悬浮培养可以大量地提高细胞数量，从而提高生物制品的产量和质量。

④微载体培养（microcarrier cell culture）。微载体（microcarrier）即以细小的颗粒作为细胞载体，通过搅拌悬浮在培养液内，使细胞在载体表面繁殖成单层的一种细胞培养技术，兼有单层和悬浮细胞培养的优点。微载体带有正电荷，负电荷的细胞很容易贴附。该培养方法完全可以实现自动化和工业化，可满足大量生产疫苗的需要。

（3）细胞的制备

①原代细胞。动物组织经胰蛋白酶等消化，分散，获得单个细胞，再生长于培养皿中。大多数组织可以制备原代细胞，但生长的快慢及难易程度不一。肾和睾丸最常用，甲状腺细胞生长较慢，只用于某些特定的病毒如猪传染性肠胃炎病毒的培养。

②传代细胞。原代细胞基础上通过胰酶等物质消化后继续用于细胞培养的细胞，它与原代细胞具有相同核型。这类细胞在体外可以无限制分裂。

③细胞冻存与复苏。为保持细胞最大活率，一般采用慢冻快融法。取对数生长期细胞消化后离心。将细胞沉淀用冻存液（10％DMSO，20％犊牛血清，70％MEM）悬浮至 200 万～500 万/mL 细胞数，分装于细胞冻存管后 4℃放置 1 h，然后－20℃冰箱放置 2 h，再放入－70℃冰箱 4～6 h 后放入液氮保存。复苏时要求快速融化以防止损害细胞。通常将从液氮中取出的细胞管置 37～40℃水浴 40～60 s 融化，离心后除去冻存液，然后将细胞悬浮于培养液中培养。必要时待细胞完全贴壁后换液 1 次，以防止残留的 DMSO 对细胞有害。

（4）细胞培养要素

①培养液。以往多用天然培养液，现多用合成培养液。合成培养液有多种，如 Eagle 氏液、RPMI-1640 和 199 等，各有其特点和适用范围。Eagle 氏液主要成分为 13 种必需氨基酸、8 种维生素、糖和无机盐等成分。RPMI-1640 和 DMEM 主要用于肿瘤细胞和淋巴细胞培养。

②血清。在细胞培养液中必须加入一定量的血清方能获得成功。血清中除含

有细胞生长的部分必需氨基酸外，还有促进细胞生长和贴壁的成分。目前国内多用犊牛血清，使用前需经 56℃灭活 30 min，并进行细胞毒性试验。生长液血清含量一般为 5%～20%。不同种细胞要求血清量也不同，大部分细胞生长液中加入10%血清已可满足细胞生长要求。维持液中血清量为 0%～5%。最好尽可能不加入血清以维持细胞活力，并避免血清对病毒增殖的抑制作用。

③细胞接种量。在适宜的培养条件下，需要有一定量活细胞才能生长繁殖，这是因为细胞在生长过程中分泌刺激细胞分裂的物质，若细胞量太少，这些物质分泌量少，作用也小。此外，细胞接种量和形成单层的速度也有关，接种细胞数量较大，细胞生长为单层的速度越快，但细胞过多对细胞生长也不利。一般鸡胚成纤维细胞为 100 万/mL，小鼠或地鼠肾细胞为 50 万/mL，猴肾细胞量为 30 万/mL，传代细胞为 10 万～30 万/mL。

④pH。细胞生长的 pH 为 6.6～7.8，但最适为 7.0～7.4。培养液中的缓冲体系主要是碳酸氢盐、磷酸氢盐和血清。

⑤温度。细胞培养的最适温度应与细胞来源的动物体温一致，在此基础上，如升高 2～3℃，则对细胞产生不良影响，甚至在 24 h 内死亡。低温对细胞影响较小，在 20～25℃时细胞仍可缓慢生长。

此外，成功的细胞培养还需要严格的无菌操作及洁净的培养器皿。

(5)细胞培养污染问题

细胞培养污染是指在细胞培养过程中，有害的成分或异物混入细胞培养环境中，包括微生物、化学物和异种细胞等。但微生物的污染最常见，化学物污染较少，而细胞交叉污染近几年来随细胞种类的增多也有发生。污染细胞培养物的微生物主要包括细菌、真菌、支原体和病毒。为预防细菌等细胞型微生物的污染，可在培养液中加入一定量的抗生素；而细胞一旦污染病毒，就很难排除，因此主要以预防为主，如选择 SPF 动物组织、营养液配制用水和器皿应消毒后使用等。

2.病毒增殖技术

(1)细胞的选择

病毒须在敏感的宿主细胞中增殖，病毒培养的宿主细胞一般选择相应易感动物等。但非敏感动物的细胞有时也能使病毒生长，如鸭胚成纤维细胞可培养马立克氏病毒。通常病毒的细胞感染谱是通过试验获得的，同一病毒在不同敏感细胞增殖后其毒价不尽相同(表 5-4)。

表 5-4 常见病毒细胞感染谱

病毒	敏感细胞
口蹄疫病毒	BHK21、PK15、IBRS21 细胞，牛、猪、羊肾原代细胞
狂犬病病毒	BHK21、WI26 细胞，鸡胚成纤维细胞
伪狂犬病病毒	猪、兔肾原代细胞，鸡胚成纤维细胞、BHK21
日本乙型脑炎病毒	鸡胚成纤维细胞、仓鼠肾细胞
猪瘟病毒	PK15 细胞、猪肾细胞
猪水疱病病毒	PK15 细胞、IBRS21 细胞，猪肾细胞
猪传染性胃肠炎病毒	猪肾、猪甲状腺细胞，唾液腺细胞
猪繁殖与呼吸综合征病毒	Marcl45、CL2621，猪肺泡巨噬细胞
猪圆环病毒	PK15 细胞
猪细小病毒	ST 细胞、猪肾细胞
猪脑心肌炎病毒	鼠胚成纤维细胞(FMF)、BHK21 细胞
牛病毒性腹泻-黏膜病病毒	牛肾细胞、牛睾丸细胞
牛流行热病毒	牛肾、睾丸细胞，BHK21、Vero 细胞
牛传染性鼻气管炎病毒	牛睾丸细胞、猪肾细胞、Hela 细胞
马传染性贫血病毒	驴、马白细胞
鸡传染性喉气管炎病毒	鸡胚肾细胞
鸡痘病毒	鸡胚成纤维细胞、鸡胚肾细胞
鸡传染性法氏囊病病毒	鸡胚成纤维细胞
鸡马立克氏病病毒	鸡、鸭胚成纤维细胞
鸭瘟病毒	鸡、鸭、鹅胚成纤维细胞
小鹅瘟病毒	鹅胚成纤维细胞
兔黏液瘤病毒	乳兔肾细胞、鸡胚成纤维细胞
犬瘟热病毒	鸡胚成纤维细胞、犬肾细胞、Vero 细胞
犬传染性肠炎病毒	MDCK 细胞、FK81 细胞、NLFK 细胞、CRFK 细胞，猫、犬肾细胞
犬传染性肝炎病毒	MDCK 细胞、犬睾丸细胞、肾细胞
犬细小病毒	MDCK 细胞、FK81 细胞、犬猫胚肾细胞、水貂肺细胞系(CCL-64)
犬副流病毒	Vero 细胞，犬、猴肾细胞
猫泛白细胞减少症病毒	FK81 细胞、NLFK 细胞、CRFK 细胞、FLF31 细胞、猫肾细胞
水貂传染性肠炎病毒	FK81 细胞、NLFK 细胞、CRFK 细胞，猫、水貂肾细胞
水貂阿留申病毒	水貂肾细胞

(2)细胞培养病毒要素

病毒在敏感细胞上增殖需要一定条件，包括维持液、犊牛血清量、温度、pH、病毒接种量和方法等，只有在最佳条件下，病毒才能大量增殖，毒价才会最高。

①血清。细胞培养必须加一定量血清。但是，血清中存在一些非特异性抑制

因子,他们对某些病毒的生长和增殖有抑制作用。为了克服血清中非特异性抑制因子的作用,病毒维持液内犊牛血清含量一般不超过2%。

②温度。病毒细胞培养的温度多数为37℃,此温度有利于病毒吸附和侵入细胞,如口蹄疫病毒于37℃可在3～5 min内使90%的敏感细胞发生感染,而在25℃时需要20 min,15℃以下则很少引起感染。但有些病毒的最适温度或高于37℃或低于37℃。

③pH。在配制维持液时,pH一般在7.6～7.8才能防止细胞过早老化,有利于病毒增殖。如果维持液pH下降过快或过低,可用7.5% $NaHCO_3$液调整。

④接毒量与接毒方法。病毒接种一般按维持液的1%～10%(体积分数)量接入。接种量小,细胞不能完全发生感染,会影响毒价;接种量过大,会产生大量无感染性缺陷病毒。为获得培养液中典型病毒和高度感染性,接种时必须用高稀释度的病毒液,如应用高浓度的病毒液传代,在第3～4代时会出现明显的缺陷病毒,发生自我干扰现象,病毒滴度下降。

病毒接种细胞方法有异步接毒和同步接毒。异步接毒是细胞长成单层后倒去生长液,按维持液的1%～10%(体积分数)量接毒,37℃吸附1 h后加维持液。多数病毒采用该接毒方式。同步接毒是在种植细胞的同时或在种植细胞后4 h内将病毒接入,主要用于病毒复制发生在细胞有丝分裂盛期的病毒,如细小病毒等。

(3)病毒增殖指标与收获

多数病毒在敏感细胞增殖可引起细胞代谢等方面的变化,发生形状改变,即细胞病变(CPE),显微镜下主要表现为:①细胞圆缩。如痘病毒和呼肠孤病毒等。②细胞聚合。如腺病毒。③细胞融合形成合胞体。如副黏病毒和疱疹病毒。④轻微病变。如正黏病毒、冠状病毒、弹状病毒和反转录病毒等。包涵体和血凝性也可作为检查病毒增殖的指标。有些病毒在细胞上增殖并不产生CPE,如猪瘟病毒和猪圆环病毒等。

病毒在敏感细胞内增殖一般在CPE达80%左右时收获,反复冻融多次使病毒释放,然后3 000 r/min离心15～20 min除去细胞碎片,上清病毒液－20℃保存。病毒毒价测定方法多采用 $TCID_{50}$、中和试验、琼脂扩散试验、血凝试验、ELISA和补体结合试验等免疫学方法。

复习思考题

1. 在菌苗生产中常以活菌数作为其配苗依据,请图示平板表面散布法的活菌计数过程与计算方法。

2.在动物生物制品生产过程中,必须进行无菌操作,请你说说对无菌的理解。

3.简述疫苗生产中常用的细胞培养方法及应用特点。

4.如果企业生产的半成品病毒含量不合格,根据学过的知识,应该从哪几方面查找原因?

5.动物符合哪些标准时方能用于培养病毒?

生产篇

项目六　细菌性疫苗生产技术

细菌性疾病是动物主要的传染性疾病之一，由于集约化养殖模式的推广以及抗生素滥用等因素，造成目前细菌性疾病的传播速度加快、发病迅速、疗效不明显、死亡率高等特点。而传染病控制的原理是针对引起流行的 3 个环节，即消灭传染源，切断传播途径和保护易感群体，疫苗免疫的作用主要是保护易感群体。通过研制疫苗来控制细菌性传染病是非常必要的。通过本项目的学习，要求掌握细菌性疫苗的生产技术，能进行细菌性灭活苗的制备。

细菌性疫苗生产工艺流程见图 6-1。

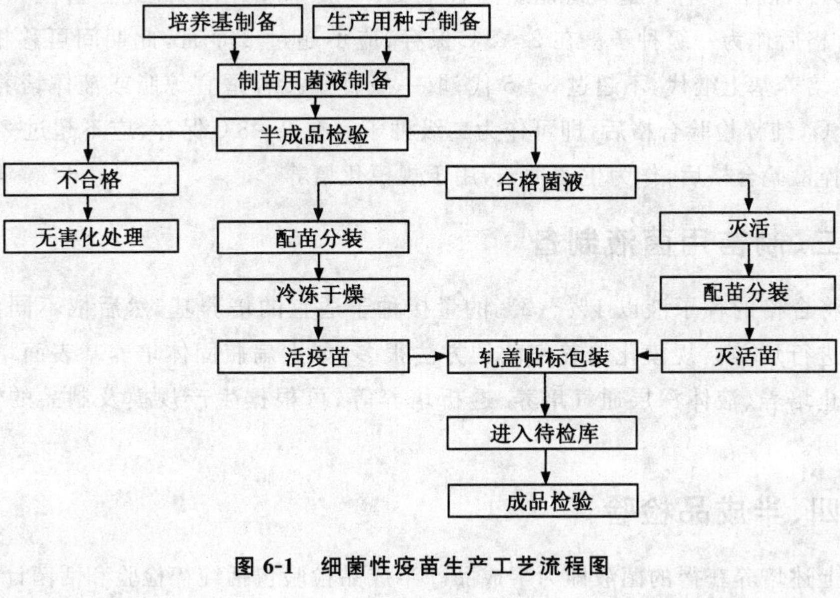

图 6-1　细菌性疫苗生产工艺流程图

一、培养基制备

培养基是人工制备的供细菌生长繁殖的一种营养物质，是维持与繁殖细菌的基础。因此，也是制造细菌性疫苗的关键。根据疫苗的性质及用途不同选择适宜的培养基。按常规方法制备培养基，经高压灭菌后方可使用。

二、生产用种子制备

按种子批分类，生产用菌(毒、虫)种可分为 3 级，分别采用不同的管理制度。

1. 原种

由中国兽医药品监察所或其委托的单位负责保管。

2. 基础种子

由中国兽医药品监察所或其委托的单位负责制备、检验、保管和供应。

3. 生产种子

由生产企业自行制备、检验和保管。制造弱毒活疫苗的生产种子一般是弱毒菌(毒、虫)，即对动物无致病力而具有一定免疫原性的菌(毒、虫)种。

生产用种子是由基础种子扩繁制备而成，包括一级种子和二级种子。通常将基础种子划线接种于适宜琼脂平板培养基中，选取经分离培养后获得的典型菌落 5～10 个，混合接种于适宜琼脂斜面若干支，一般 37℃培养，经纯粹检验和鉴定实验，合格后作为一级种子。在 2～8℃保存，应不超过 2 个月，此期间可移植 1～2 次，在培养基上继代，不超过 3～5 代；取一级种子接种适宜琼脂或液体培养基，一般 37℃，纯粹检验合格后，即可作为二级种子。在 2～8℃保存，应不超过 2～5 d。经纯粹检验合格后，作为生产种子，用于规模化培养。

三、制苗用菌液制备

将合格的种子液以 1%～2%的量接种于适宜的培养基，然后依不同菌苗的要求进行培养。规模化培养细菌的方法很多，如大扁瓶固体培养基表面培养、液体静止培养、液体深层通气培养、透析培养等，可根据生产规模及制品的性质选择使用。

四、半成品检验

上述培养获得的菌液即为半成品。半成品检验包括纯粹检验和活菌计数。

五、配苗与分装

将合格的半成品加入保护剂或佐剂，定量分装，制成活疫苗或灭活疫苗，轧盖、贴标、包装后入待检库。成品检验合格后，可以销售使用。

通常将合格的半成品加入 5%明胶蔗糖作为保护剂，经冷冻真空干燥后定量分装，制成活疫苗，轧盖、贴标、包装后入待检库。成品检验合格后，可以销售使用。活菌苗需要低温冷冻保存。灭活菌苗常用佐剂为 20%氢氧化铝胶，按比例与灭活菌液混合后直接分装，低温保存。

六、冷冻真空干燥

将分装好的制品放在冻干机箱隔板上，按隔板层次，由上而下，由里向外逐层装箱。通过预冻、升华干燥和解吸干燥阶段，经观察核定，各项冻干数据已全部达到预先设定的标准后，即为冻干全过程结束。如为自动加塞，就可按下隔板下降按钮，使隔板下降压好瓶塞。打开放气阀门，冻干箱内放入无菌干燥空气，制品出箱。

复习思考题

1. 细菌性灭活疫苗的制备主要包括哪些过程？
2. 细菌性活疫苗的质量受到哪些因素的影响？

项目七　病毒性疫苗生产技术

病毒病是一类顽固性疾病，至今为止，病毒性疾病一旦发病后的治疗效果都不是很理想。对于病毒性疾病平时主要靠疫苗接种进行预防和治疗。所以每个养殖场都把病毒性疾病的预防放在第一位，只有把病毒性疾病预防好了，养殖才能有保证。通过本项目的学习，要求掌握病毒性疫苗的生产技术，以及能进行病毒性疫苗制备。

病毒性疫苗生产工艺流程如图 7-1 所示。

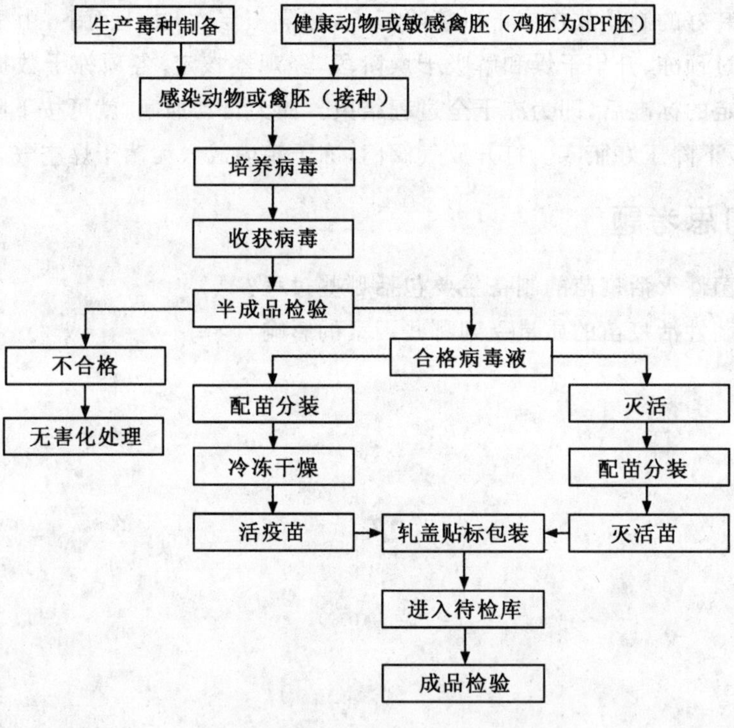

图 7-1　病毒性灭活苗生产工艺流程图

一、健康动物或敏感禽胚选择

禽胚质量对于病毒增殖和生物制品质量极为重要。目前理想的禽胚是无特定病原体(SPF)鸡胚。按国家标准,SPF 鸡胚不应含有鸡的特定的 22 种病原体,可适用于各种禽疫苗的生产。但由于 SPF 鸡饲养条件严格,价格昂贵,商品化种蛋供不应求,故常用非免疫鸡胚加以补充,这种蛋只用于灭活疫苗的生产,不能用于活疫苗生产。目前在尚无 SPF 鸭胚的情况下,某些异源性疫苗生产时可选择无干扰抗体的健康鸭胚。从 2008 年 1 月 1 日起,农业部将对 GMP 疫苗生产企业菌(毒)种制备与鉴定、活疫苗生产以及疫苗检验要求全部使用 SPF 鸡胚。可根据培养的病毒种类选择制苗材料。

二、生产毒种制备

生产毒种是由基础种子扩繁制备而成。通常将基础种子经适当稀释接种于动物或鸡胚中,按规定时间和温度培养,收获含毒组织或病毒液。经毒种鉴定合格后,直接分装或冻干,注明收获日期、代次,作为生产用毒种。置－15℃以下保存。继代不超过 3～5 代。

三、接种、病毒培养与收获

将合格的生产用毒种经适当稀释接种于动物或鸡胚中,接种方法很多,可根据培养的病毒种类进行选择。接种后的动物或鸡胚,按各自规定时间和温度进行培养,收获含毒组织或病毒液,即为半成品。

四、半成品检验

半成品检验包括无菌检验和病毒含量测定。如果制备灭活疫苗,经无菌检验和病毒含量测定合格后,病毒液还需用灭活剂进行灭活,灭活后需进行无菌检验。半成品必须无菌,才可以进行配苗。如不合格经无害化处理。

五、配苗与分装

将合格的半成品加入保护剂或佐剂,定量分装,制成活疫苗或灭活疫苗,轧盖、贴标、包装后入待检库。成品检验合格后,可以销售使用。活疫苗通常加入 5%蔗糖牛奶保护剂,经冷冻真空干燥制成,低温冷冻保存。灭活疫苗常用油乳佐剂,按比例与灭活毒液混匀乳化后直接分装,低温保存。

知识拓展:禽流感疫苗

流感病毒有 16 种(H1～H16)血凝素亚型,各亚型之间没有交叉免疫保护作用。目前，我国流行的主要是H5、H7和H9亚型禽流感，H5和H7亚型禽流感致死率高、危害大，是预防的重点。对于产蛋鸡来讲，H9亚型禽流感也需要预防，以减少或避免H9亚型禽流感致使产蛋下降。

禽流感灭活疫苗应在2～8℃下避光冷藏，不能冷冻或者过热。在疫苗使用前应置于室温(20～25℃)2 h左右，过凉的疫苗注射到鸡体内后会引起较大的反应。疫苗使用前要仔细核对疫苗的抗原亚型，详细记录生产批号和失效日期。观察到包装破损、破乳分层、颜色改变等现象的疫苗不能使用。使用时应边用边摇匀，以保证疫苗的均匀。疫苗启封后，应在24 h内用完，以避免疫苗污染细菌后大最繁殖、接种鸡后造成局部或全身的不良反应。注射灭活疫苗所用的针头以12号为宜，针头过粗则使部分疫苗可能会伴随着拔出的针头流出，针头过细则使注射操作困难。一般注射时，应提倡1只鸡换1个针头。注射器在使用前必须经严格的消毒，最简单的办法是煮沸消毒。灭活疫苗必须采用注射的途径进行接种，可以接种到肌肉内或者皮下。皮下接种注射时常选择在颈后部的下1/3处，进针方向应选择背离头部的方面。注射不可过深，若注射到颈部肌肉内，则容易出现伸颈困难、肿头或神经症状等。肌内注射时选择在胸部肌肉，针头向下与皮肤呈45°角。进针应深浅适宜，过浅可能会使疫苗流出，而使接种疫苗的量不足；过深则可能会将疫苗注射到胸腔或腹腔内，造成急性死亡。因雏鸡的胸部肌肉较少，常选用颈部皮下注射。在腿部肌内注射操作比较简便，但常可造成免疫鸡不愿站立或跛行等，从而影响活动和采食，这一点在散养鸡更常见。要确保免疫确实，发现漏种或有疫苗流出现象时应及时补种。

H5亚型禽流感重组鸡痘病毒载体活疫苗适用于各种品种的鸡的免疫，其产生抗体的时间比灭活疫苗早，而且吸收快，不影响肉质，尤其适用于生长期较短的肉鸡。该疫苗对鸭和鹅等水禽免疫效果不理想。疫苗应在低温(－20℃)下保存；保存温度要相对稳定，不能忽高忽低，或者反复冻融，否则疫苗的效价会迅速下降。在运输时则应放在保温箱内，同时加入冰袋等。使用时要观察疫苗外观是否正常，对一些瓶签说明不清、有裂缝破损、色泽性状不正常或瓶内发现杂质异物等疫苗应停止使用，过期产品不能使用。使用时应该用灭菌的生理盐水稀释；绝对不能用自来水，因自来水中含有一定的消毒剂，可全部或部分杀灭活疫苗；也不能用井水稀释，因井水中可能会存在一定量的细菌，会导致在接种疫苗的同时也接种了细菌，从而造成全身或局部的不良反应。疫苗稀释后，免疫禽的数量达到瓶签上标明的羽份时应刚好用完，多免则会使免疫剂量不足。该疫苗的最佳免疫途径是翅膀内侧无毛处刺种，刺种最好用刺种针，每只鸡最好重复刺种1次，确保免疫更确实。

复习思考题

1. 病毒性活疫苗的制备主要包括哪些过程？
2. 病毒性疫苗有哪几类？各有何优缺点？

项目八　其他生物制品制备技术

动物生物制品的种类繁多、用途各异，除了能够用于各种传染性疾病的免疫预防外，还可以用于动物疾病的诊断，如各种诊断抗原、血凝抗原；或者是用于动物疾病的治疗，如高免血清和卵黄抗体等；以及用于提高动物机体的免疫力，如干扰素、白介素等。通过本项目的学习，要求了解寄生虫疫苗、诊断用生物制品、类毒素、干扰素、白介素的制备流程，掌握治疗用生物制品制备流程，能够进行动物高免血清和高免卵黄抗体的制备。

一、掌握寄生虫疫苗制造流程

由于寄生虫感染的特殊性，在控制寄生虫感染的免疫预防方面，国内外的研究进展不大，尚未能像细菌和病毒那样很好地利用疫苗进行预防接种。但随着各种生物学新技术，尤其是分子生物学技术在寄生虫研究领域的应用，寄生虫免疫学研究不断取得进展，各种虫体的抗原变异机理不断被揭示，保护性抗原分离及分子克隆不断取得突破，寄生虫基因工程苗亦已初露端倪。如羊抗细粒棘球蚴基因工程疫苗 EG95 已用于生产；牛巴贝斯虫基因工程苗在澳大利亚已开始进行田间试验；人用恶性疟原虫基因工程苗已在坦桑尼亚等非洲国家试用多年，取得了令人振奋的临床保护效果。随着寄生虫免疫学研究的不断深入，相信会有更多的寄生虫疫苗问世。

寄生虫疫苗的制造流程与细菌疫苗和病毒疫苗的制造流程大致相同，不同种类的疫苗有不同的制造流程。

(一)致弱虫苗

致弱虫苗是最早的寄生虫苗，又称第一代寄生虫苗。寄生虫多为带虫免疫，处于带虫免疫状态的动物对同种寄生虫的再感染均表现不同程度的抵抗力。因而可以将强毒虫体以各种方法致弱，再接种易感宿主，以提高宿主的抗感染能力。致弱寄生虫毒力的方法主要有以下几种：

1. 筛选天然弱毒虫株

每一种寄生虫种群的不同个体或不同株的致病力不同，但其基因组成可能相同。有些致病力很弱的个体是天然致弱虫株，是制备虫苗的好材料。

2.人工传代致弱

有些寄生虫，特别是那些需要中间宿主的寄生虫（如巴贝斯虫和锥虫）在易感动物或培养基上反复传代后，其致病力会不断下降，但仍保持抗原性。故可以通过传代致弱获得弱毒虫株，用于制备虫苗。

（1）体内传代致弱

牛巴贝斯虫弱毒疫苗就是用牛巴贝斯虫在犊牛体内反复机械地传代15代以上，使虫体的毒力下降到不能使被接种牛发病的程度。鸡球虫的早熟株则是通过在鸡体内的反复传代，使球虫的生活史变短，在鸡体内的生存时间减少，从而达到减低毒力的目的。

（2）体外传代致弱

即将虫体在培养基内反复传代培养，最后达到致弱虫体的目的。如艾美尔球虫的鸡胚传代致弱苗和牛泰勒虫的淋巴细胞传代致弱苗。此外，还有用放射线致弱和药物致弱，但已很少使用。

（二）抗原苗

由于致弱苗存在诸多缺陷，目前人们都将重点转移到寄生虫抗原苗上。制备寄生虫抗原苗是先提取寄生虫的有效抗原成分，加入相应的佐剂，再免疫动物。该类虫苗最有前途，其制备关键是确定和大量提取寄生虫的有效保护性抗原。

1.传统寄生虫抗原苗

一般认为寄生虫可溶性抗原的免疫性较好，制备方法简便。如制备蠕虫可溶性抗原常规方法是将其以机械方法粉碎，提取可溶性部分或虫体浸出物，再通过浓缩处理即可。该方法遇到的一个重要问题是虫体来源有限。此外，该类抗原中绝大部分为非功能抗原，因而免疫效果并不理想。随着寄生虫（尤其是原虫）体外培养技术建立，很多寄生虫（如巴贝斯虫、锥虫和疟原虫）可以在体外大量繁殖，从而为提取大量的虫体分泌抗原奠定了基础，如巴贝斯虫培养上清疫苗。分泌抗原获得的方法是将虫体在体外培养，然后收集培养液，浓缩后即可获得抗原。

2.分子水平寄生虫抗原苗

制备有效寄生虫疫苗的关键是获得大量的功能抗原，功能抗原就是能刺激机体产生特异性免疫保护的抗原。随着分子生物学的发展，越来越多的生物技术引入寄生虫研究，促进了寄生虫抗原的分离、纯化、鉴定及体外大量合成。运用分子克隆技术可以获得大量纯化的寄生虫功能抗原，从而可以制备出新一代寄生虫苗，包括亚单位疫苗、人工合成肽苗、抗独特型抗体疫苗及基因工程疫苗等。

知识拓展:人兽共患寄生虫病

人兽共患病主要由细菌、病毒和寄生虫这三大病原生物引起,有记录的人兽共患病约200种。将在人与脊椎动物之间传播的寄生虫病和寄生虫净化称为人兽共患寄生虫病,至今已报道70多种,在人兽共患病中占重要地位。其病原包括原虫、蠕虫和节肢动物中能钻入或进入宿主皮肤或体内寄生的品种共120多种。随着世界经济的成长和人们生活程度的退步,在发达国家和发展中国家先后掀起了宠物热。我国近十年来,宠物业迅猛成长,犬、猫、鱼、鸟等已进入百姓家庭。宠物,特别是与人接洽最濒临的犬、猫的豢养,既使人们的生活增多了兴趣,又给人类健康带来了威胁。它使宠物市场涌现了前所未有的商机,也给人兽共患寄生虫病的防治带来了重大挑战。

宠物(犬、猫)人兽共患寄生虫病:有记录的犬、猫人兽共患寄生虫病至多有39种,其中原虫病9种(内脏利什曼病、皮肤利什曼病、皮肤黏膜利什曼病、肺孢子虫病、弓形虫病、非洲锥虫病、克氏锥虫病、等孢球虫病、贾第虫病)、吸虫病8种(血吸虫病、华支睾吸虫病、后睾吸虫病、双腔吸虫病、棘口吸虫病、片形吸虫病、异形吸虫病、并殖吸虫病)、绦虫病8种(猪绦虫/囊虫病、牛绦虫/囊虫病、棘球蚴病、泡球蚴病、裂头蚴病、裂头绦虫病、复孔绦虫病、细颈囊尾蚴病)、线虫病10种(钩虫病、膨结线虫病、毛细线虫病、麦地那龙线虫病、犬恶丝虫病、马来丝虫病、吸吮线虫病、颚口线虫病、粪类圆线虫病、旋毛虫病)、棘头虫病1种(猪巨吻棘头虫病)和节肢动物病3种(蝇蛆病、疥螨病、蠕形螨病),病原涉及80多种医学寄生虫和节肢动物。

至今,药物驱虫仍然占主导地位。但历久、大量化学药物的使用,涌现了药物抗性寄生虫、化学药物残留以及药物残留激发的食品安全问题。寄生虫病疫苗防治的新范畴正悄悄崛起,由于疫苗安全、无副作用、无残留。虽然兽用寄生虫疫苗研讨已获得明显进展,但至今,商品寄生虫疫苗绝大多数仍为活疫苗或致弱活疫苗。

二、诊断用动物生物制品的制备

诊断用生物制品(diagnosticum)是指利用细菌、病毒和寄生虫培养物、代谢产物、组分(提取物)和反应物等有效物及动物血清等材料制成的,专门用于动物传染病和寄生虫病诊断和检疫的一大类制品,又称为诊断液。包括诊断用抗原、诊断用抗体(血清)和标记抗体等3类。这些制剂的最基本要求是特异性强和敏感度高。

生物制剂用于诊断的原理,是基于抗原和抗体能特异性反应,以及抗原引起动物机体特异性免疫应答的基本特性。因此诊断中可以用已知抗原检测未知抗体,或用已知抗体检测未知抗原;还可根据动物机体对抗原的特异性反应进行动物疫病诊断。

(一)诊断抗原

1.血清学诊断抗原

血清学诊断抗原是用已知微生物和寄生虫及其组分或浸出物、代谢产物、感染动物组织制成,用以检测血清中的相应抗体。该类制剂可与血清中的相应抗体发生特异性反应,形成可见或可以检测到的复合物,以确诊动物是否受微生物感染或接触过某种抗原。常用的抗原有凝集反应抗原、沉淀反应抗原、补体结合反应抗原和酶联免疫吸附试验(ELISA)抗原等。

(1)凝集反应抗原

凝集反应抗原是颗粒性抗原,如细菌和红细胞等。在有电解质存在条件下,能与特异性抗体结合,形成肉眼可见的凝集现象。如布鲁氏菌凝集反应抗原、马流产凝集反应抗原、鸡白痢全血凝集反应抗原、猪传染性萎缩性鼻炎Ⅰ相菌抗原和鸡源支原体平板凝集反应抗原等。现以布鲁氏菌凝集反应抗原为例,说明其制造和使用方法。

①菌种。抗原性良好的2～3种布鲁氏菌。菌落须为光滑型。

②制造要点。将鉴定合格的种子液接种于适于布鲁氏菌生长的琼脂扁瓶上(或液体通气培养基),37℃培养2～3 d;加入适量0.5%石炭酸生理盐水,洗下培养物,经纱布过滤,涂片杂菌检查。经热凝集试验和吖啶黄凝集试验检验合格的过滤菌液,在70～80℃水浴中杀菌1 h,观察无凝集块出现,离心,将下沉菌体重新悬浮于0.5%石炭酸生理盐水中,此即为浓菌液,置2～10℃冰箱中保存备用。

③标化。用石炭酸生理盐水将浓菌液稀释为1∶20、1∶24、1∶28、1∶32、1∶36等5个不同稀释度,将标准阳性血清稀释为1∶300、1∶400、1∶500、1∶600、1∶700等5个稀释度。将稀释的抗原和血清排成方阵进行试管凝集试验,每只反应管中加抗原和血清各0.5 mL,37℃ 24 h观察结果。

当标准阳性血清对标准抗原的凝集价为1∶1 000“++”时,在血清1∶1 000稀释度呈现“++”,1∶1 200呈现“-”、“±”或“+”的凝集现象的抗原最小稀释度,即为浓菌液应稀释的倍数。在本例中浓菌液的稀释倍数为1∶28,此即为标化抗原的初测结果。然后再以同法做一次测定，如果第二次结果仍为1∶28，此即为标化抗原的初测结果。然后再以同法作一次测定，如果第二次结果仍为1∶28，则此批浓菌液作1∶28倍稀释，即为使用液。出厂的抗原原液比使用液浓20倍（表8-1）。

表8-1 不同浓度抗原对标准阳性血清的凝集反应结果（举例）

菌液稀释	血清最初稀释度				
	1∶300	1∶400	1∶500	1∶600	1∶700
	加入抗原后的血清稀释度				
	1∶600	1∶800	1∶1 000	1∶1 200	1∶1 400
1∶20	+++	++	+	−	−
1∶24	+++	++	+	−	−
1∶28	++++	+++	++	±	−
1∶32	++++	+++	++	+	−
1∶36	++++	+++	++	++	−
标准抗原（1∶20）	++++	+++	++	−	−

④成品检验。抗原应为乳白色均匀菌液，没有摇不散的凝块或杂质，没有任何细菌生长。对标准阳性血清1∶1 000倍稀释出现"++"凝集，对阴性血清1∶25～1∶200稀释均不出现凝集。

(2)沉淀反应抗原

沉淀反应抗原为胶体状态的可溶性抗原，如细菌和寄生虫的浸出液、培养滤液、组织浸出液、动物血清和动物蛋白等，与相应抗体相遇，在二者比例合适并有电解质存在时，抗原抗体相互交联形成免疫复合物达到一定大时，即出现肉眼可见的沉淀。沉淀抗原是细胞浸出成分，为细微的胶体溶液，单个抗原的体积小而总面积大，出现反应需要的抗体量多，故试验时常采取稀释抗原加不稀释的血清，并以抗原的稀释度作为沉淀反应的效价。由于使用的方法不同，沉淀反应抗原又分为环状反应抗原，如炭疽动物脏器抗原；絮状反应抗原，如测定抗毒素效价的絮状反应抗原；琼脂扩散反应抗原和免疫电泳抗原等。

我国使用的畜禽沉淀反应抗原有马传染性贫血琼脂扩散反应抗原、鸡传染性法氏囊病琼脂扩散反应抗原及马立克氏病（MD）琼脂扩散反应（AGP）抗原等多种。马立克氏病AGP抗原制造方法举例如下：

用11～13日龄的鸭胚制备成纤维细胞单层培养物，24 h后接种MD病毒感染鸡的脾细胞悬液。接种后24 h，吸出接种物并更换营养液，接毒后约6 d，消化细胞，分瓶，传3代后，细胞培养物即可用于制备MD沉淀抗原。一般在75%以上的细胞出现病变时进行收获，在−20℃以下冻结，室温融化，如此反复冻融3次，经浓缩后即为抗原。用双扩散法进行诊断。

(3)补体结合反应抗原

用于补体结合反应。在补体的参与下可明显地提高抗原、抗体特异性反应的敏感性。所以，可用已知抗原检测未知抗体，或用已知抗体检测未知抗原。补体结合反应包括反应系统（检测系统）和指示系统（溶血系统）。反应系统为抗原和抗体。指示系统是绵羊红细胞及溶血素。补体可与反应系统的抗原-抗体复合物结合，也可与绵羊红细胞-溶血素复合物结合而引起溶血，以观察溶血与否来判定反应的结果。

我国生产使用的兽用补体结合反应抗原有鼻疽补体结合抗原、布鲁氏菌补体结合反应抗原、马传染性贫血补体结合反应抗原和钩端螺旋体补体结合反应抗原等。鼻疽补体结合反应抗原的制造及检验程序如下：

①菌种。用1～3株抗原性良好的鼻疽杆菌，接种在4%甘油琼脂培养基上，37℃培养2 d，经检定合格后用生理盐水洗下，作为种子培养物。

②制造要点。将种子培养物均匀地接种于甘油琼脂扁瓶，37℃培养3～4 d，挑选生长典型和无菌污染者，用灭菌含0.5%石炭酸生理盐水洗下培养物，121℃灭菌30 min，置于2～15℃冷暗处浸泡2～4个月，吸取上清液即为抗原，按常规方法进行无菌检验。

③效价检验。将抗原用生理盐水作1∶10、1∶50、1∶75、1∶100、1∶150、1∶200、1∶300、1∶400和1∶500稀释。用生理盐水将两份鼻疽阳性血清分别稀释成1∶10、1∶25、1∶50、1∶75和1∶100，在58～59℃水浴灭活30 min。在本例中，抗原效价为1∶150。制成的抗原效价在1∶100以上可使用。测定抗原效价后，取一份阴性马血清作1∶5和1∶10稀释，在58～59℃灭活30 min，然后与新制抗原的一个工作量作补体结合反应，必须为阴性，方可认为合格。

2.变态反应抗原

细胞内寄生菌（如鼻疽杆菌、结核分枝杆菌和布鲁氏菌等）在传染过程中引起以细胞免疫为主的Ⅳ型变态反应，即感染机体再次遇到同种病原菌或其代谢产物时出现一种具有高度特异性和敏感性的异常反应。据此，临床上常用于诊断某些疾病。引起变态反应的抗原物质称为变应原（变态反应原），如鼻疽菌素、结核菌素和布鲁氏菌水解素等。布鲁氏菌水解素是变态反应原性良好的布鲁氏菌水解物，专用于绵羊和山羊布鲁氏菌病的变态反应诊断。羊的皮肤变态反应在愈后1～1.5 d才逐渐消失，所以对污染羊群检出率高于血清学方法检验结果。其制造方法举例如下：

(1)菌种

培养特性和生化性状典型、热凝集试验和吖啶黄凝集试验阴性、菌落为光滑型的布鲁氏菌，变态反应原性良好，对布鲁氏菌阳性血清具有高度的凝集性。

(2)制造要点

将种子菌液接种于肝汤琼脂扁瓶培养基上37℃培养2～7 d(或液体通气培养36 h)，用0.5%石炭酸生理盐水洗下生长良好的培养物，在70～80℃水浴中加热灭菌1 h，离心沉淀去上清液，菌体悬浮于0.5%石炭酸生理盐水中，再离心沉淀洗一次。菌体悬浮于0.5%硫酸水溶液中，使悬液浓度大致为布鲁氏菌试管凝集抗原液的2倍，盛于玻璃瓶中，121℃加热30～40 min，使菌体溶解。室温或冰箱放置12～24 h，吸取上清液，用NaOH液调整为pH 6.8～7.0，再静置沉淀未水解部分。上清液用蔡氏滤器过滤后75～80℃加热，凯氏法测定总氮量(用标准水解素作对照)，用灭菌蒸馏水稀释滤液，使其最终总氮量为0.4～0.5 mg/mL(或与标准的水解素相同)。

(3)质量标准

除按《成品检验的有关规定》进行检验外，需做如下检验：

①安全检验。取体重18～22 g小鼠6只，腹腔注射水解素0.5 mL，观察10 d，应全部健活。

②效力检验。取体重350～500 g豚鼠10只，皮下接种布鲁氏菌令其感染致敏，经30～40 d，用标准水解素1∶10稀释液0.1 mL接种于臀部皮内，经24 h和48 h观察反应面积在100 mm^2以上，即可用作正式试验。然后剃去合格豚鼠腹部两侧的被毛，被检水解素和标准素分别作5和10倍稀释，一侧腹部皮下内注射0.1 mL被检水解素，另侧注射同量的标准水解素作为对照，经24 h和48 h各观察一次，被检水解素肿胀面积的总和应与标准水解素肿胀面积的总和一致，或比值不超过0.1，对照豚鼠无反应为合格。

(二)诊断抗体

诊断抗体包括诊断血清和单克隆抗体等。诊断血清是指利用血清反应以鉴别微生物、鉴定病原血清型或诊断传染病的一种含已知特异性抗体的血清。通常以抗原免疫接种动物制成。有些血清则需要再经吸收除去非特异性抗体成分后供诊断用。含有多种血清型抗体的血清称为多价诊断血清，只对一个型的称为单价诊断血清或称因子血清。单含鞭毛抗体成分的血清称为H血清，单含菌体成分的血清称为O血清。此外，还有针对菌毛和针对荚膜的均称为K血清。血清中的抗体一般是由多个抗原决定簇刺激不同B细胞克隆而产生的，故称之为多克隆抗体(polyclonal antibody)。而由一个B细胞克隆所分泌的抗体为单克隆抗体(monoclonal antibody)。诊断血清的制备方法和要求与治疗用高免血清类似。

(三)标记抗体

具有示踪效应的化学物质与抗体结合后，仍保持其示踪活性和相应抗原特异结合能力，此种结合物称为标记抗体，可借以示踪和检测抗原的存在及其含量，多用于鉴定抗原和诊断疾病。常用的标记物有荧光素、酶和放射性同位素。

1.荧光素标记抗体技术

将提纯的抗体球蛋白用冷 pH 7.2 PBS 稀释成 10～20 mg/mL 的浓度，按蛋白量的 1/80 和 1/100 加入异硫氰酸荧光黄(FITC)，先用 pH 9.5 0.5 mol/L 碳酸盐缓冲溶液溶解 FITC，于 5 min 内滴加到抗体球蛋白溶液中，最后补加碳酸盐缓冲液，使其总量为抗体球蛋白溶液量的 1/10；在 4℃搅拌标记 12～15 h(20～25℃，1～2 h)；用大量 pH 7.2 PBS 透析 4 h，用 SephadexG-50 凝胶滤除标记抗体中的游离荧光素，通过 DEAE 纤维素层析除去过高标记和未标记的蛋白分子；最后测定效价和特异性，分装保存。标本染色分直接染色体法和间接染色法。

2.酶标记抗体技术

常用方法有戊二醛一步法、戊二醛二步法和过碘酸钠氧化法 3 种。过碘酸钠氧化法原理：辣根过氧化物(HRP)含 18%碳水化合物，过碘酸钠将酶分子表面的多糖链氧化为醛基，用硼氢化钠中和多余的过碘酸。酶上的醛基很活泼，可与蛋白质的氨基结合。标记步骤：①取 5 mg HRPR 溶于 1.0 mL 新配置的 0.3 mol/L pH 8.2 的 $NaHCO_3$ 溶液中。②滴加 0.1 mL 1%2,4-二硝基氟苯(FDNB)无水乙醇溶液，室温避光轻轻搅拌 1 h。③加入 1.0 mL 0.06 mol/L 过碘酸钠($NaIO_4$)水溶液，室温轻搅 30 min。④加入 1 mL 0.16 mol/L 乙二醇，室温避光轻搅，然后装入透析袋中。⑤于 1 000 mL pH 9.5 0.01 mol/L 碳酸钠缓冲液中，4℃透析过夜，期间换液 3 次。⑥吸出透析袋中液体，加入每毫升含 IgG 5 mg 的 pH 9.5 0.01 mol/L 碳酸钠缓冲液 1 mL，室温避光轻轻搅拌 2～3 h。⑦加硼氢化钠($NaBH_4$) 5 mg，置 4℃ 3 h 或过夜。⑧逐渐加入等量饱和硫酸铵溶液，置 4℃ 1 h 后，4 000 r/min 离心 15 min，弃上清液，沉淀。再用 50%饱和硫酸铵沉淀 2 次。

⑨沉淀物溶于少量 pH 7.4 0.01 mol/L 磷酸缓冲盐水，装入透析袋，以同样缓冲盐水缓冲盐水充分透析至无铵离子，10 000 r/min 离心 30 min，上清液即为酶标记抗体。该类制剂主要用于 ELISA 试验。

3.放射性同位素标记抗体技术

目前多使用同位素碘作标记。^{125}I 半衰期较长(60 d)、同位素丰度大、辐射损伤小和计数率高。先将提纯的免疫抗体 IgG 与同位素^{125}I 置试管中，再加入氯胺 T。由于碘化反应进行很快，故碘及氯胺 T 必须在搅拌下加入，以免碘化不均匀，约 5 min 后加入还原剂亚硫酸钠，阻断氯胺 T 作用以终止碘化反应，再加入碘化钾作为离子的载体，以减少蛋白分子吸附试剂中数量不稳定的放射性碘离子。最后用过葡聚糖 G-50 柱等方法将游离碘及其他放射性杂质与标记抗体分开。该类标记抗体可用于检测相应的抗原。

知识拓展：鸡传染性法氏囊病病毒快速检测试纸条

鸡传染性法氏囊病病毒快速检测试纸条的研制以杂交瘤技术生产并鉴定了针对鸡传染性法氏囊病(IBD)病毒蛋白的特异、高亲和力、配对的单克隆抗体，又将胶体金标记技术与免疫学新技术有机结合，最终研制成功 IBD 病毒快速检测试纸条，为 IBD 的诊断和免疫监测提供了一种特异、敏感、简便、快速的新技术产品。该试纸条特点：可识别国内外 IBD 代表性病毒株；特异、敏感、简便、快速，结果判定形象直观，适合在养殖场和兽医临床中推广应用。该试纸条可用于鸡 IBD 的快速诊断与免疫监测。检测 IBD 病毒时特异，无需附加任何仪器和试剂，只需将试纸条插入样品，1～5 min 内凭目测便可得出可靠结果，检测灵敏度是常规琼脂扩散试验的 64 倍，可快速确诊 IBD，对 IBD 疫苗中病毒含量进行快速估测或评价。该试纸还可用抑制法快速测定鸡群 IBD 的母源抗体和免疫抗体水平，用于 IBD 易感鸡群监测和免疫效力评价，指导鸡群 IBD 的免疫预防和控制。这一技术解决了现有方法或产品不够简便、快速及难以在临床推广应用等突出问题，实现了兽医防治人员、检疫人员及养殖业者多年的梦想。

三、治疗用动物生物制品的制备

(一)概述

治疗用生物制品是指用于治疗动物传染品的制品。目前，用于畜禽传染病治疗的生物制品，一般是指利用微生物及其代谢物等作为免疫原，经反复多次注射同一动物体，所生产的一类含高效价抗体，主要包括高度免疫血清、卵黄抗体和牛奶抗体等。高度免疫血清简称“高免血清”(hyperimmune serum)，又称免疫血清(immune serum)或抗血清(antiserum)。根据免疫血清作用的对象不同，可分为抗病血清和抗毒素两类。该类制剂治疗或预防某些相应的疾病，具有很高的特异性；也用作被动免疫、紧急预防和治疗相应传染病。

1. 作用机理

高免血清预防和治疗急性传染病的作用机理是：含有特异性的免疫球蛋白——抗体输入动物体后，动物即可被动地获得抗体，从而形成免疫力，即所谓的人工被动免疫。当动物已感染某种病原微生物发生传染病时，注射大量抗病血清后，由于抗体作用，可抑制动物体内的病原体继续繁殖，并协助体内正常防御机能，消灭病原微生物，使病畜逐渐恢复健康。该作用具有很强的特异性，一种血清只对相应的一种病原微生物或毒素起作用。

2. 应用

目前，虽然免疫血清的生产量不大，但是抗病血清的特殊作用仍不容忽视。免疫血清用作紧急预防注射，通常是在已经发生传染病或受到传染病威胁的情况下使用，其特点是注射后立即产生免疫，疫苗是起不到这种作用的。但是这种免疫力维持时间较短，一般仅 2～3 周，因此，在注射血清后 2～3 周仍需再注射一次疫苗，才能获得较长时间的抗传染能力。

目前生产较多的抗病血清有：抗炭疽血清、破伤风抗毒素、抗羔羊痢疾血清、抗气肿疽血清、抗猪瘟血清、抗小鹅瘟血清、抗传染性法氏囊病血清和抗犬瘟热血清等，其中，破伤风抗毒素血清的效果更加好，应用最广。

(二)制造高免血清用动物的选择与管理

免疫血清生产工艺流程见图 8-1。

1. 动物的选择

(1)动物的品种

用于制备免疫血清的动物有马、牛、山羊、绵羊、猪、兔、犬、鸡和鹅等。用同种动物生产的称同源血清，用异种动物生产的称异源血清。制备抗菌和抗毒素血清多用异种动物，通常用马和牛等大动物制备，如破伤风抗毒素多用青年马制备，抗猪丹毒血清多用牛制备。抗病毒血清的制备多用同种动物，如犬瘟热血清用犬制备，抗猪瘟血清用猪制备。总的来看，制备免疫血清用马比较多，因为血清渗出率较高，外观眼色较好。也可使用多种动物(如马、牛、羊 3 种动物)制备一种抗毒素血清，以避免发生过敏反应或血清病。由于动物存在个性免疫应答能力差异，所以

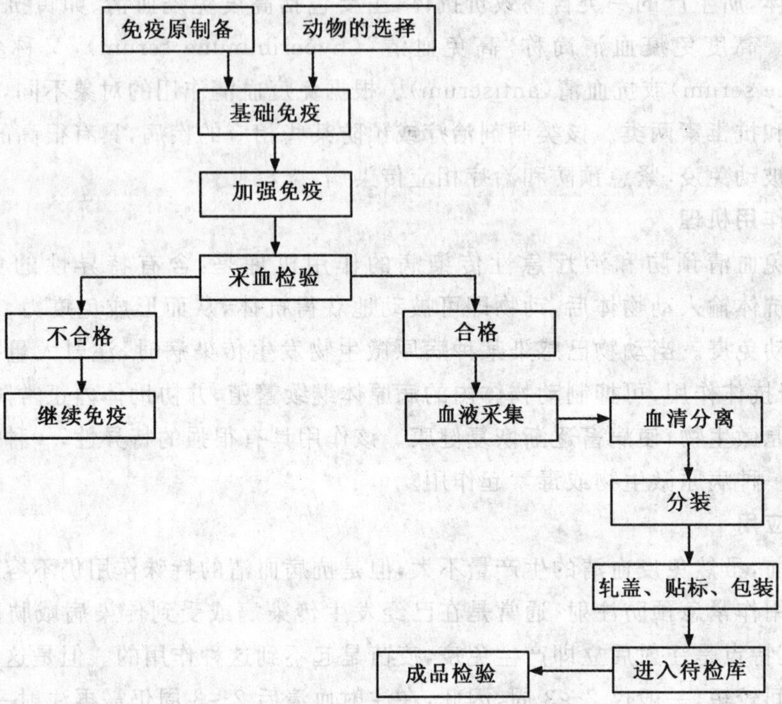

图 8-1 免疫血清生产工艺流程图

选定动物应有一定的数量,一个批次应用多头动物。

(2)动物的年龄及健康状况

通常选择体型较大、性情温顺、体质强健的青壮年动物为宜。马以年龄 3～8 岁、体重 350 kg 以上者为宜;牛以 3～10 岁、体重 300～400 kg 以上为宜;猪以 50 kg 以上,6～12 月龄为宜;家兔体重需达 2 kg 以上为好。因为年龄过于幼小,免疫系统尚不健全,而过老的动物,免疫系统常有失调现象,均不能产生良好的免疫应答。供制造免疫血清的动物,必须从非疫区选购,经过严格检疫,并经隔离观察,每日测温 2 次,观察 2 周以上,确认健康者方可使用。如有可能,最好自繁自养动物,或由专门饲养场提供标准化的 SPF 或其他级别的动物。对某些购进动物进行必要的和对制备抗血清无影响的预防免疫接种。

2. 动物的管理

制造血清用动物的饲养管理和健康状况,直接影响所生产的血清质量,因此必须制定严格的管理制度,由专人负责喂养和精心管理。动物应在隔离条件下饲养,杜绝高免时强毒及发病时散毒，应详细登记动物的来源、品种、性别、年龄、体重、特征及营养状况、体温记录和检疫结果等，建立制造血清动物档案，只有符合要求的动物才能投入生产。加强日常饲养管理，喂以营养丰富的饲料，并加喂多汁饲料，最好能经常喂一些胡萝卜，还须喂养适量的食盐和含钙的补充饲料。在高度免疫和采血期间，每日要检测体温 2 次，随时观察其健康状况。每日至少运动 4 h。动物采血前 1 h 禁食喂水，避免血中出现乳糜。在生产过程中，若发现健康状况异常或有患病可疑时，应停止注射抗原和采血，并进行隔离治疗。

(三)免疫原

1. 免疫原的基本要求

良好的免疫原应具备 3 个条件，即异物性、结构的复杂性和一定的物理性状。一般来说，颗粒性抗原较可溶性抗原的抗原性强，球形分子的蛋白质较纤维分子的免疫原性强，聚合状态的蛋白质较单体状态的蛋白质免疫原性强。相对分子质量较小和抗原性较低的蛋白质应吸附于载体上，才可获得较高的免疫原性。

2. 免疫原的制备

制造抗病血清所用的免疫抗原，要根据病原微生物的培养特性，采用不同的方法生产。免疫原提纯和浓缩十分必要。根据需要，有时可加合适的免疫佐剂。

(1)抗细菌免疫血清制备

基础免疫用抗原多为弱毒菌苗或死菌，而高度免疫的抗原一般选用毒力较强的毒株。多价抗病血清用的抗原，要求用多血清型菌株。菌种接种于最适生长的培养基，按常规方法进行培养。如在固体培养基上繁殖，加适量灭菌生理盐水或缓冲盐水洗下菌苔，制成均匀的菌悬浮液；如用液体培养基培养，应在生长菌数高峰期(对数期)收获；通常活菌抗原需用新鲜培养菌液，并按规定的浓度使用，培养时间较死菌抗原稍短为好，多用 16～18 h 培养物，经纯粹检验，证明无杂菌者，即可作为免疫抗原。为减少由培养基带来的非特异性成分，可通过离心，弃上清液，再将菌体制成一定浓度的细菌悬浮液，作为免疫原。

(2)抗病毒免疫血清制备

以病毒为免疫原，须通过反复冻融或超声裂解方法，将病毒从细胞中释放出来，并尽可能地提高病毒滴度和免疫原性。如抗猪瘟血清，基础免疫的抗原，可用猪瘟兔化弱毒疫苗；高度免疫抗原，则用猪瘟血毒或脏淋毒乳剂等强毒。猪接种猪瘟强毒发病后 5～7 d，当出现体温升高及典型猪瘟症状时，由动脉放血，收集全部血液，经无菌检验合格后即可作为抗原使用。接种猪瘟强毒的猪，除血中含有病毒外，脾脏和淋巴结也有大量的病毒，可采集并制成乳剂，作为抗原使用。

(3)抗毒素血清制备

免疫原可用类毒素、毒素或全培养物(活菌加毒素),但后两者只有在需要加强免疫刺激的情况下才应用,一般多用类毒素作为免疫原。

(四)免疫程序

免疫程序分为两个阶段,第一阶段为基础免疫,第二阶段为高度免疫。

1.基础免疫

基础免疫通常先用本病的疫苗按预防剂量作为第一次免疫,经1～3周再用较大剂量的灭活苗或活菌或特制的灭活抗原再免疫1～3次,即可完成基础免疫。基础免疫大多数1～3次即可,抗原无需过多过强,可为高度免疫产生有效的回忆应答打下基础。

2.高度免疫

高度免疫亦称加强免疫,一般在基础免疫后2～4周开始进行。注射的抗原采用强毒制造,微生物的毒力越强,一般免疫原性越好。免疫剂量逐渐增加,每次注射抗原间隔时间为3～10 d,多为5～7 d,高免的注射次数要视血清抗体效价而定。有的只要大量注射1～2次强毒抗原,即可完成高度免疫;有的则需注射10次以上,才能产生高效价的免疫血清。

3.免疫途径

免疫注射途径一般采用皮下或肌内注射。如果免疫剂量大,应采用多部位法注射,尤其在应用油佐剂抗原时应注意此点。

免疫程序对制备高免血清非常重要,掌握抗体消长规律,适时免疫和采血尤为重要。不能机械地定期免疫和采血。如有的动物在长期免疫和采血过程中,可能在抗体达到一定水平后,反而逐渐降低,对免疫原的刺激无应答反应,这可能与免疫剂量、免疫间隔时间和免疫原中混杂免疫抑制物有关。此时,应给免疫动物足够的时间休息,接触免疫抑制作用,并调整免疫程序。

(五)血液采集与血清提取

按照免疫程序完成免疫的动物,经采血检验(试血),血清效价达到合格标准时,即可采血。不合格者,再度免疫,多次免疫仍不合格者淘汰。

1.采血次数和方法

一般血清抗体的效价高峰在最后一次免疫后的7～10 d。采血可采用全放血或部分采血,即一次采集或多次采集,采血时应尽可能地做到无菌操作。多次采血者,按体重每千克采血约10 mL,经3～5 d第二次采血,按体重每千克采8～

10 mL。第二次采血后经 2～3 d，注射足量免疫原。全放血者，在最后一次高免之后的 8～11 d 进行放血。放血前，动物应禁食 24 h，但需饮水以防止血脂过高。豚鼠由心脏穿刺采血；家兔可以从心脏采血或颈静脉、颈动脉放血；少量采血可通过耳静脉采取；马由颈动脉或颈静脉放血；羊可从颈静脉采血或颈动脉、颈静脉放血；家禽可以心脏穿刺采血或颈动脉放血。

2.血清的分离

采血时一般不加抗凝剂，全血在室温中自然凝固，在灭菌容器中使之与空气有较大的接触面。待血液凝固后进行剥离或者将凝血切成若干小块，并使其与容器剥离。先置于37℃ 1～2 h，然后置于4℃冰箱过夜，次日离心收集血清。如果采集的血量较大时，可采用自然凝固加压法。即将动物血直接采集于事先用灭菌生理盐水或 PBS 液湿润的玻璃筒内，置室温自然凝固 2～4 h，有血清析出时，每采血筒中加入灭菌的不锈钢压砣，经 24 h 后，用虹吸法经血清吸入灭菌瓶中，加入 0.5％石炭酸或 0.02％硫柳汞防腐。无菌的血清，组批分装，保存于－15℃半成品库，待检验合格后交成品库保存。

(六)免疫血清的使用

使用免疫血清时应注意以下方面：①正确诊断，尽早应用。特别是治疗时，应用越早效果越好。②血清的用量根据动物的体重和年龄不同而定。预防量，大动物 10～20 mL，中等动物(猪、羊等)5～10 mL。以皮下注射为主也可肌内注射。治疗量需要按预防量加倍，并根据病情采取重复注射。注射方法以静脉为好，以使其尽速奏效。③静脉注射血清的量较大时，最好将血清加温至 30℃左右再注射。④皮下或肌内注射，当血清量大时，可分几个部位注射，并加揉压使之分散。⑤对不同动物源的血清(异源血清)，有时可能引起过敏反应。如果在注射后数分钟或半小时内，动物出现不安、呼吸急促、颤抖、出汗等症状，应立即抢救。抢救的方法，可皮下注射 1∶100 肾上腺素，大动物 5～10 mL，中小动物 2～5 mL，反应严重者若抢救不及时常造成损失，故使用血清时应注意观察，发现问题及时处理。

(七)卵黄抗体的制备

产蛋鸡(鸭和鹅)感染某些病原后，其血清和蛋黄内均可产生相应的抗体。因此，通过免疫注射产蛋鸡，即可由其产生的蛋黄中提取相应的抗体，并可用于相应疾病的预防和治疗，该类制剂称为卵黄抗体(yak antibody)。近几年来，卵黄抗体已成为免疫血清的重要替代品，而且越来越受到人们的重视。卵黄抗体可以在一定程度上克服血清抗体成本较高、生产周期较长的弱点，并且具有用同批动物连续生产的优点。但是，卵黄抗体有潜伏野毒的危险，对生产用鸡应做认真检疫。现以鸡传染性法氏囊(IBD)为例，简述其卵黄抗体液的制备过程。

选择健康无病的产蛋鸡群，开产前或开产后，以免疫原性良好的 IBD 油佐剂灭活疫苗肌内注射，2 mL/只，7～10 d 后，重复注射一次，再过 7～10 d 再注射一次，油苗剂量适度递增，第三次免疫后定期检测卵黄抗体水平，待琼扩效价达 1∶128 时开始收集高免蛋，4℃储存备用。琼扩效价降到 1∶64 时停止收蛋，可再进行加强免疫。高免蛋合格时间大约持续 1 个月。

将高免蛋用 0.5%新洁尔灭溶液浸泡或清洗消毒，再用酒精棉擦拭蛋壳，打取鸡卵分离蛋黄。根据卵黄抗体琼扩效价水平加入生理盐水进行稀释(稀释后的卵黄抗体效价不低于 1∶16)，加青、链霉素各 1 000 IU(μg)/mL，加硫柳汞浓度达 0.01%，充分搅拌后分装于灭菌瓶内 4℃贮存。每批都要进行效价测定、细菌培养和安全检验，合格后方可出厂(图 8-2)。

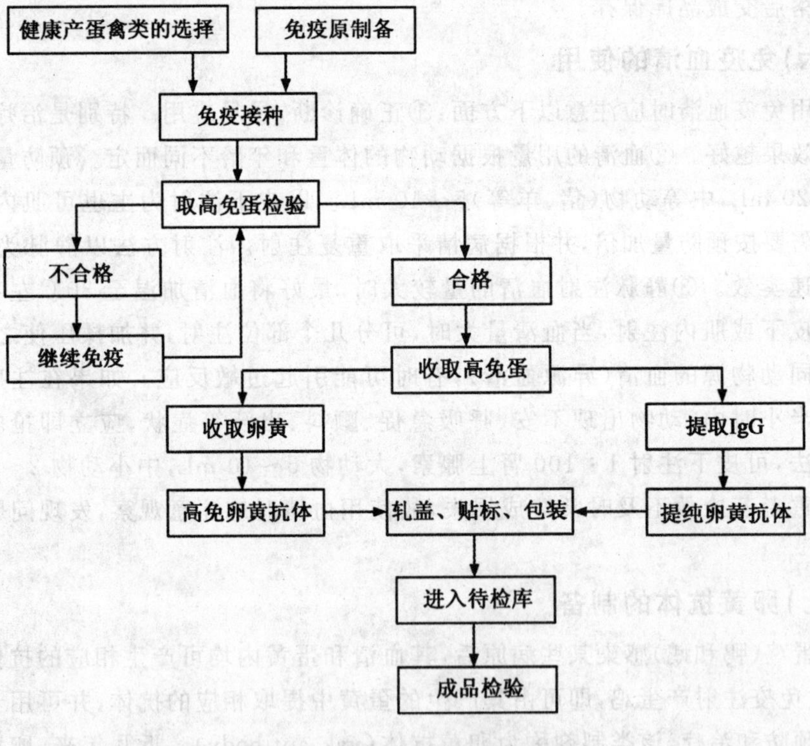

图 8-2　卵黄抗体生产工艺流程

四、类毒素的制备

类毒素是指一些经变性或经化学修饰而失去原有毒性而仍保留其免疫原性的细菌外毒素。类毒素的毒性虽消失，但免疫原性不变，故仍然具有刺激机体产生抗毒素，以起到机体从此对某疾病具有自动免疫的作用。它们广泛地应用于预防某些传染病。常见的有白喉类毒素、破伤风类毒素、葡萄球菌类毒素、霍乱类毒素等。

（一）菌种与毒素

应选用中监所分发或批准的产毒效价高、免疫力强的菌株，必要时可对菌种进行筛选。菌种应定期作全面性状检查（如细菌形态、纯化试验、糖发酵反应、产毒试验及特异性中和试验等），并有完整的传代、鉴定记录。菌种应用冻干或其他适宜方法保存在 2～8℃。选择适宜的培养基制造种子菌及毒素，且培养基中应尽量减少对人体引起过敏反应的物质，不应含有可以引起人体毒性反应的物质。毒素制造过程应严格控制杂菌污染，经显微镜检查或纯化试验发现污染者应废弃。毒素须经除菌过滤后方可进行下一步制造程序，亦可杀菌后进行精制。

（二）脱毒

目前采用最可靠的脱毒方法仍是甲醛溶液法，温度控制在 37～39℃，终浓度控制在 0.3%～0.4%。脱毒后的制品即成粗制的类毒素。经检验合格者，置 2～8℃保存，有效期可达 3 年。

（三）精制

用人工培养法所制得的粗制类毒素液含有大量的非特异性杂质，而毒素含量较低。因此，有必要对类毒素进行浓缩精制，以获得纯的或比较纯的类毒素制品。

1. 物理学方法

可用冷冻干燥、蒸发、超滤、冻融等方法除水浓缩；也可用氧化铝和磷酸钙胶等固相吸附剂吸附。

2. 化学沉淀法

有酸沉淀法（盐酸、硫酸、磷酸、三氯醋酸等）、盐析法（硫酸盐、硫酸钠及磷酸盐缓冲液等）、有机溶剂沉淀法（甲醇、乙醇及丙酮等）和重金属阳离子沉淀法（Mg^{2+}、Ca^{2+}、Zn^{2+}、Ba^{2+}等，其中以氯化锌应用最广）。

3. 层析法

有凝胶过滤和离子交换层析法。

类毒素精制后应加终浓度 0.01%硫柳汞防腐，并尽快除菌过滤。保存于 2～8℃，有效期为 3 年。

五、干扰素的制备

干扰素是干扰素诱生剂作用于有关生物细胞所产生的一类高活性、多功能蛋白质。它从细胞产生和释放出来以后，又作用于相应的其他同种细胞，使其获得抗病毒及抗肿瘤等多方面的免疫力。

所谓干扰素诱生剂，是指能诱导有关生物细胞产生干扰素的一类物质。能诱导有关生物细胞产生 α 和 β 干扰素者称甲类干扰素诱生剂，如各种动物病毒、细胞内寄生的微生物等；可诱导 T 细胞产生 γ 干扰素的称为乙类干扰素诱生剂，如脂多糖、链球菌毒素、肠毒素 A 等。

在实际工作中，制备干扰素多采用两种方法。一是用干扰素诱生剂诱导某些生物细胞产生干扰素，经提取纯化并检定合格后即可使用。该法所用的细胞多为外周血白细胞。二是采用基因工程法进行生产，即将干扰素基因导入大肠杆菌内，通过培养大肠杆菌来生产干扰素。下面仅以用干扰素诱生剂制备人白细胞干扰素为例介绍干扰素的制备方法。

(一)材料和方法

1.材料

细胞培养设备(如培养瓶、多孔培养板、温箱、显微镜、旋转培养器等)、水浴箱等。

2.方法

(1)制备诱生剂

采用新城疫(NDVF 系)弱毒株，以鸡胚尿囊液形式保存于－20℃，其血凝滴度稳定在1∶(640～1 280。大量繁殖时，用 0.5％水解乳蛋白稀释 100～1 000 倍，接种于 9 日龄鸡胚尿囊腔，置 37℃ 培养 72 h 后，收获尿囊液，效价测定应大于 1∶640，无菌检查应合格。

(2)制备诱生细胞

无菌采取人外周血(多用人脐带血，或血库贮藏血)，置于含肝素的无菌瓶内，于 4℃保存不超过 24 h，诱生细胞(白细胞)不单独提取，以全血代替。

(3)制备粗制干扰素

①加诱生剂。按 1 mL 抗凝全血加 0.2 mL 诱生剂(即 NDVF 系尿囊液，其血凝滴度不低于 1∶640)。

②加温吸附。将加有诱生剂的抗凝全血置 37℃水浴中 1 h，每隔 15 min 晃动一次，使 NDVF 吸附于白细胞上。然后以 1 000 r/min 离心 20 min，弃上清液，留沉淀物。

③加营养液孵育诱生。按抗凝全血的1～2倍量加Eagle营养液于上述沉淀物中，混匀，置35～36℃温箱内旋转培养18～20 h。

④离心及酸处理。将上述培养物以2 000 r/min离心30 min，取上清液，以6 mol/L盐酸将其pH调至2.0，置4℃冰箱5天灭活NDV。

⑤中性化。经5 d酸化后，再用6 mol/L氢氧化钠将pH调至7.2～7.4，即为粗制干扰素。

(4)制备精制干扰素

①硫氰酸钾(KCNS)沉淀。取上述粗制干扰素，加KCNS并用2 mol/L HCl调pH为3.5，然后以2 000 r/min离心30 min取沉淀；

②酒精提取。将沉淀溶于95%酒精(预冷至－20℃)，用2 mol/L NaOH调pH为4.2，以2 000 r/min离心30 min取上清液；用2 mol/L HCl调pH至3.5，离心后取上清液，再将pH调至5.6，离心后取上清液，最后将pH调至7.1，离心后取沉淀；

③过碘酸钠沉淀。将沉淀溶于PBS中，加过碘酸钠，并调pH为4.5，用50%乙醇10倍稀释，离心后取上清液，将上清液对0.3 mol/L $(NH_4)_2CO_3$(pH7.6)在4℃下透析过夜。

sephacryl S200柱层析：将sephacryl S200按要求处理后装柱[(4～5) cm×100 cm柱]，用PBS平衡后，加样(即上述上清液)，用洗液洗脱。洗脱期间用核酸蛋白仪连续检测，收集相应峰即为精制干扰素。取样进行效价测定，按结果进行稀释，分装并冻干。

(二)检定

1.效价测定

(1)制备攻击病毒

将水疱性口炎病毒(VSV)在鸡胚成纤维母细胞上传代后，再在猪肾细胞(IBRS)上传3～5代，使其对IBRS有良好致病效应，其半数细胞培养物感染量($TCID_{50}$)应稳定(一般在10^{-7}～10^{-6})。

(2)准备测定细胞

生长良好的幼龄IBRS单层细胞。

(3)测定

取上述单层细胞分为若干组，每组加不同稀释度的干扰素，置37℃孵育20～24 h，然后每管均用100个$TCID_{50}$的VSV攻击，置37℃ 48～72 h孵育后，观察结果。同时设细胞对照组和病毒对照组。病毒对照组细胞致病作用(CPE)＞75%，正常细胞对照组CPE＝0，即认为该测定系统有效。干扰素判定标准是以能保护半数细胞免受攻击病毒损害的干扰素最高稀释度的倒数作为干扰素的单位。

2. 酸碱度测定

取本品 10 支，加水溶解，精密测量 pH 应为 6～7.5。

3. 水分测定

按碘硫溶液法测定，不得超过 3%。

4. 安全试验

取本品加水溶解，小鼠尾静脉注射，48 h 内不得有死亡。

5. 热原检查

取本品 1 支，加水溶解，按规定方法检查，应符合规定。

6. 菌检

取本品 3 支，无菌水溶解，分别接种到检查需氧菌、厌氧菌及霉菌用培养基上，37℃培养 1 周，应无菌生长。

7. 超敏反应

取健康豚鼠 6 只，每只腹腔注射本品适量，连续 3 次，于 20 d 后再于耳静脉注入本品适量，应无过敏反应现象发生。

六、白介素-2 的制备

白细胞介素-2(IL-2)是 Th 细胞受有丝分裂原或特异性抗原刺激后，并在白细胞介素-1 的辅助下产生的一种可溶性糖蛋白。IL-2 是体内重要的广谱免疫增强因子，临床上常用于治疗免疫缺陷病及肿瘤等。

制备白细胞介素-2 的工艺路线见图 8-3。

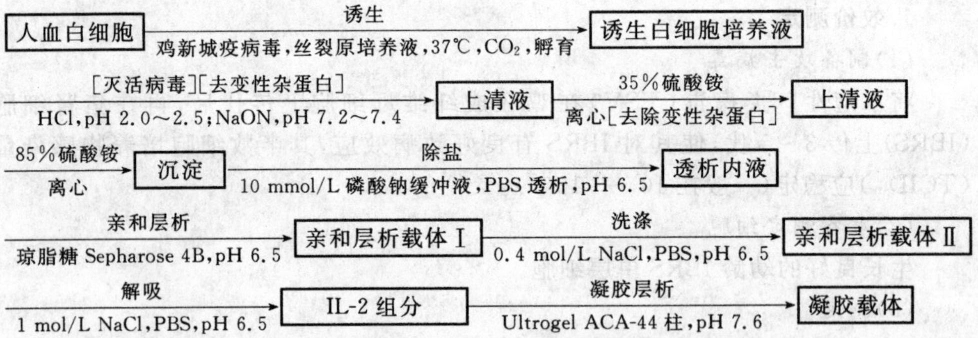

图 8-3 白细胞介素-2 生产工艺流程

知识拓展：如何制备转移因子？

转移因子（TF）是一种可溶性不耐热的小分子多核苷酸肽，相对分子质量3 500～5 000。56℃ 30 min可灭活，低温保存数年活性不消失。由于转移因子能将供体某种特定的细胞免疫功能特异地传递给受体，即具有传递特异性细胞免疫的作用，所以称为转移因子。另外它还能非特异地增强一般细胞免疫作用。转移因子的作用发生迅速，给受体注射后数小时即出现皮试阳性反应。维持时间也较长，可达数月至一年以上。转移因子具有免疫特异性，能特异地转移供体的迟发型超敏反应，这种免疫转移无种属特异性，能在种间交叉转移。由于转移因子是小分子成分，无抗原性，长期应用，机体也不产生抗体。在实际工作中多采用动物的脾、淋巴结或外周血白细胞制备转移因子。请根据以上线索或查阅资料，自行设计并尝试进行转移因子的制备。

复习思考题

1. 简述类毒素制备的基本过程。
2. 诊断制剂有哪些种类？各有何用途？
3. 简述诊断抗原的制备要点。
4. 简述标记抗体的种类及其基本制备过程。

检验篇

项目九　活疫苗质量检验技术

动物常用的活疫苗有很多种，如猪瘟兔化弱毒疫苗、鸡新城疫疫苗、鸡传染性法氏囊疫苗、鸡新城疫传染性支气管炎二联苗等，这些疫苗的使用对于预防畜禽的重大疾病起到了非常重要的作用。活疫苗具有用量小、免疫力产生快、免疫力坚强、使用方便等优点，但由于活疫苗是弱毒微生物，是由致病性很强的病原微生物用人工方法致弱的，如果减毒不够、残毒过强或不稳定，出现返祖，就会有散毒或造成生物灾害的危险。如果减弱太过，毒力太弱，接种动物后产生的免疫力又不坚强。因此，在临床应用中，一些活疫苗由于检验不过关，流通市场后对畜禽造成了重大影响，不能产生免疫力或者甚至产生相应的副作用和一些危害，因此，活疫苗的质量检验在成品生产后具有重要的作用，主要包括物理性质检验、真空度测定、剩余水分测定、纯粹检验、安全检验、无菌检验、效力检验等，掌握这些检验程序和方法对于保证生物制品质量具有重要作用。

任务一　活疫苗质量检验程序与方法

活疫苗质量检验程序如图 9-1 和图 9-2 所示。

(一)抽样

动物生物制品在成品质量检验前，需按照《中国兽药典》有关规定进行随机抽样。液体制品，从分装的开始、中间、最后 3 个阶段随机抽取样品；冻干制品在冻干完成后，从每柜的上、中、下各层的四角和中央 5 个位置分别随机取样。所抽样品均应贴上标签。并作取样记录，内容包括取样日期、品种、代号、规格、批号、数量、来源、包装、必要的取样说明和取样人签名。每批抽取样品数量为检验用数量的 3 倍，除用于各项检验外，其余样品，加盖留样印章，按制品要求的条件，由质量管

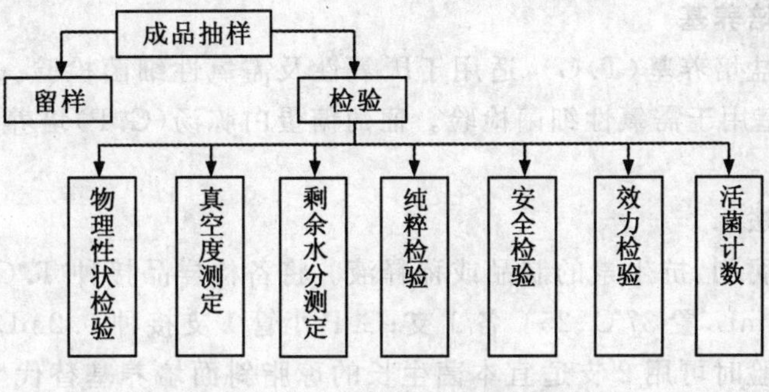

图 9-1　细菌性活疫苗质量检验程序

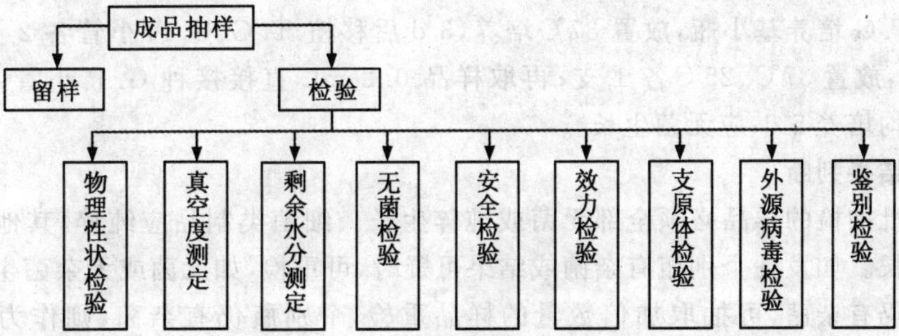

图 9-2　病毒性活疫苗质量检验程序

理部门封存，用于复检和本单位留样观察。一般冻干活疫苗每批抽样 60～80 瓶。

(二)物理性状检验

冻干疫苗为海绵状疏松团块，注意检查冻干团块的大小，质地是否均一，表面有无塌陷，是否与瓶壁粘连，有无杂质。打开 1～2 瓶产品加入稀释液，注意观察团块溶解速度和溶解后的溶液有无不溶物质。冻干疫苗多为淡黄色、灰白色或乳白色，组织苗多呈淡红色或暗赤色。液体产品注意检查在静置时和震摇后的状态，各种液体疫苗均各有其规定的外在和内在的物理性状，凡变质、装量不足、外观污秽不洁和标签不符合者均应废弃。

(三)无菌检验或纯粹检验

按照《中国兽药典》的有关规定进行。除另有规定者外，生物制品都不应有外源微生物污染。因此，各类生物制品必须按规定对每个批次进行无菌检验或纯粹检验，每批按生产瓶数的百分之一抽样，但不能少于 5 瓶，最多不超过 10 瓶，逐瓶进行检验。全部操作应在无菌条件下进行。

1. 检验用培养基

硫乙醇酸盐培养基(T. G)，适用于厌氧性及需氧性细菌检验。酪胨琼脂(G. A)，固体培养基用于需氧性细菌检验。葡萄糖蛋白胨汤(G. P)培养基用于霉菌及腐生菌检验。

2. 检验方法

①不含防腐剂、抗生素的制品或稀释液。将备检样品接种 T. G、G. A 小管各 2 支，每支 0.2 mL，置 37℃、25℃各 1 支；G. P 小管 1 支接种 0.2mL 置 25℃培养。细菌类制品检验时可用 2 支适宜本菌生长的琼脂斜面培养基替代 T. G 和 G. A，培养 5d。

②含甲醛、苯酚、汞类等防腐剂和抗生素的制品。先将样品 1 mL 接种于 50 mLT. G 培养基小瓶，放置 37℃培养，3 d 后移植 T. G、G. A 小管各 2 支，每支 0.2 mL，放置 37℃、25℃各 1 支；再取样品 0.2 mL 直接接种 G. P 小管 1 支，置 25℃。均培养 5 d，应无菌生长。

3. 结果判断

每批抽检的样品必须全部无菌或纯粹生长。细菌类制品应纯粹，其他制品应无菌生长。如发现个别瓶有杂菌或结果可疑时，可重检，如无菌或无杂菌生长可通过。如仍有杂菌，可抽取加倍数量的样品重检，个别瓶仍有杂菌，则作为不合格处理。

如制品允许有一定量非病原菌生长，应进一步做杂菌计数和病原性鉴定。

①杂菌计数。每批有杂菌污染的制品至少抽样 3 瓶，用肉汤或蛋白胨水分别按头份数作适当倍稀释，接种于含 4%血清及 0.1%裂解血球全血的马丁(或 G. A)琼脂平板上，每个样品接种平板 2 个，置 36℃培养 48 h 后，再移至室温 24 h，数杂菌菌落，然后分别计算杂菌数。任何 1 瓶每头份疫苗含非病原菌应不超过规定。如污染霉菌时，亦作为杂菌计算。

②病原性鉴定。杂菌数没有超过标准时，作病原性鉴定。检查需氧菌时，将污染需氧性杂菌管培养物移植 1 支 T. G 管或马丁汤，置同条件下培养 24 h，取培养物用蛋白胨水稀释 100 倍，接种体重 18～22 g 小白鼠 3 只，每只皮下注射 0.2 mL，观察 10 d。检查厌氧菌时，将杂菌管培养时间延长至 96 h，取出置 65℃水浴加温 30 min 后移植 T. G 或厌气肉肝汤 1 支，在同条件下培养 24～72 h。如有细菌生长，将培养物接种体重 350～450 g 的豚鼠 2 只，每只肌内注射 1 mL，观察 10 d。如发现制品同时污染需氧性及厌氧性细菌，则按上述要求同时注射小白鼠及豚鼠。小白鼠、豚鼠均应健活，注射部位不应出现化脓或坏死判为合格。如有死亡或局部化脓、坏死，证明有病原菌存在时，判定该批制品不合格。

(四)安全检验

各种制品的安全检验,除另有规定外,每批任抽3瓶混合后,按《中国兽药典》中各自的规定进行检验和判定。

1.安全检验要点

成品的安全检验主要用动物进行,所有的实验动物为普通级或清洁级动物,有的制品要求使用SPF动物。凡能以小动物作出正确判断者,则多用实验小动物。禽用疫苗则多以使用对象动物作安全检验。安全检验剂量应大于使用剂量,通常高于免疫剂量的5～10倍,以确保疫苗的安全性,必要时还要用同源动物进行复检。

2.安全检验判断

①安全检验期内死亡的动物经解剖明确非制品所致者可以重检,如检验结果可疑难以判定时,应以加倍头数的该种动物重检。

②凡规定用多种动物进行安检的制品,多种动物都要合乎检验标准,如有一种动物安检结果不合格,不得出售。

③用小动物检验不合格者,有的规定可使用对象动物重检。但使用对象动物检验不合格者,不能再以小动物重检。

(五)效力检验

各种制品的效力检验,除另有规定外,每批任抽1瓶,按照各自的规定进行检验。同批疫苗分为若干亚批分装时,效力均按亚批检验,不应以检验一个亚批代表其他或几个亚批混合效检的方法进行。

生物制品是具有生物活性的制剂,其效力一般采用生物学方法测定。生物测定是利用生物体来测定待检品的生物活性或效价的一种方法,以生物体的生物活性反应为基础,以生物统计为工具,运用特定的试验设计,通过比较待检品和相应标准品或对照品在一定条件下所产生的特定生物反应的剂量间的差异测得待检品的效价。

活疫苗的效力取决于接种动物的抗原量,即一定量的病毒(细菌)才能促使机体产生免疫应答。若活的病毒(细菌)数量不够,则达不到免疫效果。所以常以测定抗原量来检查制品的效力。活疫苗的检验方法有如下3种:

1.动物保护力试验

这是动物生物制品最常用的检验方法。所用动物依制品而异,但检验用的敏感小动物应为与使用的对象动物有平行关系者,禽类疫苗一般均使用对象动物作检验,当小动物检验难以判断者,可使用对象动物检验。但使用对象动物检验不合格者不能再用小动物重检。有的制品没有相应的小动物，就只能使用对象动物检验，如羊痘疫苗只能用羊效检。动物保护试验的方法虽有许多种，但凡需攻毒者，均应设立同批动物作为对照组，并必须在特设的隔离强毒动物舍内进行。

(1)定量免疫定量强毒攻击法

以待检制品接种动物，经 2～3 周后，用相应的强毒攻击。观察动物接种后所建立的自动免疫抗感染水平，即以动物的存活或不受感染的情况来判定制品的效力。此法多用于活菌苗或类毒素的效检。如禽多杀性巴氏杆菌病活疫苗效力检验时，用健康易感鸡 4 只，各肌内注射含 1 羽份疫苗 1 mL，14d 后，肌内注射致死量的强毒菌液，对照鸡全部死亡，免疫鸡至少保护 3 只为合格。

(2)定量免疫变量强毒攻击法

此法也称为保护指数测定法。动物经抗原免疫后，其耐受相应强毒攻击相当于未免疫动物耐受量的倍数，称为保护指数。免疫动物均用同一剂量的制品接种免疫，经一定时间后，与对照组同时用不同稀释倍数强毒攻击，比较免疫组与对照组的存活率。按 LD_{50} 方法计算，如对照组攻击 10^{-4} 稀释度强毒有 50％动物死亡，而免疫组攻击 10^{-2} 稀释度强毒有 50％动物死亡，即免疫组动物对强毒的耐受力比对照组高 100 倍，表明免疫组有 100 个 LD_{50} 保护力，即该疫苗的保护指数为 100。狂犬病灭活疫苗的效力按此法检验。

(3)变量免疫定量强毒攻击法

此法也称半数保护量(PD_{50})测定法。即将疫苗稀释为各种不同的免疫剂量，并分别接种动物，间隔一定时间待动物的免疫力建立以后，各免疫组均用同一剂量的强毒攻击，观察一定时间，用统计学方法计算能使 50％的动物得到的免疫剂量。如口蹄疫灭活疫苗效力检验时，疫苗分为 1 头份、1/3 头份、1/9 头份 3 个剂量组，每组注射 5 头猪。28 d 后，各注射强毒 1 mL，观察 10 d。根据免疫猪的保护数计算疫苗 PD_{50}。每头份疫苗至少含 $3PD_{50}$。

2.活菌计数测定

活菌苗多以制品中抗原菌的存活数表示其效力。活疫苗的菌数与保护力之间有密切而稳定的关系，因此可以不用动物来测保护力，只需要进行细菌计数。活菌数能达到使用剂量规定要求者，即可保证其免疫效力。

按《中国兽药典》规定，每批冻干菌苗抽样 3 瓶，恢复原量充分溶解混匀，液体活菌苗用原苗进行。取适宜稀释度接种于最适宜生长的琼脂培养基，37℃培养，计算菌落形成单位(CFU)。以 3 瓶中的最低数作为判定标准，低于规定判为不合格。如布氏杆菌 19 号液体苗的活菌数每毫升应含 1.2×10^{10}～1.6×10^{10}；无毒炭疽芽孢苗计活芽孢数，判定标准为每毫升含活芽孢 1 500 万～2 500 万。

3.病毒量的滴定

病毒性活疫苗多以病毒滴度表示其效力。常以 $TCID_{50}$、EID_{50}、ELD_{50}、LD_{50} 或根据规定直接判定或进行饰斑数统计。如鸡新城疫低毒力活疫苗测定 EID_{50}，每羽份≥10^6 EID_{50} 为合格。多数细胞苗则采用细胞半数感染量($TCID_{50}$)计算病毒滴度。猪瘟细胞活疫苗则测定对兔的发病病毒量，规定每头份疫苗稀释 750 倍接种兔出现定型热反应为合格。目前鸡马立克氏病活疫苗效力测定采用蚀斑计数，计量单位为蚀斑形成单位(PFU)。

(六)剩余水分测定

按照《中国兽药典》的有关规定进行。冻干制品都要求测定水分含量。每批任抽样品 4 瓶，各样品剩余水分均不应超过 4.0%。其测定方法有真空烘干法和卡式测定法两种。

1.真空烘干法

取样品置于含有五氧化二磷的真空烘箱内，抽真空度达 133.322～666.61Pa，加热至 60～70℃干燥 3 h，两次烘干到达恒重(恒重指物品连续两次干燥后质量差异在 0.5 mg 以下的重量)为止，减失的重量即为含水量。

含水率计算公式为：含水率=(样品干前重量－样品干后重量)/样品干前重量×100%。

2.卡式测定法

卡式测定法亦称费休氏法，是利用化学方法来测定制品的含水量。其原理为碘和二氧化硫在吡啶和甲醇溶液中能与水起定量反应。碘变为碘化物，溶液由原来的棕红色变为无色。因此，可用肉眼来观察终点，根据碘和二氧化硫的用量计算制品的含水量。

(七)真空度检验

按照《中国兽药典》的有关规定进行。对于采用真空密封，并用玻璃容器盛装的冻干制品，可以使用高频火花真空测定器测定其真空度。如果容器内出现白色、粉色和紫色辉光，则真空度为合格。注意放电火花不应指向容器内的制品部分，否则会损伤制品。

(八)支原体检验

按照《中国兽药典》的有关规定进行。每批制品取样 3～5 瓶，混合后需同时用以下 2 种方法检测。

(1)接种液体培养基培养

将疫苗混合物 5 mL，接种小瓶液体培养基中，再从小瓶中取 0.2 mL 移植接种于一小管液体培养基中，将小瓶与小管放 37℃培养，分别于接种后 5 d、10 d、15 d 从培养瓶中取 0.2 mL 培养物移植到小管液体培养基内，每日观察培养物有无颜色变黄或变红，若无变化，则在最后一次移植小管观察 14 d 后，停止观察。在观察期内，如果发现小瓶或任何一支小管培养物颜色出现明显变化，在原 pH 变化达±0.5 时，应立即移植于小管液体培养基和固体培养基，观察在液体培养基中是否出现恒定的 pH 变化，及固体上有无典型的"煎蛋"状支原体菌落。

(2)接种琼脂固体平板培养

在每次液体培养物移植小管培养的同时，取培养物 0.1～0.2 mL 接种于琼脂平板，置含 5%～10% CO_2 潮湿的环境、37℃下培养。此外，在液体培养基颜色出现变化，在原 pH 变化达±0.5 时，也同时接种琼脂平板。每 5～7 d，在低倍显微镜下观察，检查各琼脂平板有无支原体菌落出现，经 14 d 观察，仍无菌落者停止观察。每次检查需同时设阴、阳性对照，在同条件下培养观察。检测禽类疫苗时用滑液支原体作为对照，检测其他疫苗时用猪鼻支原体作为对照。

接种被检物的任何一个琼脂平板上出现支原体菌落，判疫苗不合格；阳性对照中至少一个平板出现支原体菌落，而阴性对照中无支原体生长，则检验有效。

(九)鉴别检验

按照《中国兽药典》的有关规定进行。为保证活疫苗内微生物的纯净，细菌性活疫苗经常根据细菌的形态学及生化特点进行鉴别，而病毒性疫苗主要通过抗血清进行体外中和，再将中和物接种到敏感禽胚或细胞中，通过禽胚的典型病变或 CPE 进行鉴别。如鸡新城疫低等毒力疫苗的鉴别检验，将疫苗稀释至 $10^{5.0}$ EID_{50}/0.1 mL，与等量抗鸡新城疫病毒特异性血清混合，置室温中和 1 h 后，接种 10 日龄 SPF 鸡胚 10 个，观察 120 h。在接种后 24～120 h 内不应引起特异死亡，至少有 8/10接种鸡胚健活，鸡胚液作红细胞凝集试验，应为阴性判为合格。如鸡痘细胞活疫苗的鉴别检验，将疫苗稀释至含 100$TCID_{50}$/0.1 mL，与等量鸡痘抗血清混合，室温中和 1 h 后，接种 CEF 细胞，每瓶 0.2 mL，孵育 120 h，应不出现病变，病毒对照组应出现特征性病变。

(十)外源病毒检检验

按照《中国兽药典》的有关规定进行。每批制品取样 3～5 瓶，混合后按制品种类进行检测。

1.禽源制品的检验

用鸡胚检查法和用细胞检查法。

(1)鸡胚检查法

取样品 2～3 瓶混合后，用抗特异性血清中和后作为检品。选 9～11 日龄 SPF

鸡胚 20 个，平均分成 2 组，第一组尿囊腔内接种 0.1 mL（至少含 10 个使用剂量）；第二组绒毛尿囊膜接种 0.1 mL（至少含 10 个使用剂量），在 37℃培养 7 d。弃去 24 h 内的死胚，但每组胚须至少存活 8/10，试验方可成立。如胎儿应发育正常，绒毛尿囊膜无病变。取鸡胚液作血凝试验，若为阴性，此批制品判为合格。用鸡胚检查无结果或可疑时，可用鸡检 1 次。

（2）鸡检查法

用适于接种本疫苗日龄的 SPF 鸡 20 只，点眼、滴鼻接种 10 个使用剂量的疫苗；肌内注射 100 个使用剂量的疫苗，接种后 21 d，按上述方法重复接种 1 次，第 1 次接种后 42 日采血，进行有关病原的血清抗体检验。在 42 d 内，不应有疫苗引起的局部或全身症状和呼吸道症状或死亡。如有死鸡，应做病理学检查，证明是否由疫苗所致。血清抗体检验，除本疫苗所产生的特异性抗体外，不应有其他病原的抗体存在。

（3）细胞检查法

取 2 个方瓶（100 mL 容量）的 CEF（培养 24 h 左右），接种中和后的疫苗 0.2 mL，培养 5～7 d，观察细胞，应不出现 CPE。上述培养的细胞弃去培养液，用 PBS 洗细胞面 3 次，加入 0.1%鸡红细胞悬液覆盖细胞面，4℃放置 60 min，用 PBS 轻轻洗涤细胞 1～2 次，在显微镜下检查红细胞吸附情况，应不出现由外源病毒所致的红细胞吸附现象。

2. 非禽源制品的检验

可使用荧光抗体检查法、绿猴肾（Vero）传代细胞检查法、致细胞病变和红细胞吸附性外源病毒的检验。若生产用毒种和制苗用细胞系统已做过外源病毒检验，成品可免检。

（1）绿猴肾传代细胞检查法

疫苗经相应的特异性血清中和后，用 3 瓶 Vero 细胞单层（总面积不少于 100 cm^2），每瓶接种检样 1 mL，连传 2 代，每代 7 d，应不出现细胞病变。同时进行红细胞吸附病毒检查和荧光抗体检查，应无细胞吸附因子和特异性荧光。

（2）荧光抗体检查法

样品分别经丙酮固定后，以适宜的荧光抗体进行染色、镜检。检查每种病毒时，应各用 2 组细胞单层，一组为被检组；一组为由中国兽医药品监察所提供的接种 100～300$FAID_{50}$ 特异病毒的细胞固定片，作为阳性对照。被检组至少取 4 个细胞覆盖率在 75%以上的细胞单层，总面积不少于 6 cm^2。若被检组出现任何一种特异荧光，为不合格。若阳性对照组不出现特异荧光或荧光不明显，为无结果，可以重检。若被检组出现不明显荧光，必须重检，重检仍出现不明显荧光，为不合格。

(3)红细胞吸附性外源病毒的检测

取经传代后至少培养 7 d 的细胞单层(每个 6 cm^2)一个或多个进行检验。以 PBS 洗涤细胞单层数次,加入 0.2%红细胞悬液适量,以覆盖整个单层表面为准。选 2 个细胞单层分别在 4℃和 20～25℃培养 30 min,用 PBS 洗涤,检查红细胞吸附情况。若出现外源病毒所致的红细胞吸附现象,判不合格。

(4)致细胞病变外源病毒的检测

取经传代后培养至少 7 d 的细胞单层(每个 6 cm^2)一个或多个进行检验。用适宜染色液,对细胞单层进行染色。观察细胞单层,检查包涵体、巨细胞或其他由外源病毒引起的细胞病变的出现情况。若出现外源病毒所致的特异性细胞病变,判不合格;若疑有外源病毒污染,但又不能通过其他试验排除这种可能性时,则作不合格论。

任务二　猪瘟活疫苗的检验

(一)条件准备

①主要器材。猪瘟细胞活疫苗、18～22 g 小白鼠、1.5～2 kg 家兔、健康易感猪、灭菌生理盐水、T.G、G.A、G.P 小管培养基、灭菌注射器、吸管、试管、温度计等。

②按使用时间,将准备好的各种物品提前灭菌并移入洁净工作间待用。

③在工作开始前 30～40 min,按净化级别要求调整送风量,达到洁净级别要求。

(二)操作规程

1.物理性状

为乳白色海绵状疏松团块,易与瓶壁脱离,加稀释液后迅速溶解。

2.无菌检验

在无菌条件下进行,取样品 5～10 瓶,用灭菌的生理盐水恢复原量,分别检验,先将样品 1 mL 接种于 50 mLT.G 培养基小瓶,置 37℃培养,3 d 后移植 T.G、G.A小管各 2 支,每支 0.2 mL,放置 37℃、25℃各 1 支;再取样品 0.2 mL 直接接种 G.P 小管 1 支,置 25℃。均培养 5 d,应无菌生长。

3.支原体检验

应无支原体生长。

4.鉴别检验

将疫苗用灭菌生理盐水稀释成为每 1 mL 含有 100 个兔的 MID 的病毒悬液,

与等量的抗猪瘟病毒特异性血清充分混合，置 10～15℃中和 1 h，其间振摇 2～3 次。同时设立病毒对照和生理盐水对照。中和结束后，分别耳静脉注射兔 2 只，每只 1.0 mL。接种后，上、下午各测体温 1 次，48 h 后，每隔 6 h 测体温 1 次，除病毒对照组应出现热反应外，其余 2 组在接种后 120 h 内应不出现热反应。

5.外源病毒检验

细胞苗应符合规定。组织苗不进行外源病毒检查。

6.安全检验

(1)用鼠安检

按瓶签注明头份，将疫苗用生理盐水稀释成每 1 mL 含 5 头份疫苗，皮下注射体重 18～22 g 小白鼠 5 只，各 0.2 mL，肌内注射体重 350～400 g 豚鼠 2 只，各 1.0 mL。观察 10 d。应全部健活。

(2)用猪安检

选用无猪瘟中和抗体断奶猪，接种前观察 5～7 d，每日上、下午各测体温 1 次。挑选体温、精神、食欲正常者使用。每批冻干疫苗样品或同批各亚批样品等量混合，按瓶签注明的头份用灭菌生理盐水稀释成每 1 mL 含 6 头份疫苗，肌内注射猪 4 头，每头 5.0 mL(含 30 头份)。接种后，每日上、下午各测体温 1 次，观察 21 d。体温、精神、食欲与接种前相比没有明显变化；或体温升高超过 0.5℃，但不超过 1℃，稽留不超过 2 d；或减食不超过 1 d；如果有 1 头猪体温升高 1℃以上，但不超过 1.5℃，稽留不超过 2 个温次，疫苗也可判为合格。如有 1 头猪的反应超过上述标准；或出现可疑的其他体温反应和其他异常现象时，可用 4 头猪重检 1 次。重检的猪仍出现同样反应，疫苗应判为不合格。

组织苗同时按上述方法进行安检，细胞苗只用猪安检。

7.效力检验

按瓶签注明头份，用无菌生理盐水将每头份疫苗稀释 750 倍(组织苗 150 倍)，接种体重 1.5～3 kg 家兔 2 只，每只兔耳静脉注射 1.0 mL。家兔接种后，上、下午各测体温 1 次，48 h 后，每隔 6 h 测体温 1 次，根据体温反应和攻毒结果进行综合判定。

结果判定：

注苗后，当 2 只家兔均呈定型热反应(＋＋)，或 1 只兔呈定型热反应(＋＋)、另 1 只兔呈轻热反应(＋)时，疫苗判为合格。

注苗后，当 1 只家兔呈定型热反应(＋＋)或轻型热反应(＋)，另 1 只兔呈可疑反应(±)；或 2 只家兔均呈轻热反应(＋)时，可在接种后 7～10 d 攻毒(接种新鲜脾淋毒或冻干毒)。攻毒时，加对照兔 2 只，攻毒剂量为 50～100 倍乳剂。每兔耳静脉注射 1.0 mL。

攻毒后的体温反应标准如下：

攻毒后，当 2 只对照兔均呈定型热反应(++)，或 1 只兔呈定型热反应(++)，另 1 只兔呈轻热反应(+)，而 2 只接种疫苗兔均无反应(−)，疫苗判合格。

接种疫苗后，出现其他反应无法判定时，可重检。用家兔做效检，不应超过 3 次。

8.剩余水分测定

应不超过 4.0%。

9.真空度测定

应符合规定。

复习思考题

1.疫苗为什么要进行无菌检验或纯粹检验？检验方法和判定标准是什么？

2.疫苗为什么要进行安全检验？检验的基本要点和判断标准是什么？

3.疫苗为什么要进行效力检验？检验方法和基本要点是什么？

4.常用细菌性活疫苗有哪些？简述其质量标准。

5.常用病毒性活疫苗有哪些？简述其质量标准。

项目十　灭活疫苗质量检验技术

灭活疫苗由于加入了灭活剂或使用物理的方法对其中的病原微生物进行灭活，因此，这种疫苗相对比较安全，运输、保存也比较方便，但是，由于在使用过程中，使用剂量较大，有的需要两次或两次以上免疫才能产生坚强的免疫力。另外，培养液本身是异体蛋白，易使接种动物发生过敏反应。因此，灭活苗的质量检验主要包括甲醛含量测定、无菌检验、效力检验、安全检验、物理性状检验等。特别是佐剂的检测，如果佐剂浓度较高，注射动物后，往往在接种部位产生长久不消的硬结或无菌脓肿。另外，灭活苗常采用联苗形式，因此，疫苗间的协同与干扰作用尤其要注意，生产联苗一定要通过充分的试验，不能任意混合、随意联合。

任务一　灭活疫苗质量检验程序与方法

灭活疫苗质量检验程序如图 10-1 所示。

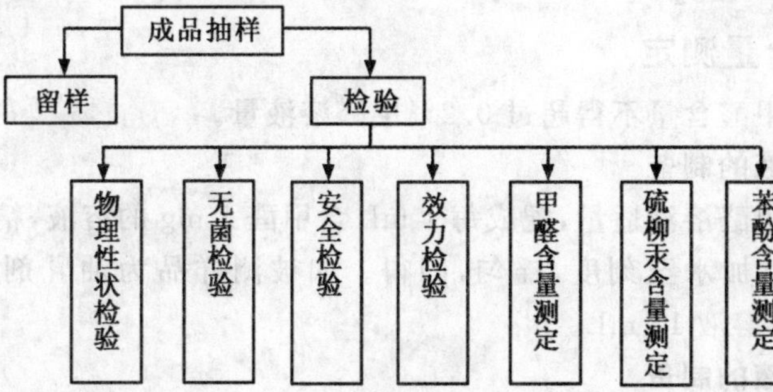

图 10-1　灭活疫苗质量检验程序图

(一)抽样

应随机抽样并注意代表性。抽样贯穿封口全过程。每批灭活疫苗一般抽取 40～50 瓶。

(二)物理性状检验

灭活苗多为油乳剂灭活苗、铝胶盐类及蜂胶佐剂灭活苗。铝胶盐类灭活疫苗静置后，上层为淡黄色（或黄褐色）澄明液体，下层为灰白色沉淀，振摇后呈均匀悬液。油乳剂苗呈乳白色乳剂。油乳剂灭活疫苗的物理性状检查还包括黏度和稳定性。稳定性检查即疫苗于37℃贮存21 d不破乳。黏度检查是用1 mL吸管（出口内径1.2 mm）吸取25℃左右的疫苗1.0 mL，令其垂直自然流出，记录流出0.4 mL所需的时间，单相苗应在8 s以内为合格。

（三）无菌检验

灭活疫苗多含有甲醛、苯酚、汞类等防腐剂和抗生素，无菌检验时样品必须经过50 mLT.G培养基小瓶增菌培养，3 d后移植进行无菌检验。

（四）安全检验

灭活疫苗的安全检验要点及判断标准同活疫苗。

（五）效力检验

主要采用动物保护力试验和血清学试验。动物保护力试验方法同活疫苗。

血清学试验以血清学方法检测生物制品的抗原活性和抗体水平，以检验制品的效力。主要用于灭活疫苗、诊断制剂、免疫血清的效力检验。预防用生物制品免疫动物后，可刺激机体产生相应抗体，根据抗体效价判定疫苗的效力。如鸡产蛋下降综合征灭活疫苗效验时用灭活苗注射易感鸡，21 d后采血，测定HI抗体，免疫鸡HI抗体应≥1∶128。

（六）甲醛含量测定

制品中残余甲醛含量不得超过0.2%甲醛溶液量。

1.对照品溶液的制备

取已标定的甲醛溶液适量，配成每1 mL含甲醛1 mg的溶液，精密量取5 mL于50 mL量瓶中，加水至刻度，摇匀，即得。如被测样品为油乳剂疫苗，需再加20%吐温-80乙醇溶液10 mL。

2.供试品溶液的制备

用5 mL刻度吸管量取本品5 mL，置50 mL量瓶中，加水稀释至刻度，强烈振摇，静止分层，下层液如不澄清，过滤，弃去初滤液，取澄清续滤液，即得。如被测样品为油乳剂疫苗，需再加用20%吐温-80乙醇溶液10 mL，分次洗涤吸管，洗液并入50 mL量瓶中。

3.检验法

精密吸取对照品溶液和供试品溶液各0.5 mL，分别加醋酸-醋酸铵缓冲液10 mL，乙酰丙酮试液10 mL，置60℃恒温水浴15 min，冷水冷却5 min，放置20 min后，按《中国兽药典》有关规定进行，在410 nm的波长处测定吸收度，计算，即得。

$$甲醛溶液(40\%)含量=0.25\times\frac{供试品溶液的吸收度}{对照品溶液的吸收度}\times100\%$$

(七)苯酚含量测定

制品中苯酚含量应不超过0.5%。

1.对照品溶液的制备

取苯酚适量,加水制成每1 mL含0.1 mg的溶液,即得。

2.供试品溶液的制备

取供试品1 mL,置50 mL量瓶中,加水稀释至刻度,摇匀,即得。

3.检查法

分别精密量取对照品溶液和供试品溶液各5 mL,置100 mL量瓶中,加水30 mL,分别加醋酸钠试液2 mL,对硝基苯胺、亚硝酸钠混合试液1 mL,混合,再加碳酸钠试液2 mL,加水至刻度,充分混匀,放置10 min后,按《中国兽药典》有关规定进行,在550 nm的波长处测定吸收度,计算即得。

$$苯酚含量=0.5\times\frac{供试品溶液的吸收度}{对照品溶液的吸收度}\times100\%$$

(八)硫柳汞含量测定

制品中硫柳汞含量应不超过0.01%。

1.对照品溶液的制备

精密称取干燥至恒重的二氯化汞0.135 4 g,置100 mL量瓶中,加硫酸液(0.5 mol/L)使溶解并稀释至刻度,摇匀,每1 mL溶液中含1 mg的Hg,即为汞浓溶液。精密量取汞浓溶液5 mL于100 mL量瓶中,用硫酸液(0.5 mol/L)稀释至刻度,摇匀,即为每1 mL溶液中含50 μg的标准汞溶液。

2.测定法

(1)油乳剂疫苗消化

精密量取摇匀的本品1 mL,置25 mL凯氏烧瓶(瓶口加小漏斗)中,加硫酸3 mL、硝酸溶液(1→2)0.5 mL,小心加热,待暴沸停止,稍冷,加硝酸溶液(1→2)0.5～1 mL,再加热消化,如此反复加硝酸溶液(1→2)0.5～1 mL消化,加热达白炽化15 min后,溶液与上次加热后的颜色无改变为止,放冷,加水20 mL,放冷至室温,即得。

(2)其他疫苗消化

精密量取摇匀的本品(相当于汞25～50 μg)置25 mL凯氏烧瓶(瓶口加小漏斗)中,加硫酸2 mL、硝酸溶液(1→2)0.5 mL,加热沸腾15 min,如溶液颜色变深,再加硝酸溶液(1→2)0.5～1 mL,加热沸腾 15 min,放冷,加水 20 mL,放冷至室温,即得。

(3)滴定

将上述消化液移入 125 mL 分液漏斗,用水分多次洗涤凯氏烧瓶,使总体积为 80 mL,加 20%盐酸羟胺试液 5 mL,摇匀,用 0.001 25%双硫腙滴定液滴定,开始时每次滴定 3 mL 左右,以后逐渐减少,至每次 0.5 mL,最后可少至 0.2 mL,每次加入滴定液后,强烈振摇 10 s,静置分层,弃去四氯化碳层,继续滴定,直至双硫腙的绿色不变,即为终点。

(4)对照品滴定

精密量取对照品溶液 1 mL(含汞 50 μg),置 125 mL 分液漏斗中,加硫酸 2 mL,水 80 mL,20%盐酸羟胺试液 5 mL,用双硫腙滴定液滴定,操作同上。

$$\text{汞类含量}=\frac{\text{供试品滴定毫升数}}{\text{对照品滴定毫升数}}\times\frac{0.010\ 1}{\text{供试品毫升数}}\times 100\%$$

以上公式用于非油乳剂疫苗。油乳剂疫苗应为上述计算公式结果再除以 0.6。

任务二　牛多杀性巴氏杆菌病灭活疫苗的检验

(一)条件准备

①主要器材。牛多杀性巴氏杆菌病灭活疫苗、家兔、T.G 小瓶培养基、T.G、G.A、G.P 小管培养基、灭菌注射器、吸管等。

②按使用时间,将准备好的各种物品提前灭菌并移入洁净工作间待用。

③在工作开始前 30～40 min,按净化级别要求调整送风量,达到洁净级别要求。

(二)操作规程

1.物理性状

本苗为氢氧化铝胶苗,静置后,上层为淡黄色澄明液体,下层为灰白色沉淀,振摇后呈均匀悬液。

2.无菌检验

取样品 5～10 瓶,分别检验,在无菌条件下进行,先将样品 1 mL 接种于 50 mLT.G 培养基小瓶,放置 37℃培养,3 d后移植 T.G、G.A 小管各 2 支,每支 0.2 mL,放置 37℃、25℃各 1 支;再取样品 0.2 mL 直接接种 G.P 小管 1 支,置

25℃。均培养 5 d,应无菌生长。

3.安全检验

用体重 1.5～2 kg 家兔 2 只,各皮下注射疫苗 5 mL;同时用体重 18～22 g 小白鼠 5 只,各皮下注射疫苗 0.3 mL,观察 10 d,应全部健活。应在隔离器内饲养与观察。

4.效力检验

用体重 1.5～2 kg 兔 6 只,4 只皮下或肌内注射疫苗 1 mL,;另 2 只作对照。接种后 21 d,每只兔各皮下注射 10MLD C45-2 株强毒菌液,观察 8 d,对照兔应全部死亡,免疫兔至少保护 2 只。也可用健康易感牛检验。

5.甲醛含量测定

不超过 0.2%疫苗判为合格。

6.苯酚含量测定

不超过 0.5%疫苗判为合格。

7.硫柳汞含量测定

不超过 0.01%疫苗判为合格。

任务三　鸡产蛋下降综合征灭活疫苗的检验

(一)条件准备

①主要器材。被检疫苗、1%鸡红细胞悬液、T.G 小瓶培养基、T.G、G.A、G.P 小管培养基、灭菌注射器、吸管、试管、微量板、移液器、SPF 鸡等。

②按使用时间,将准备好的各种物品提前灭菌并移入洁净工作间待用。

③在工作开始前 30～40 min,按净化级别要求调整送风量,达到洁净级别要求。

(二)操作规程

1.物理性状

(1)外观

乳白色乳剂。

(2)剂型

为油包水型。取一清洁吸管,吸取少量疫苗滴于冷水中,除第一滴外,均应不扩散。

(3)稳定型

在 37℃左右保存 21 d,应不破乳。

(4)黏度

用 1 mL 吸管(出口内径 1.2 mm)吸取 25℃左右的疫苗 1 mL,令其垂直自然流出,在 8 s 内流出 0.4 mL 为合格。

2.无菌检验

取样品 5～10 瓶,分别检验,先将样品 1 mL 接种于 50 mLT.G 培养基小瓶,放置 37℃培养,3 d 后移植 T.G、G.A 小管各 2 支,每支 0.2 mL,放置 37℃、25℃各 1 支;再取样品 0.2 mL 直接接种 G.P 小管 1 支,置 25℃。均培养 5 d,应无菌生长。

3.安全检验

用 21～42 日龄的 SPF 鸡 10 只,每只肌内注射疫苗 1 mL,在隔离器内饲养与观察 14 d,应不出现由疫苗所引起的任何局部和全身不良反应。

4.效力检验

用 21～42 日龄的 SPF 鸡 20 只。10 只肌肉或皮下注射疫苗 0.5 mL,另 10 只作对照,在隔离器内饲养。接种 21～35 d,采血,测定 HI 抗体,免疫鸡 HI 抗体效价几何平均值应不低于 1∶128,对照鸡 HI 抗体价应不高于 1∶4。

5.甲醛含量测定

不超过 0.2%疫苗判为合格。

6.硫柳汞含量测定

不超过 0.01%疫苗判为合格。

项目十一　治疗用生物制品质量检验技术

在兽医临床中常用的治疗用生物制品主要是抗病血清和高免卵黄抗体，由于其含有高价特异性抗体可使动物获得短期的免疫保护，对于患传染病的畜禽治疗效果很好。在使用这些制品时，由于制备抗病血清的动物种类可能与发病动物种类不同，注射后可能发生一些交叉反应，因此，这些治疗类生物制品也必须进行相应的检验，主要包括无菌检验、安全检验、效力检验等。

任务一　治疗用生物制品质量检验程序与方法

治疗用生物制品质量检验程序如图 11-1 所示。

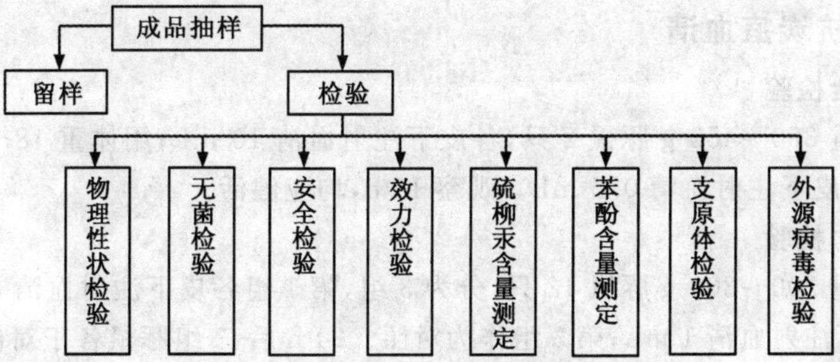

图 11-1　治疗用生物制品质量检验程序

抽样应注意代表性，抽样贯穿封口全过程。

治疗用生物制品目前主要是免疫抗血清和卵黄抗体。免疫抗血清为淡黄色澄明液体，久置后，有少量沉淀；卵黄抗体为黄色胶体溶液，久置后出现沉淀，震摇后沉淀立即消失，不形成凝块。

治疗用生物制品中都含有防腐剂或抗生素，方法同灭活疫苗，所有制品应无菌生长。

按照《中国兽药典》的有关规定进行支原体检验和外源病毒检验。

安全检验使用动物，大动物用抗血清多用实验动物，禽用抗血清用本动物检验。

效价测定多采用动物保护力试验或血清学试验进行。①动物保护力试验：用待检品注射易感动物，经一定时间（一般 1～3 d）用相应的强毒攻击，观察血清抗体被动免疫所引起的保护作用。如抗炭疽血清效力检验，给 8 只敏感豚鼠分别注射血清 0.5 mL 与 1.0 mL，各 4 只，24 h 后，连同 4 只对照组豚鼠攻击致死量的炭疽芽孢液，对照组豚鼠应在 7 d 内全部死亡，两组免疫豚鼠应存活 6 只以上或对照组死亡 3/4，免疫组存活，血清制品效力检验即判定为合格。②免疫血清学试验：免疫血清多采用血清学试验进行效价测定。如利用凝集试验检验布氏杆菌凝集抗原与阳性血清的效价；沉淀试验用于检测炭疽沉淀素血清的抗体效价。

硫柳汞、苯酚含量测定应符合规定，检测方法见项目十。

任务二　常用治疗生物制品的质量检验

本节主要介绍治疗用生物制品成品质量检验技术，重点介绍安全与效力检验方法与质量标准，其他项目按《中国兽药典》的有关规定进行检验。

(一)抗炭疽血清

1. 安全检验

用体重 350～450 g 豚鼠 2 只，各皮下注射血清 10 mL；用体重 18～22 g 小白鼠 5 只，各皮下注射血清 0.5 mL。观察 10 d，均应健活。

2. 效力检验

用体重 200～300 g 豚鼠 12 只，分为 3 组，第 1 组各皮下注射血清 0.5 mL；第 2 组各皮下注射血清 1 mL；第 3 组作为对照。24 h 后，3 组豚鼠各于对侧皮下注射Ⅱ号炭疽芽孢苗 0.2 mL，观察 14 d。对照组豚鼠全部死于炭疽，2 组免疫豚鼠共至少保护 6 只；如对照豚鼠死亡 3 只，免疫豚鼠全部保护为合格。

(二)抗羔羊痢疾血清

1. 安全检验

用体重 16～20 g 小白鼠 5 只，各静脉注射血清 0.5 mL。用体重 250～450 g 豚鼠 2 只，各皮下注射血清 5 mL。观察 10 d，均应健活。

2. 效价测定

用体重 16～20 g 小白鼠作中和试验，0.1 mL 血清能够中和 B 型毒素 1 000 MLD 以上为合格。如血清不能中和 B 型毒素 1 000 MLD 以上，而仅能中和 500 MLD 以上，可以折算中和效价，加大使用剂量。如其中和量达不到 500 MLD，则该批血清应废弃。

(三)破伤风抗毒素

1. 安全检验

用体重 350～400 g 豚鼠 2 只，各皮下注射 10 mL(分两侧注射，各 5 mL)待检破伤风抗毒素，观察 10～14 d，应全部健活，应无脓肿及坏死，不应有局部反应和体重下降。

2. 效价测定

(1)破伤风试验毒素稀释

用 50%甘油生理盐水稀释，用小白鼠测定试验量(L+/10)的含量。用时以 1%蛋白胨水稀释至每 1 mL 含 5 个试验量(L+/10)。破伤风标准抗毒素每 1 mL 含 4 个抗毒素单位(IU)，用时以生理盐水稀释成每 1 mL 含 0.5 IU。

(2)抗毒素稀释

将待检抗毒素用生理盐水稀释成不同稀释度，然后取各稀释度的抗毒素 1 mL，分别装于小管中，标明样品号数及稀释度。

(3)抗毒素和试验毒素混合

将上述稀释的待检抗毒素中各加入稀释好的试验毒素(每 1 mL 含 5 个 L+/10)1 mL，充分振荡，加塞密封。另取 1 管加标准抗毒素 1 mL(含 0.5 IU)，然后加入试验毒素 1 mL 作为对照。将上述各管在 37℃感作 45～60 min。

(4)注射小白鼠

毒素与抗毒素结合完毕后，每一稀释度皮下注射体重 17～19 g 小白鼠 2 只，每只 0.4 mL，对照管用同样条件的小白鼠 2 只，各皮下注射 0.4 mL。小白鼠应分开饲养，观察发病情况。试验动物的反应："－"无反应；"＋"腰部隆起；"＋＋"躯背弯曲明显，后肢僵直；"＋＋＋"全身症状严重；"＋＋＋＋"全身僵直处于濒死状态；"S"其他疾病符号。

(5)结果判定

对照动物应在 72～120 h 内全部死亡，与对照动物同时死亡或之后死亡的待检抗毒素的最高稀释度的一半即为待检抗毒素的抗毒素单位(IU)。每 1 mL 所含抗毒素单位应比规定的标准高 20%，即每 1 mL 未精制的抗毒素不少于 1 200 IU，每 1 mL 精制的抗毒素不少于 2 400 IU。

(四)抗小鹅瘟血清

1. 安全检验

取 3 日龄内无母源抗体易感健康雏鹅 10 只，肌内注射待检小鹅瘟抗血清 1.0 mL，10 d 内应无任何不良反应。

2. 效价测定

采用琼脂扩散方法测定血清效价，应不低于 1∶16。

任务三　抗猪瘟血清的质量检验

(一)条件准备

①主要器材：被检血清、小白鼠、无猪瘟抗体的猪、灭菌注射器、吸管、试管等。

②按使用时间，将准备好的各种物品提前灭菌并移入洁净工作间待用。

③在工作开始前 30～40 min，按净化级别要求调整送风量，达到洁净级别要求。

(二)操作规程

1. 物理性状

为略带棕红色的澄明液体，久置后有少量灰白色沉淀。

2. 无菌检验

按规定进行无菌检验，应无菌生长。

3. 安全检验

用体重 18～22 g 小白鼠 5 只，各皮下注射血清 0.5 mL；体重 1.5～2 kg 家兔 2 只，各皮下注射 10 mL；体重 350～400 g 豚鼠 2 只，各皮下注射 3 mL。观察 10 d，均应健活。

4. 效力检验

用体重 25～40 kg 同来源无猪瘟中和抗体的猪 7 头，分成 2 组：第 1 组 4 头，按每千克体重 0.5 mL 注射血清，同时注射猪瘟血毒 1 mL。第 2 组 3 头，仅注射血毒 1 mL 作为对照。对照猪应于注射血毒后 24～72 h 内体温上升，随之呈现典型猪瘟症状，并于 16 d 内至少有 2 头死于急性猪瘟。第 1 组的 4 头猪，观察 10～16 d，至少健活 3 头为合格。

5. 苯酚含量测定

按规定进行测定，应符合其有关规定。

任务四　鸡传染性法氏囊病卵黄抗体的质量检验

(一)条件准备

①主要器材：30 日龄敏感鸡、产蛋鸡、待检高免卵黄液、IBD 标准抗原、IBD 标

准阳性血清、注射器、琼脂板、打孔器、移液器等。

②按使用时间，将准备好的各种物品提前灭菌并移入洁净工作间待用。

③在工作开始前 30～40 min，按净化级别要求调整送风量，达到洁净级别要求。

（二）操作规程

1. 物理性状检验

高免卵黄液应是无臭、无味、均匀一致的黄色高分子胶体溶液，久置出现沉淀，振摇后沉淀消失，不形成凝块。冷冻保存的高免卵黄液，融化后应不出现凝块。

2. 无菌检验

按规定进行无菌检验，应无菌生长。

3. 安全检验

取 30 日龄健康敏感鸡 30 只平均分为 3 组，其中 10 只肌内注射高免卵黄液 2 mL/只，另 10 只肌注 4 mL/只，其余 10 只注射灭菌生理盐水 2 mL 作为对照，观察 10 d。另取 25～30 周龄产蛋鸡 10 只，肌内注射或皮下注射高免卵黄液 3 mL/只，观察 7～10 d。所有注射鸡应健康，无明显症状。

4. 效价测定

用 AGP 试验检测高免卵黄液中 IBD 的抗体效价。在中心孔加法氏囊标准抗原约 50 μL。第 1 孔加法氏囊标准阴性血清；第 2 孔加法氏囊标准阳性血清；3、4、5、6 孔分别加 1∶4、1∶8、1∶16、1∶32 的待检卵黄液。每孔以加满为度。在 37℃下自由扩散 24～48 h。结果判定应不低于 1∶16。

5. 硫柳汞含量测定

按规定测定，含量应不超过 0.01%。

复习参考题

1. 灭活疫苗的物理性状主要包括哪些检验项目？如何进行检验？

2. 灭活疫苗的效力检验主要采用的方法是什么？与活疫苗有何不同？

3. 细菌性灭活疫苗为什么要进行无菌检验而不是纯粹检验？检验方法和判定标准是什么？

项目十二　诊断用生物制品质量检验技术

随着分子生物学的发展，新型诊断试剂不断涌现，如常用的诊断抗原、诊断抗体、一些新型的核酸探针、PCR 技术和基因芯片、快速诊断试纸条等，将以往的耗时较长的诊断能在很短时间内检测结果，这对于临床中快速诊断畜禽疾病起到了非常重要的作用，这些诊断试剂的检验主要包括特异性检验、非特异性检验、无菌检验等。

任务一　诊断用生物制品质量检验程序与方法

诊断用生物制品质量检验程序如图 12-1 所示。

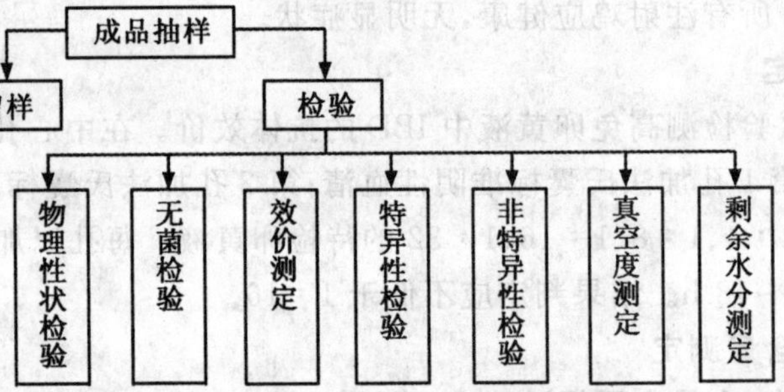

图 12-1　诊断用生物制品质量检验程序

抽样应注意代表性，抽样贯穿封口全过程。

诊断生物制品包括诊断抗原和诊断抗体两大类。诊断抗原有液态制品和冷冻干燥制品。诊断抗体多为免疫血清，橙黄色或略带棕红色澄明液体，也可制成冻干品。

诊断制剂都含有甲醛、苯酚和汞类等防腐剂及抗生素，其无菌检验同灭活疫苗，制品均应无菌生长。

效价测定多采用血清学试验方法，因为绝大多诊断制品都是用于血清学试验，因此也必须用血清学方法检验其敏感性和特异性。使用标准阳性抗原或抗体进行测定。如布氏杆菌平板凝集试验抗原检验、炭疽沉淀素血清的检验、布鲁氏菌补体结合试验抗原检验等。

有些诊断抗原和诊断抗体还要进行特异性检验或非特异性检验，以保证诊断的特异性和敏感性。特异性检验使用标准抗原或标准抗体进行检验。非特异性检验多使用生理盐水、磷酸盐缓冲液或阴性血清进行检验。

如果制品为冻干品，剩余水分及真空度都应符合其规定。其测定方法同冻干活疫苗。

任务二 常用诊断抗原的质量检验

本节主要介绍常用诊断抗原的成品质量检验技术，重点介绍效价测定与特异性检验方法与质量标准，其他检验项目按《中国兽药典》进行检验。

(一)布氏杆菌试管凝集试验抗原

我国的抗原是按国际标准阳性血清标定制造的。抗原的 1∶20 稀释液对国际标准阳性血清的凝集价为 1∶1 000“++”。使用时，除检验羊血清用 0.5%石炭酸 10%盐水外，其余均用 0.5%石炭酸生理盐水稀释。受检血清同样除羊血清用 0.5%石炭酸 10%盐水稀释外，其余均用 0.5%石炭酸生理盐水稀释。

1.效价检验

取被检抗原与标准抗原分别与标准阳性血清的 5 种稀释液(1∶300、1∶400、1∶500、1∶600、1∶700)作凝集反应，两种抗原的凝集价均须为 1∶1 000“++”。

2.特异性检验

取被检抗原和标准抗原分别与阴性血清作凝集反应试验(血清稀释度 1∶25～1∶200)，任何稀释度凝集试验均为阴性。

(二)炭疽沉淀反应标准抗原

将抗原性良好的各菌种接种普通肉汤培养，经收获、干燥、浸泡、过滤制成。

1.物理性状

淡黄色、完全透明的液体。

2.效价检验

将待检抗原用生理盐水稀释成 1∶5 000、1∶10 000 及 1∶20 000，与标准炭疽沉淀素血清分别进行环状沉淀试验。1∶5 000、1∶10 000 分别在 30 s、60 s 内呈现环状阳性反应，1∶20 000 在 1 min 内不出现阳性反应，抗原对健康马血清阴性反应为合格。

(三)鼻疽补体结合试验抗原

系用抗原性良好的鼻疽杆菌在甘油琼脂上培养，收集培养物、浸泡、取上清液制成。

1.物理性状

无色或略带黄色澄明液体。

2.效价测定

将抗原用生理盐水作成1∶10、1∶50、1∶75、1∶100、1∶150、1∶200、1∶300、1∶400和1∶500等稀释液。用生理盐水将两份鼻疽阳性血清分别稀释成1∶10、1∶25、1∶50、1∶75和1∶100,在58～59℃水浴灭活30 min,用各血清稀释液分别与抗原稀释液作补体结合试验。如表12-1至表12-3所示。

对两份阳性血清各种稀释液均发生最强的抑制溶血现象的抗原最高稀释倍数,即为抗原效价。在本例中抗原效价为1∶150。说明被检抗原效价在1∶100以上为合格。

3.非特异性检验

取1份鼻疽阴性马血清,作1∶5和1∶10稀释,在58～59℃水浴中灭活30 min,与新制抗原的1个工作量作补体结合试验,须为阴性,且抗原无抗补体作用为合格。

表12-1 鼻疽补体结合反应抗原效价测定

抗原稀释度	1∶10	1∶50	1∶75	1∶100	1∶150	1∶200	1∶300	1∶400	1∶500
抗原/mL	0.5	0.5	0.5	0.5	0.5	0.5	0.5	0.5	0.5
血清/mL	0.5	0.5	0.5	0.5	0.5	0.5	0.5	0.5	0.5
1个工作量补体/mL	0.5	0.5	0.5	0.5	0.5	0.5	0.5	0.5	0.5
37～38℃水浴20 min									
2个单位溶血素/mL	0.5	0.5	0.5	0.5	0.5	0.5	0.5	0.5	0.5
2.5%绵羊红细胞	0.5	0.5	0.5	0.5	0.5	0.5	0.5	0.5	0.5
37～38℃水浴20 min									

表12-2 受检抗原的各种稀释液对第一份阳性血清的各种稀释液的反应结果(举例)

阳性血清的稀释度	抗原稀释度								
	1∶10	1∶50	1∶75	1∶100	1∶150	1∶200	1∶300	1∶400	1∶500
	补体结合反应结果(溶血%)								
1∶10	0	0	0	0	0	0	10	20	40
1∶25	0	0	0	0	0	0	10	30	60
1∶50	10	0	0	0	0	10	20	40	60
1∶75	20	20	10	10	0	10	40	60	100
1∶100	40	20	20	20	10	40	100	100	100

表 12-3 受检抗原的各种稀释液对第二份阳性血清的各种稀释液的反应结果(举例)

阳性血清的稀释度	抗原稀释度								
	1∶10	1∶50	1∶75	1∶100	1∶150	1∶200	1∶300	1∶400	1∶500
	补体结合反应结果(溶血%)								
1∶10	10	0	0	0	0	10	20	50	90
1∶25	30	20	10	10	0	10	20	60	90
1∶50	30	20	20	20	10	40	40	80	100
1∶75	50	40	40	40	30	80	80	100	100
1∶100	70	60	50	40	40	100	100	100	100

(四)布鲁氏菌病水解素

系用变态反应原性良好的布鲁氏菌接种适宜培养基,培养物经硫酸溶液水解而制成。

1.物理性状

液体水解素为无色或淡黄色澄明液体;冻干水解素为白色疏松团块或粉末,加稀释液后迅速溶解。

2.安全检验

用体重 12～22 g 的小白鼠 6 只,各腹腔注射水解菌素 0.5 mL,观察 10 d,应全部健活。

3.效价检验

体重 350～500 g 的豚鼠,各皮下注射适量布鲁氏菌令其感染。30～45 d 后,用水解素参照品 1∶10 稀释液 0.1 mL,接种于臂部皮内,经 24～48 h,如果反应面积在 100 mm^2 以上,认为豚鼠可用于效价测定。将 10 只合格的豚鼠腹部两侧去毛,并将被检水解素和水解素参照品分别稀释 5～10 倍,腹部皮内各注射 0.1 mL,分左右两侧注射。同时设对照组,取体重 350～500 g 的健康豚鼠 2 只,接种方法与剂量同上分别注射被检水解素和参照品于腹部两侧。注射后 24 h 和 48 h 各观察 1 次,24 h 和 48 h 被检菌素与参照品 10 只致敏豚鼠肿胀面积的总和相比较,两者相差不超过 10%,同时对照组豚鼠无反应为合格。

任务三 常用诊断抗体的质量检验

诊断抗体的质量检验程序和方法与治疗用抗血清类似。这里只介绍标记抗体的质量标准与检验方法。

(一)猪瘟荧光抗体

1.物理性状

本品为蓝绿色澄明液体。

2.特异性检验

①猪瘟的荧光抗体染色:用猪瘟实验感染猪 2 头及同窝健康对照猪 1 头,分别作扁桃体冰冻切片猪瘟荧光抗体染色试验。感染猪的扁桃体隐窝上皮细胞浆应显明亮的黄绿色特异荧光。而健康对照猪扁桃体隐窝上皮细胞浆应不显荧光。

②荧光的特异性鉴定:采用荧光抑制试验,将两组感染猪瘟的猪扁桃体冰冻切片,分别用猪瘟高免血清和健康猪血清在 37℃处理 30 min 后,用 pH7.2 的磷酸盐缓冲液洗净,进行荧光抗体染色。经猪瘟高免血清处理的扁桃体切片,不出现荧光或荧光显著减弱;而经阴性血清处理的切片,隐窝上皮细胞仍出现明亮的黄绿色荧光。

(二)猪瘟酶标抗体

1.物理性状

本品为淡黄色澄明液体。

2.特异性检验

取酶标记抗体 3 支,分别用灭菌 PBS 作 5、10、15 倍稀释,并分别与已知猪瘟阳性和阴性的肾脏触片作酶标记抗体试验。当 1∶10 以上(含 1∶10)稀释的酶标记抗体使阳性触片中细胞的胞质染成棕黄色,而阴性触片中细胞的胞质不显色判为合格。

任务四　鸡白痢鸡伤寒多价染色平板抗原的质量检验

(一)条件准备

①主要器材:玻璃平板、0.1 mL 吸管或移液器、检验用培养基、鸡白痢鸡伤寒多价染色平板被检抗原、沙门氏菌标准型血清、沙门氏菌变异型血清、鸡白痢阴性血清。

②按使用时间,将准备好的各种物品提前灭菌并移入洁净工作间待用。

③在工作开始前 30～40 min,按净化级别要求调整送风量,达到洁净级别要求。

(二)操作规程

1. 物理性状检验

本品为紫色的混悬液。静置后,菌体下沉,振荡呈均匀混悬液。用吸管或移液器吸取本品两滴置于玻璃平板上,在 2 min 内不出现自凝现象,为合格。

2. 无菌检验

按规定进行无菌检验,应无菌生长。

3. 效价测定

用吸管或移液器吸取鸡白痢平板凝集抗原,滴于洁净的玻璃平板上,分两处各滴加 0.05 mL,然后分别滴加标准型血清和变异型血清各 0.05 mL(均含 0.5 IU),混匀,在 2 min 之内出现不低于 50%凝集,为合格。

4. 非特异性检验

用吸管或移液器吸取鸡白痢凝集抗原 0.05 mL,滴于洁净的玻璃平板上,然后再滴加 0.05 mL 阴性血清,混合后,应不出现凝集。

知识拓展:我国动物生物制品质量存在的问题

据调查我国动物生物制品监督抽检合格率始终徘徊在 90%左右,在抽检的 8 个类别产品中,除犬类和其他类外,禽类、猪类、牛类、羊类、兔类及共患病疫苗均有不合格产品。禽类和猪类疫苗抽检合格率徘徊在 95%左右,牛类、羊类、兔类及共患病疫苗质量不稳定。产品的效力(包括活菌计数)、外源病原污染和支原体污染检验项目不合格仍是主要问题。如效力检验连续 7 年合格率均没有达到 100%,2007 年效力检验项目不合格批数占不合格总批数的 58.5%;活菌计数抽检合格率 7 年有 6 年低于 100%;外源病原在 2005 年时合格率只有 29%;2007 年支原体检验合格率仅 50%。每年抽检不合格产品的企业中,既有老企业,也有新企业,有些企业年年有不合格产品,有的是不同的品种,有的是同一品种。重大动物疫病疫苗质量,如禽流感、口蹄疫和猪瘟疫苗均存在不同程度的不合格现象,总合格率徘徊在 90%上下,重大动物疫病疫苗质量仍有待于改进和提高。

动物生物制品业存在的问题主要有:自主创新能力弱,产品缺乏市场竞争力。与国外发达国家相比,总体研究水平较低,创新能力弱。大多数动物生物制品生产企业为重复生产的劳动密集型中小企业,生产水平低,技术落后,生产规模小,批量小,企业无法形成规模效益,造成企业产品之间相互压价。产品结构不合理,急需产品紧缺。在批准的兽用新生物制品中,常规产品占多数,疫苗种类不齐全。一些重大畜禽疫病如口蹄疫的疫苗质量有待完善;一针能抗多种疾病的多联或多价疫苗不足;对毒力或血清型已发生变异的超强毒或变异株如鸡马立克氏病、鸡传染性法氏囊病、鸡传染性支气管炎等的疫苗极少；用于种畜禽免疫接种的疫苗质量不高；宠物疫苗、细菌疫苗和寄生虫疫苗等方面的研究不够；基因工程疫苗多数仍处于实验室研究阶段；快速、敏感、特异的诊断制品严重缺乏，诊断制品的研制和生产亟待规范；经济动物用生物制品基本上是空白。而国内厂家自相竞争，企业生产的产品只有数量优势，缺乏质量和品种优势，常规产品大量低水平的重复生产，产品滞销，但新制品、急需品却奇缺，造成国外产品大量涌入。生产工艺比较落后，产品质量不够稳定。大多数弱毒活疫苗仍采用牛奶蔗糖或明胶蔗糖作冻干保护剂，冻干的产品必须在−15℃以下保存。但与世界发达国家相比，仍存在较大差距。灭活疫苗抗原繁殖、浓缩和纯化技术落后，生产效率低，成本高，很难生产多联苗，疫苗用量太大和抗原纯度不够造成使用不安全。油佐剂灭活疫苗普遍使用的矿物油为工业液体石蜡，所含的稠环芳烃较高，注射动物后有时会引起严重的副反应。此外油佐剂灭活苗的乳化工艺不过关，疫苗黏度太大导致注射困难和产品不稳定，极易破乳分层等。我国从 2006 年起全面强制执行兽药 GMP 管理制度，由于兽药 GMP 实施时间短，缺乏经验，特别是生产企业管理不规范，仍存在违规操作的现象。一些生产企业不严格按照 GMP 要求从事生产活动，未经批准擅自改动生产线、生产设备等；生产检验用原材料不符合标准。特别是禽用活病毒制苗用鸡胚达不到 SPF 级。少数生产企业产品未进行全项检验，如活疫苗中的支原体污染检验、鉴别检验、外源病毒检验及灭活疫苗中灭活剂、防腐剂含量的测定等检验项目不全；部分生产企业认识不到位，执行动物生物制品批签发不规范，如未等批签发报告签发，即提前出厂销售，甚至个别企业不执行批签发制度。违规现象依然存在，生物安全存在隐患。一些单位和个人，在利益的驱使下，非法研制、生产和经营动物生物制品，甚至非法生产重大动物疫病疫苗如禽流感灭活疫苗等现象；对致病微生物的操作未按照生物安全级别的要求进行，很难保证从菌、毒、种到最终产品的纯净、稳定、安全与有效，也无法杜绝病原微生物的生物逃逸现象的发生，造成病原散播，甚至疫病暴发流行；许多研制与生产单位的中试产品（如灭活苗、卵黄抗体、高免血清等）缺乏严格的实验室研究或临床试验，未经临床审批即在田间广泛使用等，危害非常严重。

复习思考题

1. 图示治疗用生物制品检验程序。
2. 鸡传染性法氏囊高免卵黄抗体的检验方法和质量标准是什么？
3. 高免血清和卵黄抗体有何异同点？
4. 图示诊断类生物制品检验程序。

管理篇

项目十三　动物生物制品的质量管理与控制

质量是企业发展的生命。动物生物制品其质量具有自身的特殊性和重要性，必须强调“质量第一”的原则。实践证明，质量好的生物制品，可以使危害严重的动物传染病得到控制和消灭。如果生物制品质量不好或者有问题，不仅在使用后得不到应有的效果，甚至可能会引起动物发病或死亡。因此，生物制品质量管理与控制具有特殊重要性。只有实行 GMP 管理，对生产全过程的每一步骤做最大可能的控制，才能更为有效地使终端产品符合所有质量要求和设计规范。目前，世界发达国家的动物生物制品生产企业或研究单位，都在实施 GMP 管理，以保证其产品质量。我国实行 GMP 管理制度较晚，自 2006 年 1 月 1 日起，所有生物制品企业强制实施 GMP 管理。

一、动物生物制品的 GMP 管理

(一)GMP 概述

1. 兽药 GMP 概念

兽药 GMP 是《兽药生产质量管理规范》的简称。《兽药 GMP》是兽药生产的优良标准，是在兽药生产全过程中，用科学合理、规范化的条件和方法来保证生产优质兽药的一整套科学管理的体系。兽药 GMP 是我国农业部颁布的，是从兽药生产质量管理人员和生产操作者的素质到生产厂房、设施、建筑、设备、仓储、生产过程、质量管理、工业卫生、包装材料与标签直至成品的贮存与销售，来保证兽药质量的一整套管理体系。概括地讲，就是任何兽药生产企业都要具有合适的厂房设施，良好的技术装备，良好的仓储运输条件，有受过专业训练的人员，利用合格的原辅材料，在符合要求的卫生环境中，采取经过批准的生产工艺，实行严格的质量控制，生产出优质的兽药产品。

2. GMP 发展概况

GMP 最初是 1962 年由美国坦普尔大学 6 名教授编写制定的，于 1963 年美国率先制定本国 GMP 标准并由国会作为法令正式颁布，要求本国的制药企业按 GMP 的规定，规范化地对药品的生产过程进行控制。1975 年 11 月世界卫生组织（WHO）正式公布 GMP。

我国制定和实施 GMP 起步较晚。1982 年由中国医药工业公司制定了《药品生产管理规范（试行本）》。1989 年我国农业部制定并颁布了我国《兽药 GMP（试行）》，1994 年颁布了《兽药生产质量管理规范实施细则（试行）》，从 1995 年 7 月 1 日起凡新建的兽药生产企业必须经过农业部组织的 GMP 验收合格后，才能发给《兽药生产许可证》，现有生产企业必须按 GMP 要求，进行技术改造，2002 年 3 月 19 日发布新修订《兽药 GMP》（农业部第 11 号令）共 14 章 95 条，自 2002 年 6 月 19 日起施行。农业部第 202 号公告要求至 2002 年 6 月 19 日，2005 年 12 月 31 日为实施过渡期，自 2006 年 1 月 1 日起强制实施《兽药 GMP》。凡在 2005 年 12 月 31 日前未取得《兽药 GMP 合格证》的企业，不许进行兽药生产。

3. 兽药 GMP 内容

现行《兽药 GMP》分为正文和附录两部分，其中正文 14 章 95 条。主要内容为机构与人员；厂房与设施；设备；物料；卫生；验证；文件；生产管理；质量管理；产品销售与收回；投诉与不良反应报告；自检。附录包括总则、无菌兽药、非无菌兽药、原料药、生物制品和中药制剂 6 方面的内容。

4. 兽药 GMP 适用范围

《兽药 GMP》适用于无菌兽药、非无菌兽药、原料药、动物生物制品、预混剂、中药制剂等生产和质量管理，由于动物生物制品是特殊商品，它是用细菌、病毒等微生物为材料制成的商品，因此，兽药 GMP 对动物生物制品有特殊的要求。

（二）兽药 GMP 对人员方面的基本要求

各类人员应具备一定的文化水平、专业知识、技术职称、实践经验、法规水平、组织能力等基本素质，兽药生产企业人员主要有：担负生产、制度、卫生、物品采购、职工培训、产品贮销等工作调控职责的管理人员和承担设备、仪器（仪表）维修与测试、执行生产操作指令、物料及产品质量检验等工作的技术人员。

从事生物制品制造的全体人员（包括清洁人员、维修人员）均应根据其生产的制品和所从事的生产操作进行卫生学、微生物学等专业和安全防护培训。

生产和质量管理负责人应具有兽医、药学等相关专业知识，并有丰富的实践经验以确保在其生产、质量管理中履行其职责。

从事生物制品生产人员应具备高中以上文化水平，从事生物制品检验人员应具备大学本科以上文化水平。

从事生物制品生产和检验管理人员应具备大学专科以上文化水平并具有三年以上从事生物制品生产和检验工作的经历。

(三)兽药 GMP 对硬件方面的基本要求

1.厂房与设施

厂房与设施是兽药生产的基本条件,是实现兽药 GMP 的重要组成部分。生物制品的厂房和设施主要包括生产车间、仓储室、质检室、生产与检验用动物房及其配套的空气净化系统、工艺用水系统、工艺用气系统、照明、通风、洗涤与卫生设施、安全设施等。既要保证产品质量又要防止微生物对环境产生污染,为此对厂房要进行洁净度控制,洁净室或区的环境要求有严格的规定。

①洁净室(区)的窗户、天棚及进入室内的管道、风口、灯具与墙壁或天棚的连接部位均应密封且无死角。空气洁净度级别不同的相邻洁净室(区)之间的静压差应大于 5 Pa。洁净室(区)与非洁净室(区)之间的静压差应大于 10 Pa。洁净室(区)与室外大气(含与室外直接相通的区域)的静压差应大于 12 Pa,并应有指示压差的装置或设置监控报警系统。对生物制品的洁净室车间,上述规定的静压差数值绝对值应按工艺要求确定。

②洁净室(区)的温度和相对湿度应与兽药生产工艺要求相适应。无特殊要求时,温度应控制在 18～26℃,相对湿度控制在 30%～65%。

③兽药生产洁净室(区)的空气洁净度划分为 4 个级别,其洁净标准如表 13-1 所示。

表 13-1　兽药生产洁净室(区)的洁净标准

洁净度级别	尘粒最大允许数/m^3(静态)		微生物最大允许数/m^3(静态)	
	≥0.5 μm	≥5 μm	浮游菌	沉降菌
100 级	3 500	0	5	0.5
10 000 级	350 000	2 000	50	1.5
100 000 级	3 500 000	20 000	150	3
300 000 级	10 500 000	60 000	200	5

2.设备

设备主要指可满足兽药生产和质量检验操作需要的各种装置或器具。

①直接接触药品的设备表面应平整、光滑、无脱落物、易清洗、易消毒、耐腐蚀,与药品不起化学反应或吸附药品。

②输送药液及注射用水的管路、储罐、阀门、输送泵等宜用优质不锈钢或其他

优质耐腐蚀材料制成。

③过滤器不得吸附药液组分或释放异物。

④生产设备宜采用密封形式，如采用非密闭设备，应有防止污染的措施。若生产中易产生埃尘，设备宜局部加设防尘圈帘和捕尘吸粉装置。

⑤需清洗和灭菌的零部件要易于拆装或设有清洗口。

⑥用于制剂生产的配料缸、混合槽、灭菌设备及其他机械，其容量尽可能与批量相适应。

⑦纯化水、注射用水的制备、储存和分配系统应能防止微生物的滋生和污染。储罐和输送管道所用材料应无毒、耐腐蚀。贮水罐应设有加热、保温的装置；管道的设计和安装应避免死角、盲管。储罐和管道应规定清洗、灭菌周期。注射用水储罐的通气口应安装不脱落纤维的疏水性除菌滤器。注射用水的储存可采用80℃以上保温、65℃以上保温循环或4℃以下存放。

⑧生产、加工、包装青霉素等强致敏性药物的生产设备必须分开专用。

3.生物制品企业厂房与设施、设备的特殊要求

生物制品生产环境的空气洁净度级别要求：

(1)10 000级背景下的局部100级

细胞的制备、半成品制备中的接种、收获及灌装前不经除菌过滤制品的合并、配制、灌封、冻干、加塞、添加稳定剂、佐剂、灭活剂等。

(2)10 000级

半成品制备中的培养过程，包括细胞的培养、接种后鸡胚的孵化、细菌培养及灌装前需经除菌过滤制品、配制、精制、添加稳定剂、佐剂、灭活剂、除菌过滤、超滤等；体外免疫诊断试剂的阳性血清的分装、抗原、抗体分装。

(3)100 000级

鸡胚的孵化、溶液或稳定剂的配制与灭菌、血清等的提取、合并、非低温提取、分装前的巴氏消毒、轧盖及制品最终容器的精洗、消毒等；发酵培养密闭系统与环境（暴露部分需无菌操作）；酶联免疫吸附试剂的包装、配液、分装、干燥。

生物制品生产其他要求：各类制品生产过程中涉及高危致病因子的操作，其空气净化系统等设施还应符合P3实验室条件。生产过程中使用某些特定活生物体阶段，要求设备专用，并在隔离或封闭系统内进行。操作烈性传染病病原、人畜共患病病原、芽孢菌应在专门的厂房内的隔离或密闭系统内进行，其生产设备须专用，并有符合相应规定的防护措施和消毒灭菌、防散毒设施。生物制品的生产应避免厂房与设施对原材料、中间体和成品的潜在污染。

有菌（毒）操作区与无菌（毒）操作区空气净化要求：空气净化系统有菌（毒）操

作区与无菌(毒)操作区应有各自独立的空气净化系统。来自病原体操作区的空气不得再循环或仅在同一区内再循环,来自危险度为二类以上病原体的空气应通过除菌过滤器排放,对外来病原微生物操作区的空气排放应经高效过滤,滤器的性能应定期检查。

4. 物料

物料是指原料、辅料、包装材料、中间产品及成品。涉及物料的定购、验收、检验、贮存、发放标准与制度等不同环节的系列规定要求,属于 GMP 硬件范畴。生物制品企业对物料的特殊要求。

①生物制品生产用的主要原辅料(包括血液制品的原料血浆)必须符合质量标准,并由质量保证部门检验合格签证发放。

②生物制品生产用物料须向合法和有质量保证的供方采购,应对供应商进行评估并与之签订较固定供需合同,以确保其物料的质量和稳定性。

③动物源性的原材料使用时要详细记录,内容至少包括动物来源、动物繁殖和饲养条件、动物的健康状况。用于疫苗生产、检验的动物应符合《动物生物制品规程》规定的"生产、检验用动物暂行标准"。

(四)兽药 GMP 对软件方面的基本要求

1. 生产管理

工艺规程是兽药生产和质量控制中最重要的文件,是规定生产所需原料和包装材料等的数量、质量以及工艺、加工说明、注意事项、生产控制的一套文件,是企业组织和指导生产的重要依据,也是技术管理工作的基础。工艺规程的目的是为生产各部门提供了一个共同遵守的技术准则,以保证每一兽药产品在整个有效期内都保持预定设计的质量。工艺规程主要内容包括目的、适用范围、依据、责任者、正文。正文是工艺规程的核心部分,包括工艺流程及质量控制要点、操作细则、成品质量标准。操作细则包括条件准备、操作规则、清场和记录。

标准操作规程(SOP)是指经批准用于指示操作的通用性文件或管理办法,SOP 包括生产操作、辅助操作以及管理操作规程。SOP 主要内容包括操作法名称、编号、颁发部门、生效日期、所属生产(或管理)部门、产品、岗位、适用范围、操作方法(或工作方法)及程序、采用原辅材料(中间产品包装材料)的名称、规格、采用工(器)具的名称、规格及用量、操作人员、附录、附页。

2. 质量管理

(1)质量管理部门

质量管理部门是企业质量控制、检验、监督的主要执行机构。由其办事机构(质检科、化验室等)及相应人员组成。质量管理部门负责人不得由非在编人员和其他部门负责人兼任；质量检验人员的总数不得少于生产人员总数的4%；仪器、设备和环境条件必须满足产品规定的质量检验和监测要求。质量管理部门的任务一是质量检验，即与原料、中间体、包装材料和成品有关的质量检验；二是质量管理，对生产全过程进行质量控制。

(2)质量标准

质量标准制定的依据则是国家标准。国家兽药质量标准有《中华人民共和国兽药典》、《兽药规范》、《兽药质量标准》、《中华人民共和国动物生物制品规程》和《中华人民共和国动物生物制品质量标准》。企业除必须执行兽药的法定标准外，还应制定企业标准。企业需要制定的质量标准主要有：成品的企业内控标准、半成品(中间产品)的质量标准、原料质量标准、辅料质量标准、包装材料的质量标准、工艺用水质量标准。

(3)质量控制

①原辅料、包装材料、标签的质量控制。包括验收、保管、收发管理。

②生产过程的质量控制。如在哪个生产工序的哪一个阶段检查、取样化验。

③事故处理。质量管理部门负责质量事故处理；发生质量事故时应会同生产、技术部门分析质量事故原因，提出解决办法，并采取适当的纠正措施以避免此类事故的再次发生；在未找到原因及解决办法前应暂停生产；分析、调查结果、建议及实施计划都应是书面的，以后再发生同类事故，则要考虑重新验证工艺。

④留样观察。是考查产品质量，测试产品稳定性的重要手段之一。应设符合要求的留样观察室，并建立产品留样观察制度；留样观察制度应明确规定留样品种、批数、数量、复查项目、复查期限、留样时间；有专人负责，并填写观察记录，定期做好总结；发现问题，应及时报告，并在必要时追回已销售产品。

⑤质量档案。包括产品简介(品名、规格、批准文号及批准日期、标准依据、工艺流程、处方等)，质量标准工艺路线的变革及主要原材料、半成品、成品质量标准，历年质量情况及评比，留样观察情况与国内外产品对照情况，重大质量事故记录，用户访问意见汇总，检验方法变更情况，提高质量的试验总结等。

⑥用户访问。对申诉意见进行必要的调查。用户意见处理是质量管理部门对产品质量控制工作的一部分。

⑦计量校验。仪器、仪表、小容量玻璃仪器管理；滴定液、标准液、标准品(对照品)和检定菌的管理。

⑧实验动物管理。动物房的设置和管理；动物的饲养和管理。

3.生物制品企业生产和质量管理的特殊要求

①生产用菌毒种子批和细胞库，应在规定储存条件下，专库存放，双人双锁，

并只允许指定的人员进入。

②以动物血、血清或脏器、组织为原料生产的制品必须使用专用设备，并与其他生物制品的生产严格分开。

③使用密闭系统生物发酵罐生产的制品可以在同一区域同时生产，如单克隆抗体等。

④各种灭活疫苗(包括重组 DNA 产品)、类毒素及细胞提取物的半成品的生产可以交替使用同一生产区，在其灭活或消毒后可以交替使用同一灌装间和灌装、冻干设施，但必须在一种制品生产、分装或冻干后进行有效的清洁和消毒，清洁消毒效果应定期验证。

⑤用弱毒(菌)种生产各种活疫苗，可以交替使用同一生产区、同一灌装间或灌装、冻干设施，但必须在一种制品生产、分装或冻干完成后进行有效的清洁和消毒，清洁和消毒的效果应定期验证。

⑥操作有致病作用的微生物应在专门的区域内进行，并保持相对负压。

⑦生产过程中污染病原体的物品和设备均要与未用过的灭菌物品和设备分开，并有明显标志。

⑧需建立生产用菌毒种的原始种子批、基础种子批和生产种子批系统。种子批系统应有菌毒种原始来源、菌毒种特征鉴定、传代谱系、菌毒种是否为单一纯微生物、生产和培育特征、最适保存条件等完整资料。

⑨生产用细胞需建立原始细胞库、基础细胞库和生产细胞库系统，细胞库系统应包括：细胞原始来源(核型分析，致瘤性)、群体倍增数、传代谱系、细胞是否为单一纯化细胞系、制备方法、最适保存条件控制代次等。

⑩生产生物制品的洁净区和需要消毒的区域，应选择使用一种以上的消毒方式，定期轮换使用，并进行检测，以防止产生耐药菌株。

⑪在生产日内，没有经过明确规定的去污染措施，生产人员不得由操作活微生物或动物的区域进入到操作其他制品或微生物的区域。与生产过程无关的人员不应进入生产控制区，必须进入时，要穿着无菌防护服。

⑫对生产操作结束后的污染物品应在原位消毒、灭菌后，方可移出生产区。

⑬如设备专用于生产孢子形成体，当加工处理一种制品时应集中生产。在某一设施或一套设施中分期轮换生产芽孢菌制品时，在规定时间内只能生产一种制品。

二、动物生物制品生产的申报与审批

根据农业部《动物生物制品注册分类及注册资料要求》的规定，我国兽用新生物制品的生产与审批需经以下程序(图 13-1)。

实验室试验和中间试制 → 临床试验 → 新制品注册与审批 → 新兽药审批 → 生产许可证

图 13-1 动物生物制品生产申报与审批程序

(一)实验室试验和中间试制

1.实验室试验

(1)实验室生物安全条件

符合国家有关实验室生物安全标准。如使用第一类病原微生物,还应当具备国务院兽医行政管理部门规定的条件,并在实验室阶段前报国务院兽医行政管理部门批准;使用第一、二类病原微生物,应该在生物安全三级或四级的实验室进行。

(2)实验动物的要求

实验动物应是普通级或清洁级易感动物,必要时使用 SPF 级动物。禽类制品的实验室试验多使用本动物,其他动物制品的实验主试验中除使用靶动物外,还需用敏感的小型实验动物(如啮齿类)进行试验。每批制品的实验室试验中所用动物应不少于 10 只(头),来源困难或经济价值高的动物应不少于 5 只(头),鱼、虾应不少于 50 尾。

(3)对新生物制品的要求

实验室试验中所用新生物制品的生产用菌(毒、虫)种、组成和配方等,应与规模化生产的产品相同。试验性产品应经过必要的检验,且结果符合要求。试验性产品中主要成分的含量应不低于规模化生产时的出厂标准。

(4)试验设计

在试验开始前,必须制定详细的实验室试验方案,内容包括受试制品的种类,试验开始和结束的日期,试验动物的年龄、品种、性别等特征,制品的配方,对照组的设置,每组动物的数量,实验动物来源、圈舍、试验管理和观察方式,结果的判定方法及标准等。

实验室试验应包括菌(毒、虫)种的选育和鉴定,毒力、抗原性、免疫原性、稳定性、特异性试验和生产工艺、制品的安全性、效力(对实验动物及使用对象动物)、免疫期及保存期试验等。实验室各项试验要求批数见表 13-2。

表 13-2 新制品实验室各项试验要求批数

分类	新制品实验室各项试验要求批数			
	安全	效力	免疫期	保存期
第一类	5	5	3	3
第二类	3	3	3	3
第三类	3	3	3	3

2.中间试制

根据实验室生产工艺，在生物制品厂或国家认可的具备一定条件的中试车间试制连续 5～10 批制品，由中间试制单位出具中间试制报告，中间试制报告应包括以下内容：

①中间试制的生产负责人和质量负责人、试制时间和地点。

②生产产品的批数(连续 5～10 批)、批号、批量。

③每批中间试制产品的详细生产和检验报告。

④中间试制中发现的问题等。

(二)临床试验

根据规定，新动物生物制品应当在临床试验前向国务院兽医行政管理部门提出申请，提交下列资料：

①《新兽药临床试验申请表》；

②申请报告(包括研制单位基本情况；新兽药名称、来源和特性)；

③临床试验方案；

④委托试验合同书；

⑤试验承担单位资质证明；

⑥菌(毒)种、细胞株、生物组织等起始材料的系统鉴定、保存条件、遗传稳定性、实验室安全和效力试验皮免疫学研究等有关资料；

⑦试制产品生产工艺、质量标准(草案)、试制研究总结报告和检验报告；

⑧试制单位《兽药 GMP 证书》和《兽药生产许可证》；

⑨使用一类病原微生物的，还应当提交农业部的批准文件；

⑩提供生物安全防范基本条件、菌(毒、虫)种名称、来源和特性方面的资料。

国务院兽医行政管理部门收到新兽药临床试验申请后，应当对临床前研究结果的真实性和完整性以及临床试验方案进行审查。必要时，可以派至少 2 人对申请人临床前研究阶段的原始记录、试验条件、生产工艺以及试制情况进行现场核查，并形成书面核查报告。国务院兽医行政管理部门应当自受理申请之日起 60 个工作日内做出是否批准的决定，确定试验区域和试验期限，并书面通知申请人。

临床试验中应使用至少 3 批经检验合格的中间试制产品进行较大范围、不同品种的使用对象的动物试验，进一步观察制品的安全性和效力。临床试验中每种靶动物的数量要求应符合表 13-3。临床试验结束后应收集临床试验研究资料及临床试验期间进行的有关改进工艺、完善质量标准等方由的工作总结。

表 13-3　临床试验中动物的数量要求

生物制品类别	供实验动物种类及头数（头、只、尾）			
	大动物	中小动物	禽类	鱼
第一类疫苗	2 000	20 000	40 000	40 000
第二类疫苗	1 000	10 000	20 000	20 000
诊断制剂	≥1 000	≥1 000	≥1 000	≥1 000

注：①第一类制品的临床试验动物数量应加倍。

②数量较少、饲养分散的特殊动物的数量可酌情减少。

③大动物是指牛、马、螺、驴、骆驼等。

④中小动物是指猪、羊、犬、狐狸、鹿、兔、猪等。

⑤禽类是指鸡、鸭、鹅、鸽等。

（三）新制品注册与审批

新制品经过实验、中间试制和临床试验之后，证明工艺完善、安全性和效力良好，研制单位可提出新制品生产及检验规程草案，连同有关技术资料报农业部。新制品注册需要提供的资料项目有以下 8 种。

1. 一般资料

（1）动物生物制品名称

包括通用名、英文名、汉语拼音和商品名。

（2）证明性文件

①申请人合法登记的证明文件、中间试制单位的《兽药生产许可证》、《兽药 GMP 合格证》、基因工程产品的安全审批书、实验动物合格证、实验动物使用许可证、临床试验批准文件等证件；

②申请的新制品或使用的配方、工艺等专利情况及其权属状态的说明，以及对他人的专利不构成侵权的保证书；

③研究中使用了第一类病原微生物的，应当提供批准进行有关实验室试验的批准性文件；

④直接接触制品的包装材料和容器合格证明；

⑤生产及检验试行规程（草案）、质量标准及其起草说明，附各项主要检验的标

准操作程序。

⑥说明书、标签和包装设计样搞。应按照国家有关规定进行书写和制作。

2.生产与检验菌(毒、虫)种的研究资料

①生产用菌(毒、虫)种来源和特性;

②生产用菌(毒、虫)种种子批建立的有关资料;

③生产用菌(毒、虫)种基础种子的全面鉴定报告;

④生产用菌(毒、虫)种最高代次范围及其依据;

⑤检验用强毒株代号和来源;

⑥检验用强毒株纯度、毒力、含量测定,血清学鉴定等试验的详细方法和结果。

3.生产用细胞的研究资料

包括来源和特性、细胞库及代次范围及其依据。

4.主要原辅材料选择的研究资料

指来源、检验方法和标准、检验报告等。对生产中使用的原辅材料,如国家标准中已经收载,则应采用相应的同家标准;如同家标准中尚未收载,则建议采用相应的国际标准。

5.生产工艺的研究资料

①主要生产用材料、组分、配方、工艺流程等;

②生产用动物或细胞的主要标准;

③构建的病毒或载体的主要性能指标(稳定性、生物安全);

④疫苗原液生产工艺的研究。

6.产品的质量研究资料

①成品检验方法的研究及其验证资料;

②与同类制品作比较的研究报告;

③用于实验室试验的产品检验报告;

④实验室产品的安全性研究报告;

⑤实验室产品的效力研究报告;

⑥至少3批产品的稳定性(保存期)试验报告。

7.中间试制研究资料

由中间试制单位出具的中间试制报告。

8.临床试验研究资料

①临床试验研究资料。

②临床试验期间进行的有关改进工艺、完善质量标准等方面的工作总结及试验研究资料。

(四)新兽药审批

1. 审批程序

(1)申请

研制单位完成新兽药临床试验后，必须向所在省级兽医行政主管部门提出新兽药生产或生产申请，并按规定报送有关资料及样品。第一、二、三类新兽药由省级兽医行政主管部门签署意见后，向农业部兽医局提出书面申请，包括申请报告、研究报告、应用证明等技术资料。

(2)预审

农业部兽医局对申报的材料进行预审，预审应在10个工作日内完成。

(3)初审

预审通过的产品，由农业部兽医局开具受理函件，并将技术资料转农业部兽药审评办公室(以下简称审评办)，由其进行初审，并形成初审意见。

(4)质量复核

根据初审意见，审评办负责通知申报单位送受检样品，由农业部兽医局开具的函件安排中国兽医药品监察所进行质量复核检验。

(5)复审

农业部兽医局根据临床药效报告、质量复核报告及质量标准草案等资料决定是否复审。需复审的产品，通知审评办组织复审并提出复审意见。

(6)审批

农业部兽医局根据复审意见批准并以部文形式发布，同时核发《新兽药证书》。

2. 审批依据

①《中华人民共和国兽药管理条例》(以下简称《兽药管理条例》)及《兽药管理条例实施细则》；

②《新兽药反兽药新制剂管理办法》及《兽用新生物制品管理办法》；

③《兽药注册办法》。

(五)生产许可证

农业部兽医局自收到审核意见和有关材料之日起40个工作日内完成审查。经审查合格的，发给兽药生产许可证；不合格的，应当书面通知申请人。申请人凭兽药生产许可证办理工商登记手续。

三、动物生物制品监管制度

(一)动物生物制品质量管理体系

《兽药管理条例》规定农业部主管全国的兽药管理工作，并对动物生物制品的生产、质量、经营和使用施行监督。凡生产生物制品的单位必须经农业部批准，取得《兽药生产许可证》和当地工商行政管理机构批准发给的《营业执照》。生产的各种制品还必须取得农业部发给的《批准文号》。

生物制品生产企业均应设立监察室，业务由中国兽医药品监察所（以下简称中监所）领导。监察室的任务是对成品进行检验和判定，并了解生产中执行《中华人民共和国兽用生物制品规程》（以下简称《动物生物制品规程》）情况和产品使用情况与效果等。

中监所是农业部领导下的动物生物制品国家级的质量监督、检验、鉴定的专业技术机构。负责全国动物生物制品质量监督，抽检制品和对制品质量检验、鉴定的最终技术仲裁。负责检验用标准品、参照品和生产、检验用菌、毒、虫种的研究、制备、标定、鉴定、保管和供应，培训技术人员，开展学术交流活动等。

新研制的生物制品必须经过农业部新药审评委员会审评通过后报农业部批准，才能投入批量生产。外国企业首次向我国出口生物制品，必须向农业部申请注册，并经质量复核合乎标准，取得《进口兽药登记许可证》，才能在我国境内出售。出口生物制品，须符合进口国的质量要求，并应报农业部批准。

（二）菌（毒、虫）种的管理

2004 年 11 月 12 日，国务院发布第 424 号令《病原微生物实验室生物安全管理条例》，其中第七条对病原微生物进行了分类。根据病原微生物的传染性和危害程度，将病原微生物分为以下 4 类：

第一类病原微生物是指能够引起人类或者动物非常严重的疾病，以及我国尚未发现或者已经宣布消灭的微生物。

第二类病原微生物是指能够引起人类或者动物严重疾病，比较容易直接或者间接在人与人、动物与人、动物与动物间传播的微生物。

第三类病原微生物是指能够引起人类或者动物疾病，但一般情况下对人、动物或者环境不构成严重危害，传播风险有限，实验室感染后很少引起严重疾病，并且具备有效治疗和预防措施的微生物。

第四类病原微生物是指在通常情况下不会引起人类或者动物疾病的微生物。

第一、二类病原微生物统称为高致病性病原微生物。根据《动物病原微生物分类名录》（2005 年农业部第 53 号令）的规定，动物生物制品生产用的各种弱毒病原微生物属于第四类病原微生物。2005 年，农业部还颁布了《高致病性动物病原微生物实验室生物安全管理审批办法》（2005 年农业部第 52 号令）。

用于动物生物制品生产和检验的菌（毒）种，应在鉴定通过并列入《动物生物制品规程》时移交给中国兽医药品监察所统一管理，少数由于条件尚不具备者可委托指定单位管理。管理单位必须按规定定期进行鉴定，详细记入档案，以保证菌（毒）种的稳定性。各厂由监察室根据需要按规定程序申请领取菌（毒）种，在分发和运输中必须严密包装、附上标志，以保证安全。

（三）新制品的管理

新制品是指我国创制或首次生产用于畜禽等动物疾病预防、治疗和诊断用的生物制品。对已批准的生物制品所使用的菌（毒、虫）种和生产工艺有根本改进的，亦属于新制品管理范畴。新制品应经过实验室试验、田间试验、中间试生产及区域试验等研究过程取得完整数据。实验室试验包括菌（毒、虫）种的选育和鉴定，毒力及稳定性，免疫原性，制苗工艺选择，制品的安全、效力、保存期和免疫期等试验数据。由研制单位提出新产品生产及检验试行规程草案。连同有关技术资料报农业部，预审合格后，组织有关专家进行初审，初审合格后，审评办公室将申报材料提请兽药审评委员会进行审评。符合规定的，提出技术审评意见及规程草案、质量标准及使用说明送农业部审批。必要时，申报单位须将样品送中监所进行质量复核试验。农业部审查批准的新制品，发给《新兽药证书》。持有此证书者，方可进行技术转让。接受转让的生产企业，经农业部审查批准后发给试生产批准文号。新制品的试产期按审批的一、二、三类制品，分别为 5 年、3 年、2 年。在试产期内，生产单位要会同原研制单位继续考核制品的质量，完善质量标准。当中监所抽样检查，发现有使用严重反应或效果不确定者，向农业部报告，令其停止生产及使用。具有特殊用途的或紧急疫情防疫所需个别新产品，经农业部特别批准后，方能使用。

（四）进口制品的管理

随着国际交往的增加，为保证进门动物生物制品质量，根据《兽药管理条例》的规定，对进口的动物生物制品一律报农业部注册、审批。农业部将申报的品种及有关资料交中监所进行质量复核。然后交新兽药审评委员会审议，符合规定者，报农业部审批，发给《进口兽药登记许可证》，才能准许进口在我国销售。为科学研究试验或为积累临床资料进行试验而进口的生物制品时不需注册，但需报农业部批准。

四、动物生物制品的生物安全

（一）生物安全的概念与意义

生物安全是指自然界天然的生物因子、转基因生物和生物技术对国家、社会、经济、人民健康及生态环境所产生的危害或潜在风险。在这个定义中，自然界天然的生物因子、转基因生物和生物技术是生物安全的主体，社会、经济、人类健康和生态环境是承载生物安全的客体。现实危害或潜在风险是生物安全的外在表现（或称效应)。

动物生物制品从研制开发到产品的应用,甚至可以延伸到应用之后的一定时期,都存在着生物安全方面的因素与风险,如相关实验研究人员的感染、病原微生物对环境的污染以及遗传性。因此,为确保动物生物制品行业中生物技术的健康迅速发展和应用,生物安全工作的研究和管理迫在眉睫。这个问题对我国也十分重要,如处理得当,将能促进我国生物技术产业健康发展,跟上世界科技发展前沿和主流,在新世纪的国际竞争中占据主动。如果处理不当,将有可能选成不良后果,或是束缚发展,使我国刚有起色的生物技术产业失去转瞬即逝的机遇。

(二)动物生物制品生物安全性问题

我国动物生物制品的发展已经取得了巨大进步,但目前动物生物制品从研发到生产管理、使用过程都存在着许多生物安全问题。

1. 法律意识淡薄,非法研制、生产现象严重

我国对兽用生物制品的管理历来比较严格,已颁布了《动物生物制品规程》、《兽药管理条例》、《动物生物制品管理办法》、《兽用新生物制品管理办法》等法令和法规。现有的科研单位或生产厂家制备的小试产品(甚至正式产品)缺乏严格的区域试验和田间试验;对致病微生物的操作未按照生物安全级别的要求进行,造成病原散播,甚至暴发疫病流行;基因工程疫苗研制与生产不按规定操作、评估与环境释放,将对动物或人类造成生物安全风险或潜在的危险。

2. 研制与生产环境的落后

某些单位的生产场所是“作坊式”的,从工艺布局到净化级别以及生产设备、设施都不符合生物制品的研制与生产要求,很难保证从菌(毒)种到最终产品的纯净、稳定与安全,也无法保证病原微生物的生物逃逸现象的发生。因此,不良产品对动物和人类的生物危害以及病原微生物、经人工改造的基因片段从实验室或生产车间的生物逃逸而造成的对环境及物种的不良影响,已经不是理论上进行探讨的“可能”的问题,而是一种摆在我们面前、不得不面对的重要危险因素。

3. 不良原料和实验动物的影响

不良的原料往往会造成生物制品的污染,如禽疫苗生产的主要原料鸡胚,要求用 SPF 鸡胚,但很多单位依然使用非 SPF 鸡胚进行生产,而使禽用疫苗中带有支原体、禽白血病病毒或网状内皮细胞增生症病毒等使得危险性增加;猪用细胞培养苗中常带有牛病毒性腹泻病毒或猪圆环病毒等。兽用生物品的研究、生产、检验离不开各种实验动物,一些生产研究单位的实验动物质量不高,标准化程度不够,用这些实验动物进行的研究,其数据的真实性令人怀疑。

4.现代生物技术带来的生物安全问题

(1)实验室重组 DNA 试验隐含的生物危害

当开发基因工程疫苗时，首先要获得一个符合需要的基因工程菌（毒）株，也就必须进行实验室内的基因切割、连接、修饰等工作，而这些基因工程菌（毒）株在鉴定为无公害或确定安全等级之前，都存在着可预见或潜在的生物安全因素。如某些基因工程苗（毒）株或基因片段带有致病基因、耐药基因等，若缺乏足够的安全意识而使这些（毒）株或基因片段进入到环境中，它们一旦在外界环境中发生突变或与环境中的物种发生基因重组等，就会很可能造成生物灾害。

(2)基因工程工业化生产的潜在危害

工业化生产基因工程产品也同实验室研究一样存在着上述生物危害，而且其安全控制更加困难。

(3)重组基因活疫苗的安全性问题

对于重组疫苗，不但存在着实验室和生产过程中的安全问题，与普通活疫苗一样发生基因突变、重组的概率也相对较高，因此对于重组活疫苗从研究、设计到田间释放，都要进行严格的安全评估和控制。

(4)质粒 DNA 疫苗的安全性问题质粒

DNA 疫苗就是将经过人工改造的质粒 DNA 直接免疫动物，以此获得免疫保护的疫苗同样存在野外与动物体基因组或其他生物发生整合重组的可能。

(5)细胞、组织来源的安全性问题

动物生物制品生产中应用一些组织和细胞，这些组织、细胞都是来自动物或人，特别是某些传代细胞本身就是肿瘤细胞，因此其安全性问题也是我们不得不面对和关注的方面。

(三)加强动物生物制品生物安全管理的主要措施

1.依法组织动物生物制品的研究、生产与经营

从事动物生物制品研究、生产、经营活动的单位与个人应认真学习和遵守《兽药生产质量管理规范》、《兽药管理条例》、《兽用新生物制品管理办法》、《动物生物制品管理办法》、《生物制品生产车间管理办法》等有关法令、法规，严格按照《动物生物制品规程》进行生产与检验，并遵守其规定的某些行业规范。

2.严格控制和提高原料的质量

生产禽胚疫苗和禽源细胞菌的最主要的原料就是鸡胚，因此加强鸡胚的 SPF 化是保证产品的纯净、安全的重要因素之一。对于血清、组织的采集，应对采集动物进行良好的监测与检测，保证其来自健康动物群体，不带有诸如牛腹泻与黏膜病毒、猪圆环病毒、禽白血病病毒、网状内皮细胞增生症病毒等外源病毒和其他会影响制品质量和安全的各种因素。一些组织、细胞，特别是传代细胞系要符合生产、检验用细胞标准。

3.加强生产、检验动物的控制与管理

生产与检验动物应符合国家《实验动物管理条例》，其中兔、豚鼠、大白鼠、地鼠应符合国家规定的一级标准；小白鼠应符合二级（清洁级）标准；禽类制品生产检验所用鸡、鸡胚应符合三级（SPF）标准；试验用猪应无猪瘟病毒、细小病毒、伪狂犬病病毒、口蹄疫病毒、蓝耳病病毒、弓形虫感染和体外寄生虫等。

4.加强基因工程产品的管理与控制

从实验室的基因操作、废弃物的处理到田间释放都应进行严格而慎重的管理。要加强安全管理，防止遗传工程体及其产品对人类健康、人类赖以生存的环境和农业生态平衡可能造成的危害。应按照农业部《农业生物基因工程安全管理实施办法》、《农业转基因生物安全评价管理条例》以及国家和行业的其他要求进行安全等级的划分和安全性评价。对于研究、生产和环境释放应按规定要求谨慎进行，根据不同安全级别应有不同的硬件要求和管理措施，具体可参见国家与行业相关要求。

5.加强生物安全意识，提高人员素质

这里所讲的人员不仅是指动物生物制品的从业人员（研发、生产、管理、检验、经营），还包括使用人员，也就是广大的用户。动物生物制品（特别是动物疫苗）虽然作为一种高科技含量的产品，但其所面对的用户却大多是基层的养殖用户，他们的素质普遍不高，缺乏足够的疫苗使用和生物安全方面的知识，甚至头脑中没有生物安全的概念。因此，对包括用户在内的所有相关人员进行培训与教育是十分必要的。通过人员素质的提高，来带动行业的发展并为生物安全提供人员的保障。

知识拓展：中国和美国实施 GMP 的差异

中国目前执行的 GMP 规范，是由 WHO 制定的适用于发展中国家的 GMP 规范。偏重对生产设备等硬件的要求，标准比较低。而美国、欧洲和日本等国家执行的国际 GMP，它的重心在生产软件方面，比如操作人员的动作和如何处理生产流程中的突发事件等。

美国现行的 GMP 认证规范与我国的 GMP 认证规范的比较

区别和要求侧重点不同：美国的 cGMP 认证目录条款比我国的简单，章节少，对软件和人员的要求多。而中国 GMP 对硬件要求多，但我国实施 GMP 时间比较短，实施初期对硬件的要求也有必要高一些。

对硬件系统要求的差异：美国 cGMP 对硬件（厂房设施、设备）要求少，但要求具体、详细，并对自动化设备、机械化设备、电子设备和过滤器作出要求。我国

GMP 对硬件(厂房设施、设备)要求多,具体要求偏少。

对软件系统要求的差异:美国 cGMP 重软件管理,对生产过程中实质性内容及人员要求较多。我国 GMP 轻软件管理,对生产过程中的实质性内容及人员要求较少。

对人员要求的差异:美国的 cGMP 里,对人员的资格(受培训水平)规定简洁明了,对人员的职责规定严格细致,要求要有顾问,要求员工要经过持续的专业培训从而保持对 cGMP 规范要求的熟悉程度。中国 GMP 里对人员的任职资格(学历水平)作了详细规定,但对任职人员的职责却少有约束。

对样品的收集和检验,特别是检验的差异:美国 cGMP 对所有的检验的步骤和方法都规定得非常详尽。中国 GMP 只规定必要检验的程序。

中美 GMP 检查方式的差异:美国 GMP 中规定的检查方式规定内容较全面细致,而且关键环节重点突出,对生产工艺过程中的一些关键环节的具体操作条件、方法及生产验证的结果非常重视。我国 GMP 规范中要求检查员范围广、全面细致,但其关键环节不突出,对影响产品质量的关键工艺没有制定详细的操作规范,往往会造成检查员忽略对这些重点的检查。

美国 GMP 更加注重动态控制检查,每隔两年要对申请企业进行复查,以保证企业按照现行 GMP 标准管理处于稳定的良好状态。美国 FDA 规定每 3 年重新修订一次 GMP。我国在近两年也加强对企业的监督检查,包括驻厂监督、飞行检查等不同形式,使 GMP 标准管理,尤其是生物制品的生产管理趋于稳定良好状态。

复习思考题

1. 简述 GMP 的基本内容、作用和特点。
2. 简述兽药 GMP 在动物生物制品生产中的作用和意义。
3. GMP 对软件方面的要求有哪些?
4. 注册兽用新生物制品需提供哪些材料?
5. 简述生物安全的概念和意义。
6. 你认为如何加强生物制品的生物安全管理?

使用篇

项目十四　动物生物制品的使用

动物生物制品包括用于免疫诊断和免疫预防的制剂，分为诊断液、疫苗和免疫血清三大类，临床上最常用的就是疫苗和免疫血清。保存和使用动物生物制品时，一定要符合生物制品的贮用要求，否则，不但会因生物制品失效造成直接损失，还会因免疫失败而给养殖生产带来无穷后患。

任务一　动物生物制品的运输与保存

一、运输

无论用何种运输工具运送动物生物制品，均应注意避免高温、曝晒和冻融。运输时，药品要逐瓶包装，衬以厚纸或软草然后装箱。凡需低温保存的活疫苗，应按制品要求的温度进行包装运输。少量运送时，可先将制品装入盛有冰块的保温瓶或保温箱内运送，切忌把制品放在衣袋内，以免由于体温较高而降低制品的效力。大量运输时，应用冷藏车运输。灭活疫苗、诊断液及血清应在 2～8℃下运送。在寒冷地区要注意避免制品冻结，尤其要避免由于温度高低不定而引起的反复冻结和融化。

二、保存

动物生物制品厂应设置相应的冷库，防疫部门也应根据条件设置冷库或冷藏箱。

冷冻真空干燥的疫苗，多数要求放在－15℃下保存，温度越低，保存时间越长。如猪瘟兔化。弱毒冻干苗，在－15℃可保存 1 年以上，在 0～8℃只能保存 6 个月，若放在 25℃左右,至多 10 d 即失去了效力。实践证明,一些冻干苗在 27℃条件下保存 1 周后有 20%不合格,保存 2 周后有 60%不合格。冻干苗的保存温度与冻干保护剂的性质有密切关系,一些国家的冻干苗使用的是耐热保护剂,可以在 4～6℃保存。

多数活湿苗,只能现制现用,在 0～8℃下仅可短时期保存。

灭活苗、血清、诊断液等保存在 2～15℃,不能过热,也不能低于 0℃。

冻结苗应放在－70℃以下的低温条件下保存。

工作中必须坚持按规定温度保存,不能任意放置,防止高温存放或温度忽高忽低,以免破坏制品的质量。同时还要注意分类、分批存放,不要将不同种类、不同批次的疫苗混存,以免用错和过期失效造成浪费。

总之,不论何种疫苗,均应尽量保持疫苗抗原的一级结构、二级结构和立体构型,保护其抗原决定簇,才能保持疫苗的良好免疫原性。

任务二 疫苗的使用

一、免疫接种形式

疫苗是用于免疫预防的生物制品。疫苗的预防接种形式可以分为以下几种情况。

1.定期预防接种

有组织的定期预防接种是将疫苗强制地或有计划地反复投给,是以易感动物全群为目标。此种接种形式多为全国性的,如我国的猪瘟疫苗和鸡新城疫疫苗接种,法国及德国的口蹄疫疫苗接种,日本的猪瘟疫苗接种均属此类。

2.环状预防接种(包围预防接种)

环状预防接种(包围预防接种)是以疾病发生地点为中心,划定一个范围,对范围内所有易感性动物全部免疫。

3.屏障(国境)预防接种

屏障(国境)预防接种是以防止病原体从污染地区向非污染地区侵入为目的而进行的,对接触污染地区境界的非污染地区的易感性动物进行免疫。如土耳其在其国境的东部及南部沿着国境进行口蹄疫预防接种。南非共和国的 Kruger 国家公园是口蹄疫常发地,所以在公园周围约 30 km 以内给所有易感性动物投给疫苗以形成屏障,控制疾病避免扩散。

4. **紧急接种**

紧急接种是在发生传染病时，为了迅速控制和扑灭疫病的流行，面对疫区和受威胁地区尚未发病的动物进行的应急性接种，与环状接种近似，只要受到威胁的地区均应接种，接种地区不一定呈环状。

二、免疫接种途径

疫苗的接种途径对免疫的效果有着显著的影响，例如黏膜途径或注射途径接种所引起的免疫系统反应就有很大的区别（表 14-1）。同样属于黏膜途径或同样属于注射途径的不同途径接种，其免疫后抗体反应分布及幅度也有所不同，因此在疫苗的开发过程中必须考虑到此变量。此外疫苗接种途径的选择尚需考虑到疫苗的安全性、疫苗的价格和使用的方便性。

表 14-1　黏膜途径与注射途径免疫接种比较

黏膜途径（口、鼻、眼等途径）	注射途径（肌内与皮下等途径）
人工成本低，较易投予	人工成本高
易被动物接收	疼痛，动物有反应
针对局部免疫部位给予	并非针对局部免疫部位给予
可激起黏膜及全身性免疫反应	只激起全身性免疫反应
可保护对抗疾病及感染	主要只保护对抗疾病
较不易交叉污染	有交叉污染的可能
群体免疫时，会受到许多因素干扰	疫苗接种剂量最准确
动物应激与接种反应通常较低	通常对动物应激大，接种反应较高

在各种接种途径中，皮下或肌内的注射途径可能是最简单、确实的疫苗接种方式，尤其是对相对数量较少的动物可以提供对全身性免疫重要疾病的保护，因此，人和宠物的疫苗大多数经注射途径给予。但在许多情况下，全身性免疫的重要性可能不如局部免疫，因为大部分的感染都是经由黏膜感染（如呼吸系统），在这些情况下，针对病原体可能侵入部位接种疫苗可能较为恰当。例如为了获得呼吸道的局部免疫（黏膜免疫），接种方法不用皮下或肌内注射，而用点眼、滴鼻、喷雾等黏膜途径接种法。可以使接种动物的呼吸道黏膜比血中抗体能较早形成稳固的局部免疫，以对抗从鼻腔、口、眼睛侵入的野外毒。由于鸡有哈德氏腺的构造，因此亦可经由点眼接种的方式来提供局部免疫保护。

免疫接种途径的选择尚需考虑到疫苗接种的人工成本，对大规模饲养的动物很难实施针对每一个动物个体分别进行接种。因此，出现了气雾化疫苗的开发和使用，经喷雾免疫的方式使多数动物个体同时吸入疫苗，例如鸡的新城疫疫苗、传染性支气管炎疫苗，貂的犬瘟热疫苗、貂肠炎疫苗等。另外，群体免疫方式则是将疫苗加在饲料或饮水中的口服疫苗，例如猪的猪丹毒疫苗、传染性胃肠炎疫苗，鸡的新城疫疫苗、家禽脑脊髓炎疫苗等。此外由于生物技术的进步，基因重组疫苗可包裹在可降解的聚合物中，甚至在农作物食物中，经由口服的途径直接投于人或其他动物。口服疫苗除了投予方便外，由于可激起较强的肠道免疫反应，因此是针对一些肠道疾病免疫的良好选择。此外口服免疫途径除了会激起肠道免疫反应，在其他黏膜部位例如呼吸道黏膜与生殖道黏膜也会产生局部免疫反应，因此一些由呼吸道或生殖道侵入的疾病疫苗也可选择口服的途径给予。口服途径免疫的另外一个优点是不会受到母源抗体的干扰。对于鱼及虾等水产动物亦有将疫苗加在其生活水域的浸泡接种方式。

免疫接种途径的选择主要考虑两个方面，一是病原体的侵入门户及定位，这种途径符合自然情况，不仅全身的体液免疫系统和细胞免疫系统可以发挥防病作用，同时局部免疫也可尽早地发挥免疫效应；二是要考虑制品的种类与特点，如新城疫Ⅰ系弱毒苗多用注射途径，人的痘苗只能皮肤划痕，虽然天花是呼吸道传染病，但痘苗却不能用气雾法免疫。因为这种疫苗病毒可以通过黏膜感染，进入眼内可以造成角膜感染，甚至失明，故只能皮肤划痕。在各种动物的疫苗免疫接种途径中，以家禽的免疫途径最为多元化，常用的免疫接种途径主要有以下几种。

(一)注射免疫法

1.注射免疫的方式

注射免疫的方式主要包括皮下注射、肌内注射和皮内注射 3 种方式。3 种方式的免疫效果因疫苗而异，如犬狂犬病疫苗肌内注射的免疫效果远比皮内注射免疫效果好，而犬瘟热疫苗皮下注射和肌内注射免疫的效果相差不多。皮内接种由于接种量较少，因此成本较低，但所引起的免疫反应一般也较肌内注射与皮下注射方式为差，但对细胞免疫重要的疾病可能具有较好的免疫保护力，如人的卡介苗、B 型肝炎疫苗、狂犬病疫苗等。灭活疫苗必须以注射的方式免疫，活疫苗有些亦以注射的方式免疫。

2.注射免疫的特点

以注射的方式免疫，疫苗接种剂量最准确，免疫反应最为一致，也最为持久，但这些方法都需捕捉动物，最耗费人工成本，同时对动物的应激也大，影响生产力。

皮下注射、肌内注射和皮内注射 3 种方式的优缺点见表 14-2。

表 14-2 3 种注射免疫方式优缺点比较

	皮下注射	肌内注射	皮内注射
优点	免疫确实，效果好，吸收较皮内快	操作简便，吸收快	使用药液少，注射局部副作用小，产生的免疫力比相同剂量的皮下接种为高
缺点	用药量较大，副作用较皮内法稍大	有些疫苗会损伤肌肉组织；如果注射部位不当，可能引起跛行	操作需要一定的技术与经验；目前只适用于羊痘苗和某些诊断液等

3. 注射免疫的注意事项

一般而言，灭活疫苗的效果较差，为了提高效力，常常添加免疫佐剂，最好以肌内注射方式给予。肌内注射应避开韧带、肌腱与骨骼。但对食用动物尚需考虑到屠体的健全性，肌肉如有吸收不完全的佐剂存在将会在屠宰检查时被判定为应废弃，因此肉鸡接种灭活疫苗时推荐在颈部皮下注射。疫苗在实际使用时，应依照疫苗说明书上所规定的接种途径进行免疫，不要随便更改。

操作者应该注意自我保护，最好选择戴手套操作；注意定期校正注射器的刻度，以确保注射剂量；疫苗使用前应回温至室温（21～25℃），以免温度过低刺激接种部位组织，影响吸收与免疫效果；注射时应随时摇动疫苗，以保持均质性；应避免因赶时间、“打飞针”而接种不确实；群体免疫时，应注意更换针头，以减少可能的污染；针头的大小应选用适宜，针头太大容易引起疫苗的流出，而无法达到良好的免疫。

（二）滴鼻、点眼接种

1. 滴鼻、点眼的特点

滴鼻、点眼可能是活疫苗的各种接种方法中效果最好的，但却相对费时，此法适用于需个体投予的特定疫苗，如牛传染性鼻气管炎、马腺疫、猫鼻气管炎、猫杯状病毒感染、鸡新城疫、鸡传染性喉气管炎等疫苗。在牛、马等较大型动物的鼻腔内接种疫苗，通常是以鼻腔内喷雾的方式给予，因为鼻腔黏膜下有丰富的淋巴样组织，能产生良好的局部免疫。点眼与滴鼻的免疫效果相同，比较方便、快速，眼部的哈德尔氏腺呈现局部应答效应，不受血清抗体的干扰，因而抗体产生迅速。

2. 滴鼻、点眼接种注意事项

疫苗必须以灭菌的稀释液、生理盐水或蒸馏水来稀释配制，疫苗一次只可配制足够 30 min 的使用量。夏天应注意避免手持操作增温因而影响疫苗的效力。所有的容器及器具都应进行煮沸消毒，不能使用消毒剂消毒，以防消毒剂破坏疫苗。

接种时应确认疫苗是否完全吸入，以免影响疫苗接种的免疫效果。

(三)气雾免疫

1. 气雾免疫的特点

通过气雾发生器，用压缩空气将稀释的疫苗喷射出，使之形成雾化粒子浮游在空气中，通过口腔、呼吸道黏膜等部位以达到免疫作用。此种群体免疫的方式可以省时、省力、成本低，但是疫苗必须确实散布于整个群体才能达到免疫的效果，且由于疫苗接种反应，应只针对健康群体实施。气雾免疫的缺点是容易激发潜在的慢性呼吸道疫病，这种激发作用与粒子大小成负相关，粒子越小，激发的危险性越大。

2. 气雾免疫的形式

气雾免疫包括气溶胶和喷雾两种形式，但最主要的是气溶胶免疫。气溶胶根据粒子大小及运动性质可分为 3 种。

(1)高分散度气溶胶

高分散度气溶胶又称蒸发性气溶胶，雾粒直径在 0.01 μm，粒子随空气布朗运动而上升。

(2)中分散度气溶胶

中分散度气溶胶又称浮游性气溶胶，粒子直径为 0.01～10 μm，粒子的布朗运动和重力下降作用相平衡，在大气中较稳定漂浮。

(3)低分散度气溶胶

低分散度气溶胶粒子直径在 10～100 μm，粒子大，易下沉。

气雾发生器喷出的疫苗雾粒多为高分散度和中分散度气溶胶，90%以上小于 5 μm。动物吸入后产生免疫应答。气雾免疫不受或少受母源抗体的干扰。气雾免疫的效果与粒子大小直接有关。一般 4～5 μm 以下的气雾粒子容易通过上呼吸道屏障进入肺泡，有利于吞噬细胞的吞噬，产生良好的免疫力。但对具有鸡慢性呼吸道病潜在危险的鸡群，不应采用气雾免疫法，也可用粗分散度气溶胶(雾粒直径 60 μm 左右)法以减少激发病的发生。气雾化疫苗可个别直接喷到动物的鼻腔内，对家禽亦可将气雾化疫苗以喷雾的方式使多数鸡只个体同时吸入疫苗。

(四)经口免疫

有些病原体常在入侵部位造成损害，免疫机制以局部抗体为主，如呼吸道病常以呼吸道局部免疫为主，而消化道传染病可用经口免疫模拟病原微生物的侵入途径进行免疫。过去曾认为经口免疫抗原在消化道会遭到破坏而使免疫失败。近几年的研究表明，皮下、黏膜下众多淋巴样组织形成免疫力的 2/3。胃肠道黏膜下淋巴样组织丰富，可以接受抗原刺激而形成局部免疫。

1.经口免疫的特点

经口免疫方法省时省力，简单方便，反应也最小，适用于一些活毒疫苗的群体免疫用，饮水或拌料口服均可，但饮水比拌料效果好，因为饮水并非只进入消化道，还要与口腔黏膜、扁桃体等接触，而这些部位有较丰富的淋巴样组织。由于个体饮水和采食量的差异，每头动物所获得的疫苗量不同，因而免疫程度不同、疫苗用量大、抗原易受外界环境因素的影响等是经口免疫的缺点。

2.经口免疫的方式

(1)饮水免疫

饮水免疫是将疫苗混入动物的饮用水中，通过动物饮水进行免疫。在饮水疫苗中常添加干燥脱脂乳粉，因为乳蛋白可中和少量可能存在于水中的清洁剂(如氯离子)和金属离子等的干扰，并且可保护抗原。本法适用于肠道疾病的免疫，但本法常因饮水量不均而影响疫苗免疫抗体的整齐度，甚至有高达12%的鸡未曾饮水的观察报告，而饮水中的杂质或残留物亦会严重地影响免疫效果。饮水接种前的断水期可能对鸡造成应激。因此只有在良好的管理与监控之下才会有好的免疫效果。

(2)拌饲免疫

目前有供喷洒在饲料上的鸡球虫疫苗。此外在马来西亚、印度等国家有在饲料中投予预防鸡新城疫疫苗的方法，但免疫效果并不一致。另外在欧美为了控制狂犬病，在食饵中加入疫苗后，将食饵撒布在狐狸、郊狼等野生动物的行经路径以进行免疫。在水产动物方面，亦将疫苗加在颗粒状饲料中对鱼进行免疫的研究。

(3)可食疸苗免疫

利用基因工程技术将病原体的部分抗原基因植入农作物食品中，人或动物食入后产生免疫反应，例如美国德州的 ProdiGene 公司已成功地开发出了可经玉米表达的猪传染性胃肠炎病毒口服疫苗。第一个人体试验的可食疫苗是在1997年美国马里兰大学进行，志愿者食入含有大肠菌部分毒素基因的马铃薯，结果有91%受试者血中抗体上升4倍，有55%受试者肠道抗体上升4倍。可食疫苗研制成功后将成为一种方便、易被接受、易储存及使用，并且成本低的疫苗。

3.经口免疫的注意事项

经口免疫的疫苗必须是活苗，且要加大疫苗的用量，一般认为口服苗的用量应为注射量的10倍以上。灭活苗免疫力差，不适于口服。经口免疫前，一般应停饮或停饲适当时间，以保证每个动物能在规定时间内尽可能食入足够的剂量。饮水免疫前的停水时间应根据外界温度与湿度决定，天热时，一般在疫苗投予前应停止供水1～2 h，天冷时则停水2～4 h，而且最好在清晨进行为宜。

对喂饲的饲料品质及水质要选择，过酸的饲料、过高的温度均影响抗原的活力。饮水器必须清洁，饮水不可含消毒剂、清洁剂等，以免破坏疫苗抗原。疫苗使用前 3 d 至使用后 1 d，应停止在饮水或饲料中添加任何消毒剂、药品等。同时保证足够的饮水、采食空间，防止动物争食饮水。同是饮水免疫，不同的饮水习性免疫效果也不相同，鸭饮水免疫的效果比鸡好，因为鸭饮水常将整个鼻部浸在水中，增加了鼻咽黏膜接触疫苗的机会。

疫苗应避免高温及阳光的直接照射，投放疫苗不可使用金属或石棉、水泥制的水（饲）槽，以防降低免疫效果。疫苗应混合均匀，最好在饮水中加入脱脂奶粉，以保护抗原。

（五）其他疫苗接种途径

1. 皮肤刺种

主要用于预防禽痘，此外一些家禽脑脊髓炎或家禽霍乱的疫苗亦可使用本法，甚至有二者混合的商品。可以使用双管刺种针或蘸水笔先浸入疫苗中，然后进行皮肤刺种。刺种时应注意避开血管。接种针要干净、锐利且注意消毒，以防病原（如葡萄球菌性关节炎）的传播。操作者在接种之前和开始接种后每隔 30 min 都应该清洁及消毒双手。接种疫苗后 7～14 d 之内，应观察接种部位有无疫苗反应（稍突起的肿胀，俗称“发”）。以确保鸡群得到理想的保护力。

2. 卵内接种法

1992 年，美国 Embrex 公司开发出一种针对 18 日龄鸡胚胎接种马立克氏病疫苗的系统，每小时可接种 20 000～30 000 个蛋。目前在美国已有马立克氏病、鸡传染性法氏囊病等疫苗经核准使用此方法，使用此法的工作人员必须先接受训练来操作设备，而且孵化场的卫生亦需达到高标准，以获得满意的存活率。

3. 浸泡免疫法

对养殖鱼虾类水产动物疫苗接种的方法有浸泡、口服、注射、喷雾等方法，但以浸泡法最为常用，疫苗可由鳃和皮肤吸收。浸泡法免疫成功的关键在于鱼的大小（＞4 g）与水温（＞6℃），每只鱼应至少浸泡 20 s。

三、母源抗体与免疫程序

（一）母源抗体

1. 母源抗体的概念

动物通过胎盘、初乳或卵从母体所获得的抗体称为母源抗体（maternal antibody）。由于母源抗体的存在，幼小动物或雏禽对某些疾病具有较强的抵抗力。

母源抗体不仅在抗病免疫中具有重要意义，而且对疫苗接种后机体的免疫应答也有严重干扰，因而对免疫程序有巨大影响，应当引起注意。

2. 母源抗体的转移途径(表 14-3)

表 14-3 不同动物母源抗体转移途径

动物	胎盘类型	胎儿与母体间组织层次	母源抗体获得
反刍兽	结缔组织绒毛膜型	5 层	只能由初乳获得
马	上皮绒毛膜型	6 层	只能由初乳获得
驴	上皮绒毛膜型	6 层	只能由初乳获得
猪	上皮绒毛膜型	6 层	只能由初乳获得
犬	内皮绒毛膜型	4 层	主要由初乳获得
猫	内皮绒毛膜型	4 层	主要由初乳获得
人和灵长类	血绒毛膜型	3 层	主要由母体获得
家禽	无	无	卵黄抗体

母源抗体从母体到达胎儿的途径，取决于胎盘屏障结构的组成。反刍兽的胎盘呈结缔组织绒毛膜型，胎儿与母体之间组织层次为 5 层；而马、驴和猪的胎盘则为上皮绒毛膜型，胎儿与母体之间的组织层次为 6 层，具有这两种胎盘的动物，免疫球蛋白分子通过胎盘的通路全被阻断，母源抗体必须从初乳获得。犬和猫的胎盘是内皮绒毛膜型的，胎儿与母体之间组织层次为 4 层，这些动物能从母体获得少量 IgG，大量抗体也来自初乳。人和其他灵长类动物的胎盘是血绒毛膜型的，母体血液可以直接与滋养层接触，母体和胎儿之间的组织层次是 3 层。这种类型的胎盘容许母体的 IgG1、IgG3、IgG4 通过，进入胎儿的血液循环，因此，新生婴儿具有与其母体基本相同水平的循环 IgG，但 IgG2、IgM、IGA 和 IgE 不能通过胎盘。由于 IgG 的这种转移，可以保护婴儿不患败血性传染病。

禽类的抗体可经卵传给下一代。产卵前 1 周，母鸡的抗体通过卵胞膜进入卵黄，因此产卵时抗体(IgG)在卵黄内。鸡卵孵化的第 4 天，抗体转移到卵白内，12～14 d 抗体在鸡胚中出现。出壳后的 3～5 d 内，继续从残余的卵黄中吸收剩余的抗体，因此母源抗体滴度的高峰在出壳后的第 3 天左右。

3. 母源抗体的持续期

母源抗体在初生畜禽体内的持续时间及依靠母源抗体所获得的免疫保护的持续时间，对免疫程序的制定至关重要。未吃初乳的新生动物，正常情况下其血清内只含有极低水平的免疫球蛋白；吮吸初乳的动物，血清免疫球蛋白的水平迅速升高，尤其是 IgG，接近于成年动物的水平。由于肠壁上皮细胞吸收的特性，故在生后 24～36 h，其血清抗体水平达到高峰。在吸收终止之后，这种被动获得的抗体通过正常降解作用立即开始下降，下降的速度因动物种类、免疫球蛋白的类别、原始浓度及半衰期的不同而异(表 14-4)。关于母源抗体持续期问题，研究报告很多，例如，多数的研究报告表明，雏鸡新城疫母源抗体的持续期为 2～3 周。

表 14-4　动物血清免疫球蛋白

动物种类	半衰期/d			
	IgG	IgA	IgM	IgE
马	11.5～23	—	—	—
牛	17(G1)～22(G2)	2.8	4.8	2.0
绵羊	10.6(G2)～14.5(G1)	1.8	4.1	—
猪	6.5～22.5	2.3	3.5～6.5	—
鸡	4.1	1.7	—	—
人	23	6.0	5.0	2.7

(二)免疫程序

免疫程序是指根据动物疫病种类、疫苗免疫有效期特性、畜(禽)机体免疫反应以及免疫工作中的实际条件而制定的可能性计划免疫的具体实施程序。免疫程序的内容包括疫苗种类，接种对象、方法、剂量、次数。由于各地的疫情情况、动物种类、饲养方式、饲养条件等不同，目前没有个通用的免疫程序，各地应根据实际工作中的具体情况制定和实施。在确定对各种动物、各种疫病的合理免疫程序时，应主要考虑本地区疫情、疫苗类型及其免疫效能、幼畜(禽)的母源抗体水平、疾病的流行病学特点。如果母畜(禽)接种过疫苗，仔畜（禽)通过初乳或卵获得了母源抗体，初次免疫应予以后延，以防母源抗体可能存在的干扰，尤其对活疫苗的干扰更为严重。而母畜(禽)没有免疫过或受某种传染病威胁，则应较早地进行预防接种。

四、免疫失败的原因及控制

免疫失败包括免疫无效与严重反应两种类型。免疫无效是指畜（禽)群经免疫接种某种疫苗后，在其有效免疫期内，不能抵挡相应传染病的流行或效力检验不合格：严重反应是指免疫接种后的一定时间内(一般为 24～48 h)全群普遍出现严重的全身反应，甚至大批死亡。

(一)免疫失败的原因

免疫失败的原因如图 14-1 所示。

- 免疫失败原因
  - 疫苗种类和质量
    - 疫苗种类
    - 疫苗本身质量问题
    - 疫苗运输、保管不当
  - 免疫机体情况
    - 畜禽感染某些疫病
    - 遗传素质的影响
    - 继发性免疫缺陷
    - 早期感染的影响
  - 病原影响
    - 毒力、毒型的影响
    - 过量野毒攻击
  - 接种技术影响
    - 接种剂量不足或过量
    - 无菌观念不强
    - 免疫接种途径错误
    - 疫苗选择贪多求洋
    - 免疫程序不合理
    - 多种疫苗联合使用
  - 饲养管理因素
    - 营养缺乏
    - 环境卫生差
  - 其他因素

图 14-1 免疫失败原因分析

1. 疫苗种类和质量的影响

(1)疫苗种类

同种传染病可用多种不同毒株的疫苗预防,而产生的免疫应答也各不相同。如鸡新城疫常用疫苗有低毒型Ⅱ系(B1 株)、Ⅲ系(F 株)、Ⅳ系(La Sota 株)、N79、NGM88、克隆 30、克隆 70 和中毒型Ⅰ系(Muktesmr)株、Roakin 系、Komarov 系等。鸡传染性支气管炎疫苗有荷兰型 H_{52}、H_{120}及美国型 M41 等。在生产中若选择不当,常会导致免疫无效或严重反应,甚至诱发其他疾病。

(2)疫苗本身的质量问题

诸如免疫原性差、污染了强毒、灭活方法不当、疫苗效力较差、疫苗过期等,都会引起免疫有效期内的畜(禽)群免疫无效或产生严重反应。如果用于制造疫苗的种蛋带有蛋源性疾病病原,如禽白血病和霉形体病等,则除了影响疫苗的质量和免疫效果外,还有可能传播疫病。

(3)疫苗运输、保管不当

在没有合适的冷藏设施的条件下进行长途运输，长时间暴露于高温场合，会造成疫苗失效或效价降低。在农村许多基层兽医站，没有足够的冷藏设备，只好让疫苗置于高温处，即使有冷藏设备，由于经常停电，致使保存温度不稳定，疫苗反复冻融；更有甚者，有些基层兽医将疫苗视同一般化学药品，放在黑色手提包内数日，甚至过期失效了，照样使用。所有这些，均会导致免疫力下降或免疫期缩短或无效等后果。此外，中转环节多，剧烈振荡等都会有可能使疫苗效价下降。有试验表明，鸡新城疫弱毒冻干疫苗，经过 3 次中转运输后，其疫苗效价下降 1～2 个滴度。

2.免疫机体的影响

(1)畜禽感染某些疫病

传染性法氏囊病、马立克氏病、网状内皮增生症、传染性贫血及霉菌毒素、细菌毒素中毒等，可使机体正常的免疫反应受到抑制；某些疫病，如鸡新城疫、禽流感、传染性支气管炎、传染性喉气管炎、鸡痘等病毒可在机体内产生干扰素，影响特异性免疫的形成；此外，畜禽群感染霉形体病、大肠杆菌病、沙门氏菌病等慢性传染病或寄生虫病时，使机体抵抗能力下降，常由于免疫接种而产生应激，形成严重反应。

(2)遗传素质的影响

某些疫病与遗传素质有关，这些畜禽群即使免疫接种后，仍保持敏感性或免疫力产生很慢，如马立克氏病就与遗传素质有关，具有基因易感性，个别机体先天免疫缺陷，也常常导致免疫无效或效力低微。

(3)继发性免疫缺陷

除原发性免疫缺陷外，免疫球蛋白合成和细胞介导免疫还可因淋巴组织遭到肿瘤细胞侵害或被传染因子破坏，或因用免疫抑制剂而被抑制，引起继发性免疫缺陷。免疫缺陷增加了畜禽群对疫病的易感性，并常导致死亡。

(4)早期感染的影响

在进行疫苗预防时，往往有一部分畜禽已感染疫原而处于潜伏期，此期间接种常常可使畜禽群在短期内发病。

3.病原的影响

(1)毒力、毒型的影响

有些疫病，如马立克氏病、法氏囊病、新城疫等，由于超强毒株的出现，导致原有的疫苗对其不能保护；同一疫病病原有的有多种血清型，若使用的疫苗与感染病原的毒型不对或毒型相差甚远、各型之间交叉免疫能力又比较弱时，其免疫效果有时也不理想。

(2)过量野毒攻击

在某些疫病严重污染的地区，由于过量的野毒攻击，其毒力、数量、侵入途径等因素与免疫畜禽群的免疫力之间不断相互作用，并发生复杂的量和质的变化。在一定条件下，病原突破免疫畜禽群的免疫保护，并在其机体内大量繁殖，使畜禽感染发病，免疫接种难以达到对畜禽群完全保护的目的。

4.免疫接种技术的影响

(1)接种剂量不足或过量

高剂量的抗原能使 T 细胞和 B 细胞都不发生应答反应，低剂量的抗原虽然只能使 T 细胞陷于无反应状态，但由于辅助性 T 细胞失去活性，所以也影响抗体的形成。生产中如疫苗稀释不当，过浓或过稀；饮水免疫时，饮水量不均，饮水时间过长，没有添加保护剂，使用金属容器；滴鼻、点眼时，速度过快，疫苗未被吸入，或使用工具未经校对盲目使用，造成剂量不足或过量；气雾免疫时，粒子过粗，气雾动力过火，温度过高，湿度过高或过低等均可影响免疫效果。此外，疫苗稀释后没能及时使用完，如马立克氏疫苗要求在 2 h 内用完，而在实际工作中常会出现一次稀释很多疫苗，在温度较高的环境下长时间使用，致使疫苗效价大幅度下降。

(2)无菌观念不强

免疫时，行为粗暴，应激严重；漏防较多，没有把应该接种的畜禽全部接种，尤其是忽视农村家庭散养畜禽的防疫；消毒时不仔细，酒精流入疫苗内等。免疫过程中，对稀释瓶、注射器、针头等消毒不严，或一针连续使用等，常会造成严重后果。尤其在紧急预防接种时最为危险。

(3)免疫接种途径错误

没有按照说明书要求使用疫苗，随意更改免疫接种途径、部位。

(4)疫苗选择贪多求洋

不了解当地疫病流行情况及疫病种类，盲目引用疫苗，尤其引入该地没有相应传染病的毒力较强的活疫苗，导致该病过早暴露，扩散疫情。

(5)免疫程序不合理

不同畜禽群免疫前的抗体水平是不一致的，因而免疫的时间、方法是有差别的。对幼畜、雏禽过早接种疫苗，常由于母源抗体存在而影响免疫效果；鸡传染性支气管炎疫苗 H_{52}、H_{120}和新城疫各系苗使用间隔不到 10 d 的，则影响新城疫的免疫效果；在接种传染性法氏囊疫苗之后，常有轻微肿胀现象，此时接种其他疫苗，可能会影响免疫效果；产蛋高峰期的家禽接种疫苗，既影响产蛋量，又能引起严重反应。

(6)多种疫苗联合使用

两种或两种以上的疫苗未经试验，只图省事，随意混合使用，在一定程度上存在着抗原竞争和相互干扰现象。尤其在病毒联合疫苗中，干扰现象更为突出。如1日龄雏鸡同时接种马立克氏疫苗和新城疫疫苗，则新城疫的免疫效果受到抑制。

5.饲养管理因素的影响

(1)营养缺乏

畜禽机体内营养缺乏能直接影响免疫效果，严重时亦会引起继发性免疫缺陷。体内红细胞除具有携带氧气、调节体内酸碱平衡等功能外，还具有识别抗原，减少免疫复合物对机体的危害的免疫调节功能。蛋白质缺乏时，抗体形成受阻，因而免疫机能下降；含硫氨基酸、胆碱不足时，其胸腺退化；日粮中缺乏苏氨酸、缬氨酸时，其体内的抗新城疫抗体减少，免疫反应降低；维生素 A、维生素 D、维生素 E、维生素 C、维生素 B_6 和维生素 B_{12} 等在免疫调节和抗病方面起着重要的作用。在矿物质营养方面，一些微量元素，如锌、铁、硒、铜等在免疫方面具有重要的地位。

(2)环境卫生差

畜禽群的密度过大，通风不良，氨气浓度过高，卫生状况差，对免疫效果也有着很大的影响。

6.其他因素的影响

长途运输、寒冷、炎热、饥饿、干渴和啄斗等应激因素都会使畜禽免疫能力下降，且对抗体免疫反应抑制的长短与这些因素的强弱、持续时间及次数有一定关系。

(二)免疫失败的控制措施

免疫失败的控制措施如图 14-2 所示。

免疫失败控制措施
- 加强综合卫生措施
- 掌握疫情和接种时机
- 合理选用疫苗
- 注意防疫密度
- 加强疫苗的保管、运输、发放和使用
- 依免疫程序适时接种
- 加强畜禽群健康检查和规范操作
- 加强动物生物制品市场管理

图 14-2 免疫失败的控制措施

1.加强综合卫生措施

疫病预防是一个综合防治过程,免疫接种工作只是控制疫病的开始而不是结束,任何期待"一针见效"的幻想都是不现实的,也是在实际工作中不可取的。必须理解除进行免疫接种外,良好的饲养管理和有效的卫生环境也是非常重要的。要强化"生物安全"体系的卫生观念和措施,提高机体的抵抗能力和免疫应答能力,确保畜禽体质健康,降低畜禽群对各种疫病的感染频率,减少感染机会。

2.掌握疫情和接种时机

在疫苗接种前,应当了解当地疫病发生情况,有针对性地作好疫苗和血清的准备工作。注意接种时机,应在疫病流行季节之前1～2个月进行预防接种,如夏初流行的疫病,应在春季注苗。但也不能过早,否则免疫力降低以至消失,到了流行季节得不到相应的保护。最好在疫病的流行高峰期以前完成全程免疫,当流行高峰时节,畜群免疫力达最高水平。

3.合理选用疫苗

选用什么疫苗为合适,应根据当地疫病流行情况、畜禽的日龄等来选择。应注意病原有无型号问题。如口蹄疫病毒分为A、O、C、SAT-1、SAT-2,SAT-3、Asia-I 77个主型,将近70个亚型,主型之间交叉免疫差,甚至同一主型的不同亚型也不能完全交叉免疫。一般当地疫病流行不严重或日龄较小的,应选择毒力较低的、比较温和的疫苗。疾病严重流行地区,则应选用毒力较强的疫苗。从未发生过某种传染病的地区,可不进行该病的免疫接种,尤其是该疫苗是毒力较强的活苗时,更不可轻率地引入该地区,以免过早暴露该病。应选用高质的、国家认证厂家的疫苗。

4.注意防疫密度

预防接种首先是保护被接种动物,即个体免疫。传染病的流行过程,就是传染源(患畜或带菌动物)向易感动物传播的过程。当对禽群进行预防接种,使之对某一传染病产生了免疫,当免疫的动物数达到75%～80%时。免疫动物群即形成了一个免疫屏障,从而可以保护一些未免疫的动物不受感染,这就是群体免疫。如果预防接种既达到个体免疫又达到群体免疫的目的,就能收到最好的预防效果。为了达到群体免疫,既要注意整个地区的接种率,也要注意基层单位的接种率,如果某个具体单位接种率低,易感动物比较集中,一旦传染源传入,也可引起局部流行。

5.加强疫苗的保管、运输、发放和使用

各种疫苗的最佳保存温度应参照厂家说明书,但有些疫苗不可冻结保存,如活菌苗、类毒素、油乳剂苗及稀释液等,以2～8℃保存为宜。疫苗用前应进行认真检查,看有无瓶签,瓶签是否完整,字迹是否清楚;瓶塞是否松动,瓶体是否破裂;瓶内有无杂物霉变;疫苗的物理状态发色泽与说明书上是否相符;是否过期失效等,如有一项发生疑问,则不可使用。

6.依免疫程序适时接种

母源抗体滴度具有一定的消长规律,其抗体水平和消长时间,因个体而有差异。过早地接种疫苗,常会发生母源抗体干扰现象,极易引起免疫无效或免疫减弱;过迟接种疫苗,则野毒可能在免疫空白期感染畜禽,使其发病,产生不应有的损失。所以免疫接种最好在母源抗体降至一定水平时进行。有条件的应通过免疫监测技术来测定母源抗体水平,建立科学的免疫程序,从而确定免疫接种时间。如新城疫的免疫临界界限在 3～4(log2),新城疫母源 HI 抗体的平均半衰期为 4. 5,因此,雏鸡最佳首免日龄＝4. 5×(1 日龄时母源 HI 抗体均值的对数值－4.5)。制定免疫程序时应当注意当地的疫病流行情况、母源抗体及上次免疫残留抗体水平、畜禽的免疫应答能力、疫苗种类、免疫接种方法等,没有固定的模式。

7.加强畜禽群健康检查和规范操作

免疫接种前应对畜禽群健康状况进行检查,注意被免疫动物的体面情况、年龄及是否怀孕等,做到心中有数,对不适宜当时免疫的,应登记造册,随后适当时间进行补防。在进行免疫接种前后 24 h 内不得使用抗生素、磺胺类药物及含有药物的饲料添加剂等,以防影响免疫效果。稀释疫苗只能使用指定的稀释液并按规定进行,做到疫苗现用现配,及时使用。

一般气温在 15～25℃时,6 h 内用完;25℃以上时,4 h 内用完。马力克氏疫苗要求 2 h 内用完。严格执行无菌操作,使用的接种用具如注射器、针头、滴管等应洗净后灭菌,并做好接种部位的消毒工作,已吸出的疫苗不可再回注入稀释瓶内。使用饮水免疫时,事先应停水 3～5 h(依据气温而定)以保证疫苗在 2 h 内饮完。此外,配苗时应在饮水中加入 0.1%～0.5%脱脂奶粉,同时应注意水质、水温、动物的大小等因素。使用滴鼻、点眼免疫时,应注意滴入鼻、眼中的量。一般可事先将滴管、字眼药水瓶或注射器(磨去针尖)试一试 1 mL 水有多少滴,然后再进行接种,接种后应确认疫苗是否被吸入;使用气雾免疫时,雏鸡免疫时的雾滴要大些,50～100 μm;2 月龄以上的鸡免疫时,雾滴 5～20 μm;温度以 15～20℃、湿度在 70%以上为宜。使用注射途径免疫时,应做到接种方法正确、注射确实、剂量准确。免疫时机宜安排在晴天、无风的夜晚或凌晨进行,并在饲料中添加适量维生素 C,以尽量减少、避免畜禽发生应激反应。弱毒活疫苗的毒种或菌种,多数是以人工方法致弱的,但对不同年龄、不同饲养环境、不同饲养方法等饲养的家禽,对各种毒种、菌种的敏感性是不同的。因此,稀释后的空疫苗瓶及免疫后多余的疫苗,不可到处乱抛,应集中进行消毒处理,以防弱毒活疫苗中的活病毒散播到自然环境中返强。

8.加强动物生物制品市场管理

动物生物制品是一种特殊的商品，应实行专营，以确保质量和安全。禁止生产劣质低效疫苗以及以假乱真、胡乱销售。坚决取缔无证经营，整顿经营秩序。有关部门应加强疫苗的研制、生产管理，以保证疫苗本身的质量。

复习思考题

1.活疫苗的常用接种方法有哪些？

2.灭活苗的常用接种方法有哪些？

3.配置好的疫苗为什么必须在 2 h 内用完？

4.在进行滴鼻点眼的时候，注意事项有哪些？

实践操作篇

工作任务一　病毒性自家组织灭活苗的制备

当家畜或家禽感染某种病毒病，而现有的技术条件暂时不能及时准确地诊断；或生产中出现了某种新的病毒病，而用于预防该病的疫苗尚未研制出来，这时候使用病毒性自家组织苗一般会有较好的防治效果。

工作目标：

1. 掌握病毒性自家组织苗的原理；
2. 熟悉病毒性自家组织苗的制备过程；
3. 掌握氢氧化铝胶佐剂的制备方法；
4. 掌握氢氧化铝胶组织苗的使用及在疫苗中的作用。

工作流程：

材料的准备见表1。

表1　材料的准备

主要器材	主要试剂
烧杯	$AlCl_3$
剪刀	NaOH
组织搅碎机	甲醛
病料等	1%硫柳汞溶液

流程1：氢氧化铝胶制备。$AlCl_3$ 加 NaOH 合成法，此法合成的铝胶含量低、透明无沉淀，目前广泛用于制备人用生物制品，佐剂效果良好，注射部位无硬结反应。其化学反应式：$AlCl_3 + 3NaOH \rightarrow Al(OH)_3 \downarrow + 3NaCl$。制备时，先将无水三氯化铝用去离子水配成25%溶液，加热融化，使用时再稀释成8%，加温至56～60℃。另将氢氧化钠配成4%溶液，加温至56～60℃。化学合成时，将三氯化铝溶液放入反应缸，维持温度60℃，边搅拌边缓慢加入氢氧化钠溶液，当化合液pH达到5.6～6.0时，即为终点，继续搅拌10 min，分装，121℃高压灭菌30 min后的铝胶液为透明略带乳光液体。

流程2：剪取患病动物病料（肝、脾、淋巴结），用剪子剪掉其筋膜和脂肪，称其重量，并用无菌蒸馏水清洗数次。

流程 3:根据脏器重量配制 0.9%生理盐水,脏器与生理盐水的稀释比例 1∶(5～10)。

流程 4:先将脏器与少量生理盐水导入搅碎机中,先低速旋转 1 min,再高速旋转 3 min,补足生理盐水;反复冻融 3 次。用 4 层纱布进行过滤,装于无菌瓶中。

流程 5:加甲醛灭活,病毒性疾病按 1‰～2‰比例,细菌性疾病按 3‰～4‰比例加入,加甲醛时,边加边搅拌,放于 37℃温度中灭活,每隔 2 h 摇匀 1 次,灭活至少 48 h,梭菌、芽孢菌需灭活 1 周。

流程 6:灭活结束后用无菌平板划线接种并培养、检查是否灭活彻底。

流程 7:将制备好的铝胶弃去上清液后,加入适量的灭活抗原液(抗原与胶体体积比为 4∶1),混匀,即成病毒性自家组织苗。

流程 8:安全检验与使用。将制备好的疫苗混匀后以 5～10 倍的剂量注射试验猪,试验动物无不良反应。

注意事项:取材要典型,要求病变明显;注意冻融完全尽可能释放出病毒;灭活要彻底,以免影响疫苗的效果;严格按照要求进行检验,确保疫苗使用安全。

思考题:

1. 脏器组织苗制备中需注意哪些细节问题?
2. 用甲醛进行灭活时,如何进行计算添加量?
3. 什么样的情况下适用脏器组织灭活苗?
4. 兔魏氏梭菌脏器组织苗如何制备?

工作任务二　猪链球菌氢氧化铝胶苗的制备

猪链球菌病是一种人畜共患的急性、热性传染病,由 C、D、E 及 L 群链球菌引起的猪的多种疾病的总称。属国家规定的二类动物疫病,表现为急性出血性败血症、心内膜炎、脑膜炎、关节炎、哺乳仔猪下痢和孕猪流产等。其病原体多为溶血性链球菌。以 E 群引起淋巴结脓肿最多常见,流行最广。以 C 群引起败血性链球菌病危害最大,发病率及病死率均很高,对养猪业的发展威胁较大。近几年,该病发病率较高,给养猪业造成了巨大损失。针对猪场发生的链球菌病可采用分离细菌,然后进行氢氧化铝胶苗的制备,再进行预防,具有比较好的免疫效果。

工作目标:

1. 掌握猪链球菌氢氧化铝胶苗的制备方法;
2. 掌握在什么样的情况下猪场需使用链球菌苗。

工作流程:

材料的准备见表 2。

流程 1:从链球菌发病猪肝、脾中进行链球菌的分离、鉴定,并进行纯化。

流程 2:配制普通肉汤液体培养基,并分别分装于试管,100 mL 瓶和 500 mL 瓶中,高压灭菌。

流程 3:将纯化的菌种接种于试管中,振荡培养 24 h,然后再接种于 100 mL 培养基中,37℃培养 24 h,最后接种于 500 mL 培养基中,振荡 24 h。

表 2 材料的准备

材 料
病猪内脏器官(肝、脾)
蛋白胨
氯化钠
牛肉膏
琼脂
甲醛

流程 4:检查细菌数量,每毫升菌液量达到 $1\times(10^6\sim10^9)$个可以进行菌苗制备。

流程 5:甲醛灭活。

流程 6:按 20%比例加入氢氧化铝胶,混匀后即成。

注意事项:

1. 检测是否灭活彻底,看有无杂菌。
2. 加高压灭菌的氢氧化铝,添加比例 20%。
3. 每隔 2 h 摇匀 1 次,室温保存。
4. 小猪 3 mL/头,大猪 5 mL/头。

思考题:

1. 猪链球菌血清型有哪些?
2. 什么是猪链球菌自家苗?

工作任务三 猪链球菌蜂胶苗的制备

蜂胶是蜜蜂采自柳树、杨树和其他植物幼芽分泌的树脂,并混入蜜蜂上颚腺分泌物以及蜂蜡、花粉及其他一些有机与无机物的一种天然物质,含有多种黄酮类、酸类、醇类、酚类、脂类、烯烃和萜类等化合物及多种氨基酸、酶、多糖脂肪酸、维生素及化学元素,是一种优良的天然药物。

蜂胶具有抗菌、抗病毒、抗肿瘤、消炎、增强机体免疫功能和促进组织再生等作用,同时具有广泛的生物活性和药理作用。作为佐剂,蜂胶具有良好的免疫增强作用。它能保持抗原特性，增强巨噬细胞的吞噬能力，促进抗体的产生，提高机体的特异性和非特异性免疫力。

工作目标：

1. 掌握蜂胶作为佐剂的作用机理；

2. 掌握蜂胶佐剂苗的制备流程。

工作流程：

材料的准备见表3。

表3 材料的准备

主要材料	主要试剂
粉碎机或垫板	95%酒精
锤头	蜂胶
研磨器	蛋白胨
量筒	氯化钠
玻璃棒	甲醛
离心机	牛肉膏

流程1：蜂胶的处理。用市售蜂胶，放4℃以下低温贮存，制备前用粉碎机或垫板在4～8℃下粉碎；过筛，按1∶4(质量浓度)加入95%酒精，室温浸泡24～48 h；冷却，过滤或离心去上清液，即得透明纯净蜂胶浸液；除去干渣，计算出浸液中蜂胶含量，浸液置4℃以下保存备用。

流程2：链球菌的培养。按梯度培养法培养链球菌，最后进行灭活处理。

流程3：蜂胶佐剂苗的制备。在灭活菌液中加入蜂胶乙醇浸液，使每毫升菌液中含有蜂胶10 mg，边加边摇荡，迅即成为乳浊状，即为蜂胶佐剂疫苗。

流程4：疫苗的检验：取注射剂量的5～10倍的剂量注射试验猪，猪在注射后应无异常反应，或反应很轻微。

注意事项：灭活要彻底，以免影响疫苗的效果；严格按照要求进行安全检验，确保疫苗使用安全。

思考题：

1. 蜂胶具有什么功能？

2. 蜂胶苗具有什么样的功能？

3. 培养细菌时，用血琼脂培养基和普通培养基有什么不同？

工作任务四 鸡大肠杆菌油乳剂灭活苗的制备技术

鸡大肠杆菌病是由大肠杆菌引起的一种鸡的多发病，包括大肠杆菌性腹膜炎、输卵管炎、脐炎、滑膜炎、气囊炎、肉芽肿、眼炎等多种疾病。大肠杆菌血清型多，预防的大肠杆菌血清型不一定与发生的大肠杆菌配型，因此，大肠杆菌进行疫苗预防效果不一定十分理想，但对于大型鸡场，使用本场分离的大肠杆菌进行灭活苗的制备具有比较好的效果。

工作目标：

1. 掌握鸡大肠杆菌油乳剂灭活苗的制备方法。
2. 掌握在什么样的情况下鸡场需使用大肠杆菌灭活苗。
3. 掌握油乳剂灭活苗的使用及注意事项。

工作流程：

材料的准备见表4。

表4 材料的准备

材料	试剂
病鸡内脏器官（肝、脾）	普通肉汤
试管	琼脂
锥形瓶	硬脂酸铝
温箱	甲醛
显微镜	白油
组织捣碎机	吐温-80
电磁炉	司本-80

流程1：从大肠杆菌发病鸡肝、脾中进行大肠杆菌的分离、鉴定，并进行纯化。

流程2：配制普通肉汤液体培养基，并分别分装于试管，100 mL瓶和500 mL瓶中，高压灭菌。

流程3：将纯化的菌种接种于试管中，振荡培养24 h，然后再接种于100 mL培养基中，37℃培养24 h，最后接种于500 mL培养基中，振荡24 h。

流程4：检查细菌数量，每毫升菌液量达到$1\times(10^6\sim10^9)$个可以进行疫苗制备。

流程5：甲醛灭活。

流程6：检测是否灭活彻底，看有无杂菌。

流程7：油相的准备。白油300 mL；硬脂酸铝6 g；司本-80 18 mL，100℃煮沸混合加热融化。

流程8：水相的制备。灭活大肠杆菌，加入0.4%灭菌后的吐温-80充分溶解备用。

流程9：乳化。油：水=(2～3)：1先将油相加入搅拌器然后缓慢加入水相乳化，然后高速搅拌乳化3 min。

流程10：分装检验。安全、无菌、效力。

注意事项：

1. 无菌操作；
2. 出现破乳不能使用；
3. 注射动物后出现严重的炎症反应或其他溃烂时，疫苗严禁使用。

疫苗优缺点：

优点：能进入体内后缓慢释放，较长时间刺激机体免疫系统，免疫效果好，免疫保护力持续时间长。

缺点：①因白油佐剂对机体有一定的刺激，有时注射局部会发生严重的炎症反应；②吸收慢，对临近屠宰期动物影响胴体品质。

思考题：

1. 细菌为什么要进行逐步培养？
2. 鸡场一般情况下为什么不用大肠杆菌苗？
3. 油乳剂灭活苗制备注意事项是什么？
4. 为什么市场上很少能买到鸡大肠杆菌苗？

工作任务五　鸡新城疫油乳剂灭活苗制备技术

鸡新城疫由副黏病毒引起的高度接触性传染病。又称亚洲鸡瘟或伪鸡瘟。常呈急性败血鸡新城疫症状。主要特征是呼吸困难、便稀、神经紊乱、黏膜和浆膜出血。死亡率高，对养鸡业为害严重。

病毒分离培养是确诊病毒性传染病的最可靠方法之一，其分离培养技术包括鸡胚接种、动物接种和细胞接种分离培养。其中最简便、适用也最常用的是用鸡胚分离培养病毒。油乳佐剂是指一类由油类物质和乳化剂按一定比例混合形成的佐剂。一种好的乳剂疫苗是油包水或水包油型，黏度低、颗粒均匀，稳定性良好，成乳白色。

工作目标：

1. 掌握鸡胚的孵化过程和不同日龄鸡胚的接种途径和接种方法；
2. 掌握新城疫病毒在鸡胚尿囊腔增殖过程，掌握接毒和收毒的方法；
3. 观察鸡胚病变；
4. 掌握病毒的检测技术和灭活技术；
5. 掌握鸡新城疫油佐剂灭活苗的制备方法和原理；
6. 掌握油乳剂灭活苗的使用及注意事项。

工作流程：

材料的准备见表 5。

流程 1:鸡胚的选择和孵化。孵育前的鸡胚先用清水以布洗净,再用干布擦干,放入孵卵器内进行孵育(37℃,相对湿度是 45%～60%),孵育 3 d 后,鸡卵每日翻动 1～2 次。孵至第 4 天,用检卵灯观察鸡胚发育情况,未受精卵,只见模糊的卵黄黑影,不见鸡胚的形迹,这种鸡卵应淘汰。活胚可看到清晰的血管和鸡胚的暗影,比较大一些的可以看见胚动,随后每日观察一次,将胚动呆滞或没有运动的、血管昏暗模糊者,即可能是已死或将死的鸡胚,要随时加以淘汰。生长良好的蛋胚一直孵育到接种前,具体胚龄视所拟培养的病毒种类和接种途径而定。

表 5　材料的准备

主要材料	主要试剂
9～12 日龄鸡胚	碘酊
孵化箱、蛋托	甲醛
1 mL 注射器	司本-80
照蛋器	白油
小镊子、剪子	吐温-80
组织捣碎机	硬脂酸铝

流程 2:接种材料的制备。分离、培养病毒用的材料除了应新鲜、无菌外,还要做一些特殊处理。首先应将所选取的病料在无菌容器中剪碎、研磨,并根据所培养病毒特性用肉汤、生物盐水或特定稀释液将病料作 1∶(5～10)稀释。然后按稀释后的病料悬液量计算并加入双抗(青、链霉素),使两者最终浓度达每毫升 1 000 IU 或 1 000 μg,并在 4℃环境下作用 1～2 h,离心沉淀后取上清液作为分离培养病毒的接种材料。

流程 3:照蛋定位。应在照蛋器下检查鸡胚,挑出死胚和弱胚。对所有健康胚应先用红铅笔画出气室位置,再于胚胎侧画出接种位点(进针点),接种点应避开大血管,靠近气室边缘处,离胚头 1 cm 左右。

流程 4:病料接种。鸡胚分离、培养病毒,则应选 9～12 日龄之间的发育鸡胚。许多病毒、特别是大多数禽病毒都能在鸡胚或鸭胚中生长繁殖。接种时应先在照蛋器下检查鸡胚是否健康、活泼,并划出气室和接种部位。然后严格消毒接种部位和气室,用打孔器打孔后,每胚接种处理好的病料 0.1～0.2 mL。接种后要用石蜡将孔口封死,放 37℃环境中继续孵育 48～96 h。不同病毒其接种部位、方法和培养时间不尽一样。可参考后面各有关内容。

若用动物分离、培养病毒,则最好选用本种动物或自然易感动物。除此之外,常用于分离病毒的实验动物有小白鼠、豚鼠、家兔、大白鼠等。兔子的接种常采用肌内注射、耳静脉注射,剂量一般是 1 mL。小白鼠、大白鼠、豚鼠常采用腹腔注射,剂量一般为 0.2～0.5 mL。接种动物所用病料的处理与鸡胚接种法相同。动物接种后要单独饲养,不断观察,按照规定时间收获病毒并进行鉴定。

根据病毒种类的不同,鸡胚接种后病毒可在不同部位生长、繁殖,例如新城疫病毒在尿囊液和羊水中、喉气管炎病毒和痘病毒在绒毛膜上含量最高。其他试验动物接种后亦是如此,即不同种类的病毒存在于不同的部位,如猪瘟病毒接种家兔后主要存在于血液、脾脏和淋巴结,而狂犬病毒主要存在于接种动物的脑和神经组织中。因此收获病毒时应根据其生长、存在部位来选取不同的组织器官。

鸡胚接种技术用途广泛,除了可以分离培养病毒、支原体及衣原体等病原以确诊传染病外,还可用于病毒的鉴定,效价测定,致病力测定及制造疫苗、抗原等。因此掌握鸡胚接种技术对进行传染病的研究和防制工作非常有用。

流程 5:鸡胚接种。定位完毕后,即可开始接种。先用碘酊将接种位点和气室消毒,再用 70%酒精脱碘,然后根据需要用三棱针或 20 号针头在蛋壳上打孔。根据部位,鸡胚接种有以下几种方法(表 6):

表 6 常见病毒用鸡胚培养的接种途径

病毒	接种途径			
	羊膜腔	尿囊腔	绒毛尿囊膜	卵黄囊
流行性感冒病毒	++++	++++	+	+
腮腺炎病毒	++++	+		
流行性乙型脑炎病毒			++	+++
森林脑炎病毒				+++
淋巴球性脉络丛脑膜炎病毒			++	
狂犬病毒			++	
天花病毒	+	+	+++	
牛痘病毒			+++	
单纯疱疹病毒	+		+++	+
带状疱疹病毒			+	
鹦鹉热病毒	+	+	+	++++
鸡新城疫病毒	++++	++++	+	
脱脚病病毒			++++	
黄热病病毒			++	
立克次氏体			++	++++

注:表中++++,+++,++,+代表应用该接种途径时,鸡胚组织对病毒敏感性的强弱。

(1)尿囊腔接种

这是最常用的接种方法,鸡新城疫、减蛋综合征病毒、传染性支气管炎病毒、法氏囊病毒等均可采用这种方法。蛋壳消毒后,先在气室上打一小孔,再于胚胎一侧靠近气室处所画位点打一小孔，用带 5～7 号针头的注射器插入孔内约 1.5 cm，接种材料 0.1～0.2 mL。进针时针头与蛋壳应保持 30°角，不应垂直进针，注射完毕，立即用溶化的热石蜡将注射口和气室上小孔密封，然后放回 37℃孵化箱孵化 72～120 h。

(2)绒毛尿囊膜接种

该方法主要用于痘病毒、喉气管炎病毒和马立克氏病毒等的分离培养。将卵壳消毒后，先在气室上打一小孔，再于胚胎侧靠近气室处避开大血管用钢锯条将蛋壳打开一个 4 mm 见方的小口，用刀尖小心撬开蛋壳，不能损伤卵壳膜，形成卵窗。用针尖轻轻挑破卵窗中心的卵壳膜，但不能损伤卵壳膜下的绒毛尿囊膜。在针尖挑破处滴一滴灭菌生理盐水或甘油，然后用吸头在气室小孔上吸气，使胚内造成负压，这时卵窗处绒毛尿囊膜下陷而形成人工气室，此时可见生理盐水或甘油迅速渗入。用注射器滴加 2～3 滴接种物于卵窗的绒毛尿囊膜上，以透明胶纸封住卵窗。气室小孔用石蜡密封，接种后的鸡胚平放在孵化箱中，卵窗向上，不要转动。

(3)卵黄囊接种

此法适用于马立克氏病毒、披膜病毒、衣原体及立克次氏体的分离、培养。接种方法：气室端蛋壳消毒后，在气室中央打一小孔，用带 7 号针头的注射器垂直刺入约 3 cm，注射接种物 0.1～0.2 mL。石蜡封口，继续在 37℃孵化，每天翻蛋 2 次。

流程 6：接种后的孵化和观察。观察后继续在 37℃孵化，每天照蛋 2 次，死胚随时取出。一般 24 h 内死亡的胚多因创伤或细菌污染所致，故弃去不用。24 h 以后死亡的胚，取出后放 4℃冰箱，并作上记号。接种后的孵化时间长短随病毒种类不同而不同，一般新城疫病毒、支气管炎病毒、减蛋综合征病毒和法氏囊病毒要孵化 48～120 h，喉气管炎病毒、马立克氏病毒要孵化 48～96 h，痘病毒要孵化 4～5 d，脑脊髓炎病毒要孵化至小鸡出壳。

流程 7：收毒。鸡胚孵化到规定时间后，应从孵化器中取出放 4℃环境冷冻 36 h 左右，或在 －10℃以下速冻 4 h 左右，但不得使鸡胚冻结，否则易发生溶血。冷冻完毕按下列步骤收毒：

①鸡胚放于蛋盘或蛋架上，气室向上，用碘酊、酒精消毒后，以无菌镊子敲开气室蛋壳或去掉人工卵窗的透明胶纸，暴露卵膜。注意不要让卵壳碎屑掉入鸡胚内。

②根据接种部位、病毒种类或需要，收获相应的鸡胚材料如尿囊液、羊水、绒毛尿囊膜、胎儿、卵黄囊等，有时需要收获全胚(除去卵黄和蛋白)，如新城疫病毒、马脑炎病毒等。尿囊液：气室打开后，用无菌眼科镊子慢慢撕去卵壳膜，然后夹住绒毛尿囊膜轻轻提起，用巴氏吸管刺破绒毛尿膜直接吸取尿囊液。为防止羊膜堵住

吸管口，可用镊子轻轻压下羊膜及胎儿，然后再吸。每个鸡胚一般可收 8 mL 左右尿囊液。

羊水：吸完尿囊液后，可用镊子夹住羊膜，将巴氏吸管直接插入羊膜腔吸取羊水，然后再用镊子提起羊膜或压住胎儿，直至羊水收获干净。相当一部分病毒其羊水和尿囊液可以混合，如新城疫，支气管炎、法氏囊病毒等。有些不能混合，则应将两者单收、单放。

绒毛尿囊膜：如要收获整个尿囊膜，则在消毒、打开蛋壳、撕去壳膜后，将整个卵内容物倒出，这时绒毛尿囊膜贴在卵壳内壁上，用镊子夹住将其撕脱下来即可。

胚胎：消毒、打开气室卵壳后，用镊子撕破卵壳膜和绒毛尿囊膜，夹起胚胎，用剪刀剪断卵黄带，将胎儿放灭菌容器内即可。

鸡胚接种注意事项：

1. 接种材料一般都应按每毫升 2 000 IU 加入青、链霉素。

2. 接种位点应避开鸡胚、血管和胚头，以免针头刺伤鸡胚而造成接种后的损伤性死亡。

接种点最好选在胚头左侧，因一般人均右手持注射器，注射时易往左侧倾斜，这样不易刺伤鸡胚。

3. 接种后注射口和气室孔均应用石蜡切实密封，防止细菌污染造成死亡。死亡鸡胚应随时取出，以免时间过长细菌繁殖并对周围鸡胚造成污染。

4. 鸡胚取出冷冻时应保持气室向上，否则收获尿囊液时很困难。

流程 8：鸡新城病毒收获技术及检测技术。

1. 将在 4℃冰箱中存放的鸡胚放置室温 20 min。

2. 在超净台中进行鸡胚的收毒，先对气室消毒，然后将气室打破，再用小镊子挑破内壳膜和绒毛尿囊膜。

3. 用滴头吸管吸取尿囊液，若发现尿囊液混浊应弃去不要，注意观察尿囊液有无白石灰渣样颗粒，若有表明为支原体污染。

4. 尿囊液收取后，若是绒毛尿囊膜接种，还要收取绒毛膜。

5. 将鸡胚倒入平皿内，观察鸡胚有无水肿、出血等病变。

6. 收获的尿囊液进行血凝实验操作，效价应在 $\log_2^{13}$ 以上。

7. 效价合格后进行灭活，甲醛使用剂量 0.1%，灭活时间至少 24 h，灭活进行无菌检测。全部操作均应注意无菌操作。

8. 油相的准备：白油 300 mL，硬脂酸铝 6 g，司本-80 为 18 mL，100℃煮沸混合加热融化。

9. 水相的制备：灭活新城疫病毒，加入 0.2%灭菌吐温-80 充分溶解备用。

10. 乳化。油：水＝(2～3)：1，先将油相加入搅拌器然后缓慢加入水相乳化，然后高速搅拌乳化 3 min。

11. 分装检验：安全、无菌、效力。

注意事项：

1. 无菌操作；
2. 出现破乳不能使用；
3. 注射动物后有严重的炎症反应或其他溃烂时疫苗应严禁使用。

思考题：

1. 鸡胚接种的注意事项是什么？
2. 收毒时应注意哪些问题？
3. 疫病毒效价在多少以上可以进行疫苗的制备？
4. 联苗如何制备？

工作任务六　鸡新城疫油乳剂灭活苗的应用

鸡新城疫油乳剂灭活苗在生产实践中应用广泛，安全性好，免疫期长，适用于任何年龄的鸡，保存性能良好，同时使用油乳剂和弱毒苗免疫效果很理想，对于预防新城疫的发生具有良好的效果，一般于蛋鸡开产前进行免疫。

工作目标：

1. 掌握鸡新城疫油佐剂灭活苗的使用；
2. 掌握新城疫抗体的监测和分析；
3. 掌握免疫失败的原因分析。

工作流程：

材料的准备见表 7。

流程 1：实验鸡群分为两组，分别为试验组和对照组，每组注射疫苗前先进行翅膀静脉采血，分离血清；

流程 2：试验组每只鸡腿部肌内注射新城疫灭活苗 0.2 mL，对照组不注射疫苗；

流程 3：鸡群在同等条件下进行饲养，两周后进行采血，分离血清；

表 7　材料的准备

主要材料	主要试剂
实验鸡	新城疫抗原
采血管	0.5%鸡红细胞
注射器	氯化钠
离心机	柠檬酸钠

流程 4:将试验组和对照组鸡群免疫前和免疫后采取的血清分别进行血凝抑制实验,观察新城疫抗体水平;

流程 5:分析此次免疫效果,是否成功,如果出现免疫失败,分析免疫失败原因。

注意事项:

1. 运输过程中,要避免阳光直接照射,冬季应避免疫苗冻结。

2. 在使用本疫苗前,要了解鸡群的健康状况,如有其他传染病流行,会影响本疫苗安全性和免疫效果。

思考题:

1. 灭活苗一般在多少天才能产生抗体?

2. 临床上从哪些方面分析免疫失败?

3. 怎样使用鸡新城疫油乳剂灭活疫苗?

工作任务七　鸡传染性法氏囊高免卵黄抗体的制备

鸡传染性法氏囊病又称鸡传染性腔上囊病,是由传染性法氏囊病毒引起的一种急性、接触传染性疾病。以法氏囊发炎、坏死、萎缩和法氏囊内淋巴细胞严重受损为特征。从而引起鸡的免疫机能障碍,干扰各种疫苗的免疫效果。发病率高,几乎达 100%,死亡率低,一般为 5%～15%,是目前养禽业最重要的疾病之一。

产蛋鸡感染鸡传染性法氏囊病病原后,其血清和卵黄内均可产生相应的抗体。因此,通过免疫注射产蛋鸡,即可由其生产的卵黄中提取相应的抗体,并可用于相应疾病的预防和治疗。近些年来,卵黄抗体已成为免疫血清的重要替代品,而且越来越受到人们的重视。卵黄抗体在一定程度上可以克服血清抗体成本高、生产周期长的弱点,并且具有用同批动物连续生产的优点,但又潜伏野毒的危险。对生产鸡应做认真检疫。本实验进行传染性法氏囊的高免卵黄抗体制备。

工作目标:

1. 掌握高免卵黄抗体的制备方法;

2. 掌握高免卵黄抗体的检测及制备;

3. 掌握高免卵黄抗体的使用及注意事项。

工作流程:

材料的准备见表 8。

流程1:高免蛋的检测。从每批高免蛋中随机抽取5～6枚鸡胚用IBD Ag检测卵黄中的IBD抗体,按琼扩操作方法进行,只有效价在1∶64以上才能进行高免卵黄制备;

表8 材料的准备

主要材料	主要试剂
高免蛋	法氏囊抗原
IBD疫苗	IBD阳性血清
产蛋鸡	蒸馏水
搅碎机	青、链霉素

流程2:取高免蛋,打破后放于小盆中,用勺子捞取蛋黄放于烧杯中;

流程3:配制0.9%生理盐水;

流程4:搅碎蛋黄和生理盐水的稀释比例1∶(2～3),搅拌3 min;

流程5:分装－20℃冻结;

流程6:使用时可加入青链霉素,鸡出现症状的及早应用。

注意事项:

1.37℃常温注射减少鸡群的应激;

2.发病前期注射效果好;

3.连续注射2～3次,可以达到维持效果的作用;

4.注射卵黄抗体后要进行法氏囊疫苗的免疫工作;

5.注射时要经常性地更换针头,最好20只更换1个,防止交叉感染。

思考题:

1.什么是高免卵黄抗体?

2.检测鸡传染性法氏囊高免卵黄抗体效价时,如何进行结果判断?

3.目前临床上哪些病可用高免卵黄抗体进行治疗?其原理是什么?

工作任务八　猪瘟高免血清的制备

免疫血清的制备是一项常用的免疫学实验技术。高效价、高特异性的免疫血清可作为免疫学诊断的试剂,也可供特异性免疫治疗用。用完全抗原物质多次免疫动物,采取血液,分离血清,即为抗血清或免疫血清,该血清中含有多克隆抗体。

猪瘟发病早期使用猪瘟抗血清具有良好的治疗效果,也可用猪瘟抗血清作紧急预防。

工作目标:

1.掌握猪瘟高免血清的制备方法。

2.掌握高免血清的使用方法。

工作流程：

材料的准备见表 9。

表 9 材料的准备

主要材料	主要试剂
60 kg 以上健康猪	猪瘟弱毒疫苗
家兔	猪瘟血毒抗原
小鼠	生理盐水
注射器	石炭酸

流程 1：免疫接种。选用 60 kg 左右、健康、营养良好的猪，使用前隔离观察 7 d 以上。先注射猪瘟兔化弱毒疫苗 2 mL 作为基础免疫，间隔 14～21 d 后进行加强免疫。加强免疫程序：第 1 次肌内注射猪瘟强毒血毒抗原 100 mL；第 2 次肌内注射血毒抗原 200 mL；第 3 次肌内注射血毒 300 mL。每次间隔 10 d。

流程 2：效价测定。第 3 次免疫 10 d 后采血测定抗体效价，如不合格，继续注射血毒抗原 300 mL，合格后采血。

流程 3：收集血清。如不剖杀放血，可定期采血并注射抗原，但从免疫完成到最后放血不超过 12 个月为宜。此外，也可将猪瘟康复猪注射血毒抗原后 10～14 d 采血，或经基础免疫后 7～10 d 再大量注射猪瘟组织抗原后 16 d 采血。分离血清，加入 0.5%石炭酸防腐，经检验合格后，分装后冷藏保存。

流程 4：质量检验。除按《成品检验的有关规定》进行检验外，还需进行如下检验。

安全检验：2 只 18～22 g 小鼠，皮下注射 0.5 mL/只；1 只家兔，皮下注射 10 mL，观察 10 d，均应健活。

效力检验：体重 25～44 kg 无母源抗体猪 7 头，分成 2 组，第 1 组 4 头，按 0.5 mL/kg 体重注射血清，同时注射猪瘟血毒 1 mL；第 2 组 3 头仅注射血毒，1 mL/头。如 24～72 h 后第 2 组猪发病，并于 16 d 内有 2 头以上死亡，而第 1 组猪 10～16 d 内至少健活 3 头时，血清判为合格。如第 1 组死亡 2 头或第 2 组不死或仅死 1 头时应重检。第 1 组死亡 3 头时判为不合格。

流程 5：保存与使用。2～15℃保存期 3 年。使用时，预防剂量为：8 kg 以下小猪 15 mL，8～15 kg 猪 15～20 mL，16～30 kg 猪 20～30 mL，30～45 kg 猪 30～45 mL，45～60 kg 猪 45～60 mL，60～80 kg 猪 60～75 mL，80 kg 以上猪 75～100 mL；治疗量加倍。

思考题：

1. 猪瘟抗血清制备过程中关键注意事项有哪些？
2. 猪瘟高免血清在作为紧急预防和治疗时作用机理有什么不同？

工作任务九　实验动物操作技术

实验动物在生物制品试验过程中起到非常重要的作用，对于常用的试验动物小白鼠、家兔、鸡等其生活习性的观察、饲养管理，进行采血、注射和解剖等操作技术。

工作目标：

掌握常用实验动物小白鼠的采血技术、注射技术及解剖技术。

工作流程：

材料的准备见表10。

表10　材料的准备

主要材料	主要试剂
小白鼠	75%酒精
注射器	0.9%生理盐水
解剖盘	1%肝素
剪刀	柠檬酸钠
镊子	

流程1：实验动物的注射技术。动物试验的注射技术有皮下、皮内、肌内、腹腔、口鼻、静脉及颅内等多种方法。动物注射前必须保定、消毒、剪毛。针头的大小根据动物种类和注射部位而定。注射剂量小白鼠一般0.2 mL，大白鼠一般0.5 mL，家兔、鸡一般1～2 mL，鸽子0.5 mL。

(1)动物的保定

家兔可用保定台或保定筒进行保定，也可徒手保定。徒手保定时让其侧卧于实验台上，一手压住臀部和后腿，另一手抓住肩部和前腿。大鼠和小鼠的保定是用左手拇指捏紧双耳和颈部皮肤，手掌和其余手指握住背部。较小的豚鼠其保定方法同大鼠或小鼠：较大或怀孕的豚鼠，可用左手捏住头颈部皮肤及背部，右手固定其臀部和后肢。保定鸡时让其侧卧于实验台，右手压住翅根部和背部，左手握住两后肢大腿部。

(2)动物注射

不同部位的注射方法如下：

皮下注射：选皮下组织疏松，便于注射和易于吸收处。一般兔和豚鼠在腹部和大腿内侧，鸡在胸部两侧，大鼠在背部或腹股沟部。注射时可于消毒后用镊子将皮轻轻夹起，在镊子下部进针注射，注射后用酒精棉球压住注射部位再将针头拔出，以防注射物流出。

肌内注射：除禽类常用胸肌注射方法外，其他实验动物一般均为臀部肌内注射。注射时先消毒，然后将针头垂直或稍倾斜刺入肌肉内注射。

腹腔注射：该方法常用于小鼠、豚鼠或家兔。小鼠在脐后部中线附近，消毒后将针头以几乎平行于腹中线的角度刺过皮肤和腹肌，注射时应感觉不到有阻力，否则可能在皮内或皮下。家兔和豚鼠腹腔注射时，先从腹股沟处刺入皮下，再进针1 cm左右，进入腹腔注射。检验注射是否正确，除无阻力感外，还不应看到或摸到注射部位有鼓泡，否则可能在皮下或皮内。

静脉注射：多用于家兔注射，可选择耳外侧背部边缘静脉，用酒精棉球涂擦或以手指用力弹打耳边，可使耳静脉充血，怒张，利于进针。消毒后左手拇指和食指紧捏静脉基部，无名指和小指夹住耳尖部，以5号针头对准静脉先垂直进入皮肤和血管，然后将针头置于与血管平行位置进针1～2 cm。轻轻抽动注射器，若有血液进入针管则说明已进入静脉，此时松开静脉基部，慢慢注入注射材料，感到毫无阻力。若针头不回血或注射时阻力较大，则说明针头未进入血管，应重新调整进针位置。注射时针管内千万不可进入气泡，否则会使兔血管产生气性栓塞而引起急性死亡。注射完毕用棉球压迫针口片刻，以免出血。小鼠多采用尾静脉注射。

脑内注射：小白鼠、雏鸡常为脑内注射的动物。以两眼或两耳连线中央偏左颅骨处将4～6号针刺入脑内约1 cm深，注入注射材料0.05 mL即可。注意严格消毒。

流程2：实验动物的采血技术。

(1)大、小鼠的采血

①剪尾采血：需血量少时可用此方法。将动物固定，显露尾部，将尾尖剪去约5 mm，从尾根部向尾端部按摩，血即从断端流出。若用二甲苯棉球涂擦尾部或事先将鼠尾浸在45℃水中数分钟，使尾部血管充盈，可采到较多的血，但注意二甲苯可致溶血。也可用锋利刀片割破尾动脉或尾静脉，让血液自行流出，采血后，消毒，止血。如将动物麻醉取血量可更多些。小鼠每次采血约0.1 mL，大鼠约0.4 mL。为了多次反复取血应尽量从鼠尾末端开始。

②摘眼球采血：此法常用于鼠类大量采血。用左手固定动物，压迫眼球，尽量使眼球突出，右手用无钩弯镊子或弯止血钳迅速摘除眼球，立即将鼠倒置，头朝下，眼眶内很快流出血液。一般只适用于一次采血。大部动物采血后可以存活，可采另一侧眼球取血。

③眼眶后静脉丛采血：用7～10 cm长的玻璃取血管，其一端内径为1～1.5 mm，另一端逐渐扩大，细端长约1 cm即可，将其尖端折断，使其锋利。将取血管浸入1%肝素溶液，干燥后使用。采血时，左手拇指和食指抓住鼠两耳之间的皮肤使鼠固定，并用中指配合，轻轻压迫颈部两侧，阻碍静脉回流，使眼球充分外突，提示眼眶后静脉丛充血。可用少量1%可卡因滴入动物眼内，使眼部局部麻醉。右手持取血管，将其尖端插入内眼角与眼球之间，轻轻向眼底方向刺入，小鼠刺入

2～3 mm,大鼠刺入 4～5 mm,当感到有阻力时即停止刺入,旋转取血管以切开静脉丛,血液即流入取血管中,采血结束后,拔出取血管,放松左手,出血即停止。用本法短期内可重复采血。小鼠一次可采血 0.2～0.3 mL,大鼠一次可采 0.5～0.1 mL。

④颈静脉或颈动脉采血:将鼠麻醉,剪去一侧颈部外侧被毛,作颈静脉或颈动脉分离手术,用注射器即可抽出所需血量。也可插入导管,反复采血。

⑤断头采血:操作者左手拇指和食指握住鼠颈部,头朝下,用利剪在头颈间 1/2 处迅速剪动物头部,提起动物,血液即可流入准备好的容器中。

⑥心脏采血:将动物麻醉,使其仰位固定,剪去胸前区毛,消毒皮肤,在左侧第 3～4 肋间选择心博最强处穿刺,血液借心脏跳动的力量进入注射器。亦可在动物麻醉后,切开动物胸腔,直视心脏内抽血或剪破心脏,直接用注射器、吸管等吸血。

(2)豚鼠的采血

①耳缘切口采血:先将豚鼠耳消毒,用刀片割破耳缘,在切口边缘涂上 20%的柠檬酸钠溶液,防止血凝,则血可自切口处流出。此法采血每次可采 0.5 mL 左右。

②背中足静脉采血:固定豚鼠,将其右或左后肢膝关节伸直,脚背消毒,找出背中足静脉,左手拇指和食指拉住豚鼠的趾端,右手将注射针刺入静脉,拔针后立即出血。

③心脏采血:选心跳最明显的部位把注射针刺入心脏,血液即流入针管。心脏采血时所用的针头应细长些,以免发生采血后穿刺孔出血。

(3)兔的采血

①耳缘静脉采血:将兔固定,拔去耳缘静脉局部的被毛,消毒,用手指轻弹兔耳,使静脉扩张,用针头刺耳缘静脉末端,血液即流出。本法为兔最常用的采血方法,可多次重复使用。

②耳中央动脉采血:在兔耳中央有一条较粗的、颜色较鲜红的中央动脉。用左手固定兔耳,右手持注射器,在中央动脉的末端,沿着与动脉平行的向心方向刺入动脉,即可见血液进入针管。由于兔耳中央动脉容易痉挛,故抽血前必须让兔耳充分充血,采血时动作要迅速。采血所用针头不要太细,一般用 6 号针头,针刺部位从中央动脉末端开始,不要在近耳根部采血。

③颈静脉采血:方法同小鼠、大鼠的颈静脉采血。

④心脏采血:穿刺部位在第三肋间胸骨左缘 3 mm 处,具体方法同豚鼠的心脏采血。

(4)鸡的采血

①静脉采血:将鸡固定,伸展翅膀,在翅膀内侧选一粗大静脉,小心拔去羽毛,用碘酒和酒精棉球消毒,再用左手食指、拇指压迫静脉心脏端使该血管怒张,针头由翼根部向翅膀方向沿静脉平行刺入血管。采血完毕,用碘酒或酒精棉球压迫针刺处止血。一般可采血 10～30 mL。少量采血可从翅静脉采取,将翅静脉刺破以试管盛之,或用注射器采血。

②心脏采血:将鸡侧位固定,右侧在下,头向左侧固定。找出从胸骨走向肩胛部的皮下大静脉,心脏约在该静脉分支下侧;或由肱骨头、股骨头、胸骨前端三点所形成三角形中心稍偏前方的部位。用酒精棉球消毒后在选定部位垂直进针,如刺入心脏可感到心脏跳动,稍回抽针栓可见回血,否则应将针头稍拔出,再更换一个角度刺入,直至抽出血液。

注意事项:

1.采血场所有充足的光线;室温夏季最好保持在 25～28℃,冬季,15～20℃为宜;

2.采血用具有采用部位一般需要进行消毒;

3.采血用的注射器和试管必须保持清洁干燥;

4.若需抗凝全血,在注射器或试管内需预先加入抗凝剂。

流程 3:实验动物的剖检技术。实验动物经接种后而死亡或予以扑杀后,应对其尸体进行剖解,以观察其病变情况,并可取材保存或进一步作微生物学、病理学、寄生虫学、毒物学等检查。

1.先用肉眼观察动物体表的情况。

2.将动物尸体仰卧固定于解剖板上,充分露出胸腹部。

3.用 70% 酒精或其他消毒液浸擦尸体的颈胸腹部的皮毛。

4.以无菌剪刀自其颈部至耻骨部切开皮肤,并将四肢腋窝处皮肤剪开,剥离胸腹部皮肤使其尽量翻向外侧,注意皮下组织有无出血、水肿等病变,观察腋下、腹股沟淋巴结有无病变。

5.用毛细管或注射器穿过腹壁及腹膜吸取腹腔渗出液供直接培养或涂片检查。

6.另换一套灭菌剪剪开腹腔,观察肝、脾及肠系膜等有无变化,采取肝、脾、肾等实质脏器各一小块放在灭菌平皿内,以备培养或直接涂片检查。然后剪开胸腔,观察心、肺有无病变,可用无菌注射器或吸管吸取心脏血液进行直接培养或涂片。

7.必要时破颅取脑组织作检查。

8.如欲作组织切片检查,将各种组织小块置于 10%甲醛溶液中固定。

9.剖检完毕妥善处理动物尸体，以免散播传染，最好火化或高压蒸汽灭菌，或者深埋，若是小白鼠尸体可浸泡于3%来苏儿液中杀菌，而后倒入深坑中，令其自然腐败，所用解剖器械也需煮沸消毒，用具用3%来苏儿浸泡消毒。

思考题：

1.列举3种实验动物的保定方法。

2.实验动物剖检顺序是什么？

3.在进行实验动物的操作时，应注意哪些问题？

工作任务十　猪脾转移因子的制备及鉴定

转移因子（TF）是一种可溶性不耐热的小分子多核苷酸肽，相对分子质量3 500～5 000。56℃ 30 min可灭活，低温保存数年活性不消失。由于转移因子能将供体某种特定的细胞免疫功能特异地传递给受体，即具有传递特异性细胞免疫的作用，所以称为转移因子。另外它还能非特异地增强一般细胞免疫作用。转移因子的作用发生迅速，给受体注射后数小时即出现皮试阳性反应。维持时间也较长，可达数月至一年以上。转移因子具有免疫特异性，能特异地转移供体的迟发型超敏反应，这种免疫转移无种属特异性，能在种间交叉转移。由于转移因子是小分子成分，无抗原性，长期应用，机体也不产生抗体。在实际工作中多采用动物的脾、淋巴结或外周血白细胞制备转移因子。

工作目标：

1.掌握猪脾转移因子的制备方法；

2.掌握转移因子的活性鉴定。

工作流程：

材料的准备见表11。

表11　材料的准备

主要材料	主要试剂
猪脾脏	茚三酮
搅碎机	氯化钠
透析袋	磺基水杨酸
电炉	1%鸡红细胞
紫外分光光度计	普通肉汤

猪脾转移因子的制备方法主要有超滤法及透析法，大批量生产多用超滤法，小量制备可用透析法。下面仅介绍透析法。

流程1：制备匀浆。将冻存的猪脾脏或淋巴结取出融化，摘除脂肪及结缔组织，充分洗净。用绞肉机绞碎，加适量生理盐水后，用高速组织捣碎机高速匀浆2次，每次1 min。将匀浆置－20℃冻结。

流程 2:透析含量测定及冻干。将上述匀浆取出融化,以 3 000 r/min 离心 30 min,取上清,将上清置透析袋内,用无热原的冷生理盐水在 0～4℃ 环境下透析过夜,袋外透析液即为制备的转移因子。取袋外透析液测核糖含量及吸收度,按测定结果进行分装并冻干。

流程 3:鉴定。

1. 鉴别:①取本品 1 支,加水溶解,按分光光度法测定,在(251±1) nm 处有最大吸收度;260 nm 与 280 nm 波长处吸收度比值应≥2.0。②取本品 1 支,加水溶解。取 2 mL 加入适量茚三酮溶液,加热后应呈紫色。

2. 酸碱度取本品 10 支,加水溶解,在酸度计上精密测定 pH,应为 6～8 。

3. 蛋白质取本品 1 支,加水溶解,加入磺基水杨酸试液适量,混匀不得出现混浊。

4. 安全试验取本品适量,加水溶解,小鼠尾静脉注射适量,48 h 内不得有死亡。

5. 无菌检验:取本品 3 支,用无菌盐水溶解,分别接种到检查需氧菌、厌氧菌及霉菌用培养基上,37℃培养 1 周,应无菌生长。

流程 4:活性鉴定。取成年小白鼠 12 只,分为试验组和对照组,每组 2 只,腹腔注射可溶性淀粉 3 mL,1 h 后,试验组注射 1 mL 转移因子,对照组注射 1 mL 生理盐水,1 h 后试验组和对照组分别注射 1%的鸡红细胞悬液 1 mL,1 h 后,吸取腹腔渗出液进行抹片,染色后显微镜下观察巨噬细胞吞噬红细胞现象,比较试验组和对照组。

注意事项:

1. 所用脏器应新鲜,匀浆时应彻底捣碎。
2. 各步所用蒸馏水均无热原。
3. 转移因子常温下易丧失活性,因此,有关操作(如透析)应在低温下进行。常温下的各种操作均应快捷迅速。

思考题:

1. 什么是转移因子?
2. 如何进行转移因子的活性鉴定?
3. 鸡脾转移因子的制备技术?

工作任务十一　鸡新城疫弱毒疫苗的制备技术

鸡新城疫是由副黏病毒引起的高度接触性传染病,又称亚洲鸡瘟或伪鸡瘟。

常呈急性败血，家禽发病后的主要特征是呼吸困难，下痢，伴有神经症状，成鸡严重产蛋下降，黏膜和浆膜出血，感染率和致死率高，对养鸡业危害严重。

在我国，由于经济发展水平的限制以及强毒感染的普遍存在，主要通过应用疫苗进行免疫接种来控制 ND 的发生。由于 ND 疫苗种类繁多，疫苗使用方法不一，往往会因疫苗的选择和使用不当造成免疫失败，给养鸡生产带来极大的经济损失，其中用于新城疫预防的疫苗包括弱毒苗、中等毒力疫苗和灭活苗，弱毒苗主要用于雏鸡的预防或产蛋期间进行预防，本实验以新城疫Ⅰ系疫苗为例进行介绍其制备过程。

工作目标：

掌握常用的病毒性弱毒苗制备技术及冷冻真空干燥技术。

工作流程：

材料的准备见表 12。

表 12　材料的准备

主要材料	主要试剂
种毒	0.9%生理盐水
鸡胚	碘酊
孵化器	青、链霉素
冻干机	冻干保护剂

流程 1：毒种。鸡新城疫Ⅰ系苗毒种，由中国农业部兽医药品监察所供给。

作为Ⅰ系苗毒种的条件是：

(1)对鸡胚的最小致死量不低于 10^{-6}/mL，鸡胚于接种后 24～72 h 内死亡，胚体病变明显，对红细胞凝集在 1∶80 以上；

(2)毒种对鸡的最小免疫量应不低于 10^{-6}/mL；

(3)安全、无菌。

流程 2：Ⅰ系苗(湿苗)的制造方法。

(1)将健康的种鸡所产新鲜卵(一般不应超过 7 d)，除去卵壳外污物后，放入 38.5～39℃，相对湿度在 60%～70%孵卵箱内孵化 9～10 d，作为制苗鸡胚的来源，鸡胚接种前，应照蛋挑选生活力强的发育胚，并划好气室部位和接种部位，凡生活力弱与死胚均不要。

(2)毒种移种时用无菌生理盐水将毒种作 1∶100 稀释，接种 9～10 日龄鸡胚的尿囊腔内，每胚 0.1 mL，接种以后融化石蜡将卵壳上的接种孔封闭，继续置孵卵箱内孵化。此后，每日上下午各照蛋一次。胚胎应于接种后 24～48 h 内死亡(一般 36 h 前后死亡)，将死胚卵气室向上，置 0～10℃冷却 4～24 h，凡在 24 h 内和 48 h 以后死亡的胚卵均弃去不用。

(3)将冷却后的死胚卵取出，气室部向上并涂擦 5%碘酊。用灭菌镊子敲破气室部位的卵壳并剔除之，揭去卵壳膜，剪破绒毛尿囊膜和羊膜，以无菌吸管吸取尿囊液和羊水，装入灭菌瓶内，若干胚的胚液混合为一组，并立即加入青霉素、链霉素各 500 IU/mL。放入冰箱保存，经检验后即成疫苗。

在收获疫苗时，应观察胚体病变情况是否良好(胚体全身充血，在头、胸、背、翅和趾部有小出血点)。注意胚液是否清朗，若胚体无病变，胎儿腐败，胚液混浊者应废弃，亦可同时收获胚体，和胚液一起磨碎，制成全胚疫苗。

(4)收获的鸡胚液应逐瓶进行无菌检验，即每瓶抽疫苗 0.2 mL，加入冻干保护剂冷冻，然后在冻干机中冻干。

以上各项操作均要在无菌室或无菌罩内以无菌手续进行。要严防将鸡新城疫强毒污染其中。

流程 3:疫苗检验。每批疫苗制好后，在使用前需做以下 3 项检验，均合格者方可使用。

(1)无菌检验:每批疫苗任抽 5 瓶作为样品，方法同上，应无细菌生长，在做细菌培养同时，亦可注射小白鼠若干只，每只皮下注射 0.2 mL，观察 10 d，应全部不死。若有细菌生长或小白鼠死亡者，此苗废弃。

(2)安全试验:用 4～12 个月龄未经鸡新城疫疫苗免疫过的健康鸡 3 只，每只鸡肌注 100 倍稀释疫苗 1 mL，观察 10～14 d，应无任何反应，或有轻度反应。且在 14 d 内恢复者，认为合格，有重反应不能复原时，应予重复检验一次。

(3)效力试验:

①选取 4～12 月龄的健康鸡若干只，分为 2 组，一组为对照组，所有鸡必须没有感染过鸡新城疫或没有接种过本病疫苗。如情况不明，应于试验前，每只鸡翅静脉抽血分离血清作血凝抑制试验，血凝抑制价在 1∶20 以下者才能供试验用，超过 1∶20 者不能用来试验。

②试验组每只鸡以 1 000 倍稀释的疫苗肌注 1 mL。观察 10～14 d 后，与对照组一起以鸡新城疫强毒攻击。攻击量为每只鸡肌注 1 000 倍稀释的新鲜鸡胚强毒液 1 mL。观察 10～14 d，试验组免疫鸡应全部健活，而对照全部发病，并且至少死亡 2/3 方能合格，如果对照鸡不能全部发病或全部发病而死亡少于 2/3 时，可重复试验一次，如免疫鸡发病或死亡时，这批疫苗视为无效，予以废弃。

流程 4:疫苗使用与保存。

(1)使用方法:

①本苗专供 2 个月以上的鸡使用，初生雏鸡禁用。

②使用时，用灭菌生理盐水或蒸馏水或冷开水(不可用热水或温水)将本苗稀释 100 倍，以消毒的钢笔尖蘸取稀释苗，刺入鸡翅膀内侧无血管处皮下(蘸、刺各 2 次)。或皮下注射 0.1 mL，也可稀释 1 000 倍，肌内注射 1 mL。

③稀释后疫苗须冷藏，并于当日用完，次日无效。

④疫苗注射后 3～4 d，即可产生免疫力。免疫期成年鸡为 1 年，2 月龄鸡为半年。

(2)保存：自鸡胚液收获日期算起，−15℃不超过 20 d，15～25℃不超过 14 d；25～30℃不超过 7 d。

注意事项：

1. 制定合理的免疫程序：鸡群的免疫状况会影响到新城疫疫苗接种后的免疫应答，大型鸡场和一般养鸡场应建立免疫监测制度，根据鸡群 HI 抗体水平确定该鸡场新城疫的免疫程序。

2. 免疫之前应检查疫苗质量和鸡群健康状况，避免产生不良反应。发现鸡群有呼吸道疾病时或雏鸡均不能采用气雾免疫，防止诱发呼吸系统疾病。

思考题：

1. 目前国内常用的新城疫疫苗有哪几种？它们之间有何不同？
2. 如何制定合理的新城疫免疫程序？
3. 弱毒苗制备过程中注意事项有哪些？

工作任务十二　马立克氏病琼脂扩散试验抗原的制备

马立克氏病是由疱疹病毒引起的一种淋巴组织增生性疾病，引起外周神经、虹膜、性腺和内脏器官、肌肉、皮肤淋巴样细胞浸润和形成肿瘤。常引起急性死亡，消瘦或肢体麻痹，该病具有高度传染性，对养禽业造成严重经济损失。

本实验利用可溶性抗原和抗体在半固体凝胶中进行相向扩散反应，当抗原抗体分子相遇并达到适当比例时，就会互相结合、凝集，在两孔之间比例最合适的位置上出现白色沉淀带，从而判定相应的抗体和抗原。如抗原抗体的浓度基本平衡时，此沉淀带的位置主要决定于两者的扩散系数。如果抗原过多，则沉淀带向抗体偏移，反之亦然。具体利用鸭胚制备成纤维细胞培养物，然后接种马立克氏病毒进行培养，确定病毒进行繁殖生长后，收毒，检测即可作为诊断抗原来用。

工作目标：

掌握常用的琼扩抗原的制备方法。

工作流程：

材料的准备见表13。

流程1：鸭胚的孵化。选择健康鸭种蛋进行孵化。

流程2：制备成纤维细胞。用11～12日龄的鸭胚制备成纤维细胞单层培养物，制备成纤维细胞时要严格无菌操作。

表13 材料的准备

主要材料	主要试剂
种蛋	细胞培养液
孵化箱	马立克病毒
成纤维细胞	

流程3：接毒。24 h后接种MD病毒感染鸡的脾细胞悬液。培养24 h，吸出接种物并更换营养液，接毒约6 h，消化细胞，分瓶，连传3代。

流程4：收毒。在75%以上的细胞出现病变时进行收获，在−20℃以下冻存，室温融化，反复冻融3次。

流程5：制备抗原。经适当浓缩后即为MD沉淀抗原。可用于双扩散法进行诊断。

思考题：

1. 鸡马立克氏病的诊断依据是什么？
2. MD疫苗免疫接种时应注意哪些问题？为什么？
3. 鸭胚成纤维细胞培养注意事项是什么？
4. 浓缩抗原时注意事项是什么？

工作任务十三　鸡白痢平板凝集反应抗原的制备

鸡白痢是一种极其常见的传染病，由鸡白痢沙门氏杆菌引起，其排泄物是重要的传播媒介，同时也可通过鸡蛋垂直传播。主要表现为不吃饲料，怕冷，身体蜷缩，翅膀下垂，精神沉郁或昏睡，排白色黏稠或淡黄、淡绿色稀便，肛门有时被硬结的粪块封闭，呼吸困难。成年鸡无临床症状，少数感染严重的病鸡表现精神萎靡，排黄绿色或蛋清样稀便，主要病变可见肝脏、脾脏肿大、脆弱，有坏死点，肾脏暗红充血或苍白贫血，常出现腹膜炎变化。产蛋鸡可见卵巢萎缩，卵子变性，病鸡产蛋停止。对于鸡白痢的检测淘汰阳性病鸡至关重要，因此，使用鸡白痢菌种制备平板凝集抗原进行，检测时间5 min作用，并且可以现场操作，应用比较广泛。

工作目标：

掌握鸡白痢平板凝集抗原的制备。

工作流程:

材料的准备见表 14。

表 14 材料的准备

主要材料	主要试剂
菌种	乙醇
培养基	甲醛
温箱	磷酸盐缓冲液

流程 1:选取种子液。冻干菌种经活化、繁殖培养后作为种子液。

流程 2:培养灭活。接种于硫代硫酸钠琼脂扁瓶培养。用含 2%甲醛的磷酸盐缓冲盐水洗下培养物灭活。

流程 3:制成悬液。用 95%乙醇或无水乙醇沉淀菌液,离心后沉淀物用含 1%甲醛溶液的 PBS 悬浮制成浓度适当的菌液,经耐酸滤器过滤,通过比浊方法测定菌液的浓度(3 亿菌/mL)。将两株菌的菌液稀释为不同浓度,分别与 0.5 IU 的标准型和变异型国际标准血清做平板凝集试验,标定配制抗原的合适菌液浓度。菌液加结晶紫乙醇溶液(抗原中结晶紫含量为 3/10 000)、甘油(抗原中甘油含量为 10%),经匀浆机均质混均制成鸡白痢禽伤寒多价染色平板抗原,分装小瓶。

流程 4:检验。本品是紫色浑浊液体,静置后菌体下沉,振荡后呈均匀浑浊液体。无沙门氏菌和杂菌生长。用标准型和变异型国际标准血清各 0.05 mL(含 0.5 IU)分别与等量抗原做平板凝集试验,抗原在 2 min 内应出现不低于 50%凝集(++)。若与鸡白痢阴性血清做平板凝集试验,应不出现凝集。

流程 5:使用与保存。抗原置 2~8℃暗处保存,有效期为 3 年。供鸡白痢和禽伤寒全血平板凝集试验和血清平板快速凝集试验。使用时,振荡混匀抗原液,取抗原 0.05 mL 滴于平板上,采取鸡血或血清 0.05 mL 与抗原混合,2 min 内判定反应结果。出现 50%凝集反应(++)以上者为阳性,不发生凝集者为阴性,介于两者之间为可凝反应。

全血平板凝集反应注意事项:

1. 当抗原与全血混合后,在液面下出现无色块状或颗粒,这不是凝集的染色颗粒;
2. 抗原在使用前必须充分摇均匀,有沉淀的不能用,过期失效的不能用;
3. 做本试验前必须做阴、阳血清对照;
4. 做本试验室温要求在 20℃左右进行;室温达不到 20℃时用酒精灯加温;
5. 采血针头只能使用一次,移液器吸头每次一换,不能重复使用。

*思考题:

1. 平板凝集反应的原理是什么?
2. 鸡白痢平板凝集反应有何优势?
3. 鸡白痢平板凝集抗原在临床中的使用方法是什么?

参考文献

1. 姜平.兽医生物制品学.2版.北京:中国农业出版社,2003.

2. 王明俊.兽医生物制品学.北京:中国农业出版社,1998.

3. 王宪文,王新卫.兽医生物制品制备技术.北京:中国农业科学技术出版社,2007.

4. 王雅华,邢钊.兽用生物制品技术.北京:中国农业大学出版社,2008.

5. 羊建平.兽用生物制品技术.北京:化学工业出版社,2009.

6. 傅牧.兽医生物制品制造工艺理论与实践.北京:中国农业科学技术出版社,2007.

7. 朱善元.兽医生物制品生产与检验.北京:中国环境科学出版社,2008.

8. 刘宝全. 兽医生物制品学.北京:中国农业出版社,1995.

9. 于大海,崔砚林.中国进出境动物检疫规范.北京:中国农业出版社,1997.

10. 张学军.兽用生物制品使用手册.银川:宁夏人民出版社,2006.

11. 农业部.中华人民共和国兽用生物制品规程.北京:化学工业出版社,2000.

12. 李厚达.实验动物学.北京:中国农业出版社,2003.

13. 陆承平.兽医微生物学.北京:中国农业出版社,2001.

14. 冯忠武.动物生物疫苗.北京:化学工业出版社,2007.

15. 周东坡.生物制品学.北京:化学工业出版社,2007.

16. 任平.兽用生物制品技术.北京:中国农业出版社,2007.

17. 周建业.2008最新兽用生物制品生产新技术与质量检验控制标准及安全监督管理制度实务全书.北京:人民卫生出版社,2008.